安徽省一流教材
普通高等学校省级规划教材

U0736980

大学物理教程（上册）

DAXUE WULI JIAOCHENG

王 悦 仰振东 高 干 主 编

沈 陵 李伟艳 鲍 瑞 章成文 李胜强 副主编

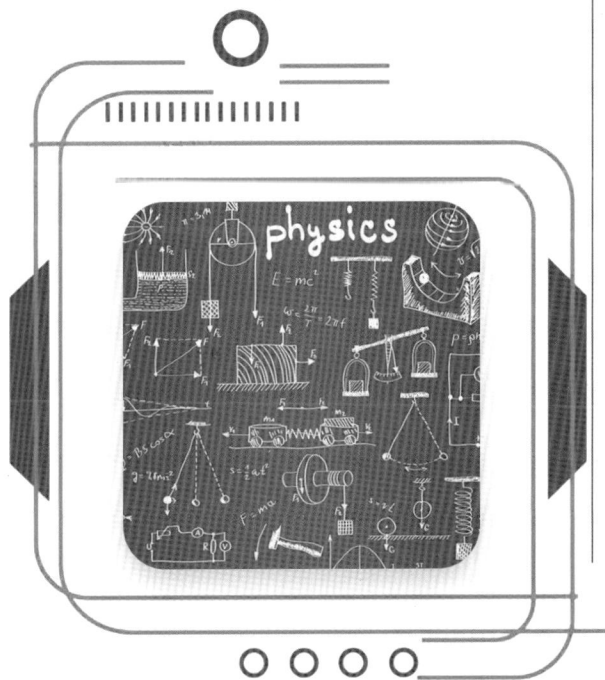

physics

合肥工业大学出版社

内 容 简 介

本教程共20章,分上、下两册。上册讲述物理学基础理论的力学、热学和振动与波动三篇内容,介绍了质点的运动学、牛顿运动定律、运动的守恒量与守恒定律、刚体的定轴转动、狭义相对论基础、气体动理论基础、热力学基础、机械振动、机械波。每章习题都给出了参考答案。本书以物理学的基本概念、定律和方法为核心,在保证物理学知识体系完整的同时,重点突出以物理学的思想和方法来分析问题、解决问题的综合能力的培养和训练。

本书可作为高等院校的物理教材,也可作为高职院校、大专及成人教育相应专业的教材和自学用书。

图书在版编目(CIP)数据

大学物理教程.上册/王悦,仰振东,高干主编.—合肥:合肥工业大学出版社,2019.12(2022.1重印)

ISBN 978 - 7 - 5650 - 4762 - 6

Ⅰ.①大…　Ⅱ.①王…②仰…③高…　Ⅲ.①普通物理学—高等学校—教材 Ⅳ.①O4

中国版本图书馆 CIP 数据核字(2019)第 276041 号

大学物理教程(上册)

| 王　悦　仰振东　高　干　主　编 | | 责任编辑　张择瑞 |

出　版	合肥工业大学出版社	版　次	2019 年 12 月第 1 版
地　址	合肥市屯溪路 193 号	印　次	2022 年 1 月第 2 次印刷
邮　编	230009	开　本	710 毫米×1010 毫米　1/16
电　话	理工编辑部:0551 - 62903204	印　张	21.25　彩插　0.75 印张
	市场营销部:0551 - 62903198	字　数	407 千字
网　址	www.hfutpress.com.cn	印　刷	安徽联众印刷有限公司
E-mail	hfutpress@163.com	发　行	全国新华书店

ISBN 978 - 7 - 5650 - 4762 - 6　　　　　　定价:58.00 元

如果有影响阅读的印装质量问题,请与出版社市场营销部联系调换。

　　飞机做特技表演时，常做俯冲和拉起运动，在做俯冲运动时飞行员的血压会升高，而拉起运动时血压会降低。

　　所以，不管是俯冲还是拉起对飞行员都是极大的挑战。那么为什么会出现血压的变化呢？

火车启动时，往往不是直接往前开，而是要先后退再前进，这样做的原因是什么？

　　鸟击飞机事件每年都会发生。中国民用航空局机场司、中国民航科学技术研究院2011年1月发布的《2010年中国民航鸟击航空器事件数据分析报告》显示，2010年，全国各机场、航空公司和飞机维修公司等有关部门共上报发生在中国大陆的鸟击事件971起，其中事故征候95起，占总事故征候的45.9%，是第一大事故征候类型，而飞机最易遭受鸟击的部位为发动机。飞行的起飞、爬升、下降、飞行和着陆阶段都为鸟击事件的多发阶段。春秋季为鸟击事件高发季节，夜晚等低能见度条件下是鸟击事件高发时段。

　　那么，为什么鸟飞行时不避开飞机而像飞蛾扑火一样撞向飞机呢？

　　三峡大坝位于我国湖北省宜昌市三斗坪镇境内，距下游葛洲坝水利枢纽工程38km，是当今世界最大的水利发电工程，全长约2335m，坝高185m，工程总投资为954.6亿元人民币，于1994年12月14日正式动工修建，2006年5月20日全线修建成功。

　　2018年三峡电站一年累计生产1000亿千瓦时绿色电能，创国内单座水电站年发电量新纪录，为维护长江安全、促进长江经济带发展发挥了基础保障作用。

　　三峡大坝为什么能产生如此多的能量呢？

直升机的尾旋翼在飞行中起什么作用?

陀螺为什么旋转时不容易倒地?

说起死亡方程式，大家可能不知所云，但说起它的另一个名字，不少人还是知道的，没错，这就是爱因斯坦质能方程：

这个公式便是爱因斯坦相对论中最重要的公式。而关于死亡方程式之名的由来，则是由于在二战中，以它为原理发明的原子弹的巨大灾难性威力。

1945年8月9日，斯威尼少校驾驶"博克之车"轰炸机向日本长崎投下了一颗名为"胖子"的原子弹。"胖子"身高3.25m，直径1.52m，重4545kg，内装20kg钚-239，释放的能量约相等于二万公吨的TNT烈性炸药，造成长崎市23万人口中的10万余人当日伤亡和失踪，城市60%的建筑物被毁。

爱因斯坦的死亡方程式是如何得到的？

我们知道分子始终在做无规则的热运动，并且运动的速率很快。在标准状态下（0℃，1atm），气体分子的速率可达500m/s左右。但是当你打开一瓶香水后，不光几米外的人要经过几分钟的时间才能闻到，甚至远一点的人根本闻不到香水味。这是什么原因呢？

当打开一个装有香槟、苏打水或者其他碳酸饮料的容器时，在开口周围会形成一层细雾，并且一些液体会喷溅出来。例如照片中，白色的雾团是环绕在塞子周围的，喷溅出的水在雾团里形成线条。

那么，产生雾团的原因是什么呢？

　　塔科马大桥（Tacoma Narrows Bridge）位于美国华盛顿州，旧桥于1940年7月建成，同年11月，在19m/s的风速（相当于8级风）作用下，发生剧烈的振动而垮塌，震动了世界桥梁界，这在当时是不可理解的，从而引发了科学家们对桥梁风致振动问题的研究，形成了桥梁风工程的新学科，并将风振动研究不断提高到新的科学水平。

　　那么塔科马大桥为什么如此"短命"呢？

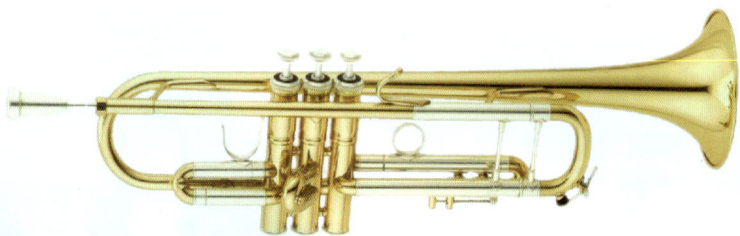

各种各样的管乐器
和弦乐器都能发出美妙
的音乐，它们发声有什
么共同的特点吗？

前　　言

　　我国的高等教育在进入 21 世纪后，已经从精英教育走向大众教育，为了适应当下科学技术的发展对培养人才的新要求，高等教育越来越强化基础课程的教育，注重培养学生的综合素质。另外，随着科学技术的发展，物理已经成为技术创新的动力，很多新技术的产生都来源于物理的发展和进展。学科之间的交叉与结合尤为突出，物理学正进一步向生物学、化学、材料科学、医学等学科领域渗透与发展，因此良好的物理基础是学好其他自然科学与工程技术科学的基本保障。物理学所阐述的原理、规律、知识、思想和方法，不仅是学生学习后续专业课的基础，也是全面提高学生科学素质，培养学生科学思维方法和科学研究能力的重要内容。大学物理课程的学习不只是具有实用的意义，更重要的是通过学习物理可以提高学生的推理能力及理性思考能力，养成良好的思维习惯。

　　本丛书分为上、下两册教程以及思考题与习题解析，包含力学、热学、振动与波动、电磁学、波动光学和量子物理共六篇内容，编者力求完整、科学、系统地叙述大学物理的知识。每章开头设计一个"本章疑问"提出一个有趣的疑难问题，同时配以精美插图，并且在该章适当处给予解答，以激发学生的学习兴趣；每章结尾都有相应的"本章小结"。我们认为这种通过设问、叙述、解答的循环讲叙方式，不仅可以使学生在生动有趣的环境中知道学习了什么，而且还通过这种方式教会学生怎样学习，从而使其掌握科学的学习方法，有益于学生扩大深化物理知识，提高学习技能。

　　课后的思考题和习题也是本教材的一个特色，习题丰富，题型多样，不仅有为初学者编写的题目，也有些题目的难度对于普通物理基础的学习者而言有一定挑战性。通过思考题和习题的分析和练习可以加深理解，掌握方法，每章习题都给出了参考答案。

本册十章中:第一、二、三章由沈陵老师编写,第四、九、十章由仰振东老师编写,第七、八章由李伟艳老师编写,前言、目录、答案、第五、六章由王悦老师编写。最后由王悦老师对全书文稿进行了统一整理,并对部分内容做了必要的修改和补充。

在本书的编写过程中,我们得到了鲍瑞老师、高干老师、章成文老师和李胜强老师的大力帮助。同时得到合肥工业大学的大力帮助,获得了很多宝贵的资料,在此一并表示感谢!

本丛书为理工科非物理专业大学物理课程的教材,适用学时数为 90～120 学时,书中带"＊"号部分内容可根据实际教学课时量处理,可选择讲授或让学生自己阅读。

由于编者学识和教学经验有限,书中难免存在不当和疏漏之处,恳请各位读者批评指正。

编　者

2019 年 9 月

目　录

第一篇　力　学

第一篇 力 学

　　自然界是由物质组成的。什么是物质？物质为构成宇宙万物的实物、场等客观事物，是能量的一种聚集形式。大到日月星辰，小到分子原子都属于物质，这些物质称为实物物质；还有我们用眼睛看不见的各种场，如电场、磁场、重力场和引力场也属于物质。一切物质都处于永恒的运动之中，物质的运动形式是多种多样的。针对每一种运动，都有一门或多门学科去研究它，从而形成了自然科学的各个学科。物理学研究的是自然界中最基本、最普遍的运动形式及其本质规律，如机械运动、电磁运动、分子热运动以及原子和原子核内的运动等，主要内容分为力学、电磁学、热学、光学等。

　　在人类历史的早期，人们从事狩猎、耕种等工作，就已经应用一些简单机械作为助力。力学是物理学中最古老和发展最完善的学科。它起源于公元前 4 世纪古希腊学者亚里士多德关于力产生运动的说法，以及我国《墨经》中关于杠杆的原理等。但其成为一门科学理论则始于 17 世纪伽利略论述惯性运动，继而牛顿提出了力学三个运动定律。以牛顿运动定律为基础的力学理论称为牛顿力学或经典力学。经典力学有严谨的理论体系和完备的研究方法，如观察现象、分析和综合实验结果、建立物理模型、应用数学表述、作出推论和预言、以及用实践检验和校正结果等。经典力学曾被人们誉为完美普遍的理论而兴盛了约三百年。直到 20 世纪初才发现它在高速和微观领域的局限性，从而在这两个领域分别被相对论和量子力学所取代，但在一般的技术领域，如制造、土木建筑、水利建设、航空航天等工程技术中，经典力学仍然是必不可少的重要的基础理论。

　　本篇共六章。第一章、第二章讲述力学的基础，即质点运动的描述、牛顿三大定律及应用。第三章和第四章引入并着重阐明了动量、机械能和能量诸概念及相应的守恒定律及其应用。第五章阐述刚体的转动是前几章力学定律对于特殊系统的应用。狭义相对论的时空观已是当今物理学的基本概念，它和牛顿力学联系紧密，又迥然不同。本篇第六章介绍狭义相对论的基本概念和原理。

　　量子力学是一门全新的理论，不能归入经典力学，也就不包含在本篇内。

　　飞机做特技表演时,常做俯冲和拉起运动,在做俯冲运动时飞行员的血压会升高,而拉起运动时血压会降低。

　　所以,不管是俯冲还是拉起对飞行员都是极大的挑战。那么为什么会出现血压的变化呢?

　　答案就在本章中。

第一章　质点运动学

本章主要学习质点运动的描述方法,即讨论如何描述质点位置、运动快慢和方向,不牵涉物体的受力,属于运动学范畴。运动学的核心是运动方程,根据运动方程可以求出质点在任意时刻的位置、速度和加速度,并进一步求出物体在一段时间内所发生的位移、走过的路程等。

＊§1-1　矢量与坐标系

为了描述物体的运动,我们有必要先做一些数学上的准备。

一、标量和矢量

在研究物理学和其他应用科学时所遇到的量,可以分为两类,一类完全由数值决定,例如质量、温度、时间、功等,这一类量叫作**标量**。另一类量,只知道数值大小还不够,还要说明它们的方向,例如力学中的速度、加速度,以及电磁学中的电场强度、磁感应强度等,这一类量叫作**矢量**。

我们可以把任何矢量用一个有向线段来表示,这一线段的长度表示矢量的数值大小,线段的方向表示矢量的方向。因此,从几何上看,矢量就是在空间中有一定长度和方向的线段。

二、矢量的性质

如果两矢量满足下面两个条件:

(1) 长度相等且平行(即在同一直线上或在彼此平行的直线上);

(2) 两矢量的指向相同。

就说这两矢量是相等的。于是一矢量平行移动后仍与原矢量相等。

如图 1-1 这四个矢量是相等的,因为它们长度相等且指向相同。

必须注意矢量的起点和终点,若对调它们的位置,

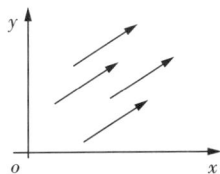

图 1-1　矢量相等

就得到与原来矢量相反方向的另一矢量,我们就说这两矢量大小相等,方向相反。

矢量的起点可以放在空间的任一点,但最好选择某点 O 作起点,把所有矢量都看作从这点出发,若矢量起点为 O,终点为 M,则记为 $\overrightarrow{OM}$,若起点为 A,终点为 B,则记为 $\overrightarrow{AB}$。

矢量的长度叫作矢量的模(也就是矢量的大小),矢量 $\overrightarrow{OM}$ 的模用 $|\overrightarrow{OM}|$ 来表示。

三、坐标系和矢量

为了定量地描述物体的运动,就必须建立适当的坐标系,在大学物理中常用的有直角坐标系和自然坐标系。

我们以直角坐标系为例来说明矢量在坐标系中的表示方法。如图 1-2 所示,令 i、j、k 分别表示沿 x、y、z 轴正方向的单位矢量,则矢量 $\overrightarrow{OM}$(或用 r 表示)和直角坐标 x、y、z 之间的关系为

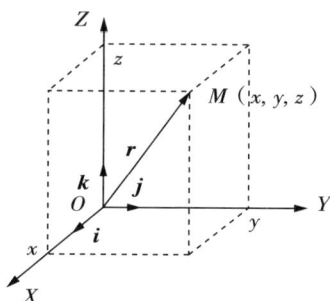

图 1-2 坐标系和矢量

$$r = xi + yj + zk$$

我们把矢量 xi、yj、zk 叫作矢量 r 在 x、y、z 轴方向的分量,其中 x、y、z 叫作分矢量的大小。

四、矢量的运算

矢量的加减必须按照几何法则(按三角形法则或平行四边形法则相加减)[①],矢量式中的所有"+""−"号都应理解为几何相加减,决不能理解为代数相加减,矢量的代数相加减是毫无意义的。

下面我们重点说明矢量的点乘和叉乘:

_____

① 矢量符号通常用黑体字印刷并且用长度与矢量大小成比例的箭矢代表,书写时用加箭头的方式与标量区分,如 $\vec{x}$。求矢量 A 与 B 的和 C 时可用平行四边形定则[图 1-3(a)],也可用三角形定则[图 1-3(b),A 与 B 首尾相接]。求 $A - B = D$ 时,由于 $A = B + D$,所以可以按图 1-3(c)进行(A 与 B 尾尾相连)。

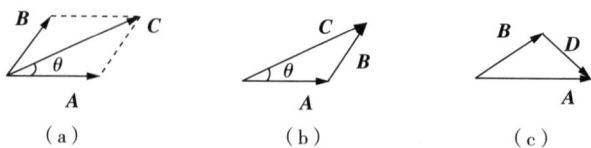

(a)   (b)   (c)

图 1-3 矢量的加减

1. 矢量的点乘

两矢量 A 和 B 的点乘是一标量,它等于两矢量的大小和它们间的夹角的余弦的乘积,通常用 $A \cdot B$ 表示,即

$$A \cdot B = |A||B|\cos\theta \qquad (1-1)$$

其中 θ 为 A 矢量和 B 矢量之间小于 $180°$ 的夹角。

矢量的点乘有以下性质:

(1)当且仅当两矢量之一为零矢量或两矢量相互垂直时,它们的点乘积才等于 0。当 $|A|=0$,或 $|B|=0$,或 $\theta=\dfrac{\pi}{2}$,即 $\cos\theta=0$ 时,$A \cdot B=0$。反之,如果 $A \cdot B=0$,且 A,B 都不为零矢量,则必有 $\cos\theta=0$,即 $A \perp B$。

(2)交换律

$$A \cdot B = B \cdot A \qquad (1-2)$$

(3)点乘积的坐标表示法

设
$$A = x_1 i + y_1 j + z_1 k$$
$$B = x_2 i + y_2 j + z_2 k$$

则　$A \cdot B = (x_1 i + y_1 j + z_1 k) \cdot (x_2 i + y_2 j + z_2 k) = x_1 x_2 + y_1 y_2 + z_1 z_2$

2. 矢量的叉乘

$$C = A \times B \qquad (1-3)$$

矢量的叉乘也为矢量(如图 1-4 所示)。

(1)它的长度即大小为

$$|C| = |A||B|\sin\theta \qquad (1-4)$$

其中 θ 为 A 矢量和 B 矢量之间小于 $180°$ 的夹角。

(2)它的方向由右手螺旋法则确定(如图 1-5 所示):右手形成一个松散的拳

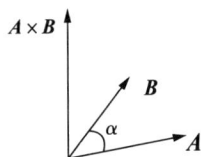

图 1-4　矢量叉乘

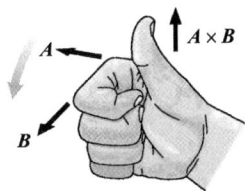

图 1-5　右手螺旋法则

头,其拇指向外伸出,四指环绕的方向由矢量 A 指向矢量 B,这样拇指的指向垂直于矢量 A 和 B 所决定的平面,即为 A 叉乘 B 的方向。

C 既垂直于 A,也垂直于 B,故 C 垂直于由 A、B 所决定的平面。

矢量的叉乘有以下的性质:

(1)$A \times A = 0$

(2)两非零矢量 A,B 平行的条件是 $A \times B = 0$。反之,如果两非零矢量 A,B 的叉乘 $A \times B = 0$,则 A,B 平行。

(3)$A \times B = -B \times A$,这说明两矢量叉乘不满足交换律,当交换两矢量叉乘的顺序时,叉乘积变号。

§1-2 质点 参考系 空间和时间

力学研究的是物体的机械运动,所谓机械运动,就是物体(或物体各部分)之间相对位置的变化。如斗转星移、飞机在空中飞行、轮船在大海上航行等等,其中静止也属于机械运动,是机械运动的特殊情况。机械运动是最简单的运动形式,存在于其他各种运动形式之中。

力学分为三部分内容,即运动学、静力学和动力学。运动学仅仅研究物质运动的描述方法,不涉及力;静力学讨论物体在平衡状态下的受力分析方法和平衡条件;动力学研究物体受力和运动状态变化之间的关系,主要依据是牛顿三大定律。

为了研究机械运动,我们通常对复杂的物体运动进行科学合理的抽象,提出物理模型,突出主要矛盾,化繁为简,以利于解决问题。

一、质点

任何物体都有大小和形状,而且在运动过程中它各部分的位置变化是不同的,物体的运动情况是非常复杂的。如汽车在直线公路上行驶,车厢上各点做直线运动,而车轮上各点做曲线运动,车上各点运动情况不同。但是如果我们主要研究汽车在公路上的运动,就可以忽略它的形状、大小和车轮的转动,把它看成一个质点,如图 1-6。飞机在空中飞行,虽然机身和机轮等各部分运动情况不相同,但如果只研究飞机整体运动,它的运动轨迹尺寸远远大于自身尺寸,这时也把它看成质点,如图 1-7。

图1-6　汽车行进在"珠峰公路"上

图1-7　飞机在空中飞行

质点：只有质量，不考虑大小和形状的点。

质点的概念是在考虑主要因素而忽略次要因素引入的一个理想化的力学模型。当物体的大小和形状对于我们所研究的运动没有影响或影响不大时，就可以把它看成一个质点。

一个物体能否视作质点，并不取决于它的实际大小，而是取决于研究问题的性质。

例如，研究地球绕太阳的公转，地球半径 R_E 约为 $6400\,\mathrm{km}$，公转轨道平均半径 R_{ES} 为 $1.5 \times 10^8\,\mathrm{km}$。地球公转轨道的尺寸远大于它自身尺寸，

$$\frac{R_{ES}}{R_E} = \frac{1.5 \times 10^8}{6.4 \times 10^3} \approx 2.4 \times 10^4 \gg 1$$

这时，地球可视作质点。如果研究地球的自转，各点绕自身轴转动的半径不同，速度和加速度都不一样，就不可把它当作质点。

当一个物体不能视作质点时，可以把整个物体看作是由许多质点组成的**质点系**。分析这些质点的运动，就可以弄清楚整个物体的运动。因此研究质点的运动是研究实际物体复杂运动的基础。

在力学中除了质点模型之外，还有刚体、理想流体、谐振子及理想弹性介质等物理模型，在后续章节中会陆续介绍。

二、参考系和坐标系

1. 运动的绝对性与运动描述的相对性

运动的绝对性：在自然界中所有的物体都在不停地运动，绝对不动的物体是没有的。运动是物质的存在形式，是物质的固有属性，物质的运动存在于人们意识之外。这便是运动本身的绝对性。大到星系，小到原子、电子，无一不在运动。以地球来说，地球不仅自转，而且以 $30\,\mathrm{km/s}$ 的速率绕太阳公转，太阳则以 $250\,\mathrm{km/s}$ 的速

率绕银河系的中心旋转,银河系在总星系中旋转,而总星系又在无限的宇宙中运动。自然界中的一切物质都处于永恒运动之中。

运动的相对性:描述物体的运动或静止总是相对于某个选定的物体而言的,即在观察一个物体的运动时,必须选取其他的物体作为标准。选取的参考物不同,对物体运动的描述也是不一样的,这就是运动描述的相对性。

例如:放在桌子上的书,相对于桌子是静止的,但它却随地球一起绕太阳运动,相对于不同的物体,书的运动形式不一样。

2. 参考系

为描述物体的运动而选择的参考物体称为**参考系**。参考系的选择可以是任意的,主要根据问题的性质和研究的方便而定。

例如,研究物体在地面上的运动,可选择地面上静止的物体作为参考系。研究宇宙飞船的运动,当运载火箭刚发射的时候,一般选地面作为参考系,如图 1-8 所示,当宇宙飞船绕太阳运行时,则常选太阳作为参考系。

图 1-8　火箭的升空

相对于不同的参考系,物体的运动形式和运动性质不一样。例如,匀速运动的火车上落下一个物体,以火车作为参考系,物体做自由落体运动,运动轨迹为直线;而以地面作为参考系,物体做平抛运动,运动轨迹为抛物线。

若不指明参考系,则默认以地面为参考系。

3. 坐标系

为了定量确定物体相对于参考系的位置,需要在参考系上选定一个固定的坐标系,如图 1-9 所示。

物理学中常用的坐标系为直角坐标系,坐标系的原点一般选在参考系上,并取通过原点标有单位长度的有向直线作为坐标轴,如图 $1-10$ 所示。x 方向单位矢量为 i,y 方向单位矢量为 j,z 方向单位矢量为 k。

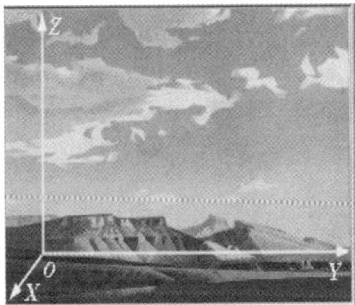

图 $1-9$　参考系和坐标系

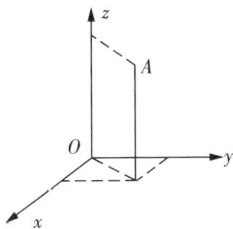

图 $1-10$　直角坐标系

坐标系的选择是任意的,主要由研究问题的方便而定。坐标系的选择不同,描述物体运动的方程是不同的,但对物体运动的规律是没有影响的。

坐标系是由参考系抽象而成的数学框架。常用的坐标系除直角坐标系外,还有其他坐标系,如极坐标系、柱坐标系、球坐标系和自然坐标系等。

综上所述:选择合适的参考系,以方便确定物体的运动性质;建立恰当的坐标系,以定量地描述物体的运动;提出较准确的物理模型,以确定所提问题最基本的运动规律。

三、空间和时间

物质的运动离不开空间和时间。人们关于空间和时间概念的形成,首先起源于对自己周围物质世界和物质运动的直觉。空间反映了物质的广延性,与物体的体积和位置的变化联系在一起。时间反映物理事件的顺序性和持续性,与物理事件的变化发展过程联系在一起。

人们对空间和时间的认识过程十分漫长,在历史上,各个时代有着不同的时空观,具有代表性的时空观有:

墨子时空观:空间是一切不同位置的概括和抽象;时间是一切不同时刻的概括和抽象。墨子认为空间和时间是客观存在的,且各自独立,彼此没有联系,与物质及其运动也没有关系。

莱布尼兹时空观:空间和时间是物质上下左右的排列形式和先后久暂的持续形式,没有具体的物质和物质的运动就没有空间和时间。强调时间、空间的客观性而忽略与运动的联系。

牛顿时空观:空间和时间是不依赖于物质的独立的客观存在,强调与运动的联系而忽略客观性。牛顿认为空间和时间是不依赖于物质的客观存在。

爱因斯坦相对论时空观：时间与空间客观存在，与物质运动密不可分。

目前观测到的时空观范围，从宇宙的直径 930 亿光年（预估完全直径为 1600 亿光年）到微观粒子的尺度 10^{-35} m，从宇宙的年龄 138.2 亿年到微观粒子的最短寿命 10^{-28} s。

物理理论指出，空间和时间都有下限，分别为普朗克长度 10^{-35} m 和普朗克时间 10^{-43} s，当小于普朗克时空间隔时，现在的时空概念可能不再适用，而相应的物理定律则会失效。

在力学中，与空间有关的基本概念有轨迹、路程和位移。与时间有关的基本物理量有瞬时（某一时刻）和时间间隔（一段时间）。

§1-3 质点运动的描述方法 矢量法和直角坐标法

一、质点位置的描述方法 —— 矢量法和直角坐标法

要描述一个质点的运动，首要问题是如何确定质点相对于参考系的位置。在矢量法中，用**位置矢量**（简称**位矢**）去描述质点的位置。如图 1-11 所示，在参考系上取点 O 作为原点，从原点 O 到质点所在位置 M 的有向线段能唯一地确定质点相对参考系的位置，这个有向线段就定义为位置矢量或位矢，用符号 r 表示。它是矢量，有大小和方向。在直角坐标法中，质点的位置用直角坐标 (x, y, z) 去描述。

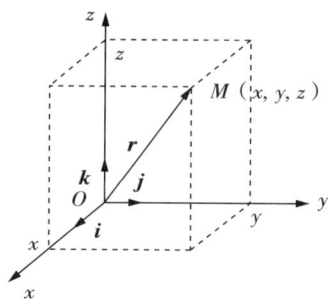

图 1-11 位置矢量和直角坐标

$$r = x\boldsymbol{i} + y\boldsymbol{j} + z\boldsymbol{k} \tag{1-5}$$

大小

$$r = \sqrt{x^2 + y^2 + z^2}$$

方向

$$\begin{cases} \cos\alpha = \dfrac{x}{r} \\[2mm] \cos\beta = \dfrac{y}{r} \\[2mm] \cos\gamma = \dfrac{z}{r} \end{cases}$$

关于位置矢量有几点说明：

(1) 位置矢量是矢量,有大小和方向。

(2) 位置矢量具有瞬时性,运动质点在不同时刻的位置矢量是不同的。

(3) 位置矢量具有相对性,位置矢量的大小和方向,与参考系以及坐标系的原点的选择有关。在不同的参考系中,同一质点的位置矢量是不同的。

二、运动学方程

用于描述质点位置随时间变化规律的方程,称为**运动学方程**。

运动学方程是运动学最基本的方程。知道运动学方程,才能进一步分析物体运动的速度和加速度,从而解决质点的运动问题。

在矢量法中,质点运动时,它相对坐标原点 O 的位置矢量 r 是随时间变化的。因此,r 是时间的函数,即运动方程为矢量式

$$r = r(t) \tag{1-6}$$

在直角坐标法中,质点运动时,它的位置坐标随时间变化,所以运动方程为标量式

$$\begin{cases} x = x(t) \\ y = y(t) \\ z = z(t) \end{cases} \tag{1-7}$$

质点运动方程包含了质点运动的全部信息。

运动学的重要任务之一,就是找出各种具体运动所遵循的运动方程,或者根据已知的运动方程,分析研究质点的其他运动问题。

质点运动时,在坐标系中描绘的线称为质点运动的轨迹。利用直角坐标系的运动方程,消去时间 t 得轨迹方程

$$f(x, y, z) = 0$$

三、位移

描述质点位置变化的物理量称为位移。

质点运动,从始点 A 到终点 B。它相对于原点的位置矢量由 r_A 变化到 r_B,我们把由始点 A 到终点 B 的有向线段定义为质点的**位移矢量**,简称位移,用 Δr 表示。

如图 1-12 所示,设曲线 $\overset{\frown}{AB}$ 是质点运动轨迹的一部分,在某一时刻 t,质点在 A 处,把它当作起点,经过一段时间,在 $t + \Delta t$ 时刻,质点到达 B 点,B 是这段时间质点的终点。质点的位置变化可以用从 A 到 B 的有向线段 $\overrightarrow{AB}$ 表示。若 A、B 两点的位

矢分别为 r_A、r_B,则由矢量计算可知

$$\Delta r = r_B - r_A = \overrightarrow{AB} \quad (1-8)$$

即位移等于终点 B 与始点 A 的位置矢量之差。

注意,位移与路程的物理意义是不同的,位移是矢量,用来表示质点位置变化的大小和方向;路程是标量,指物体运动轨迹的长度。

位移大小是质点实际移动的直线距离,和路程往往不相等。即使在直线运动

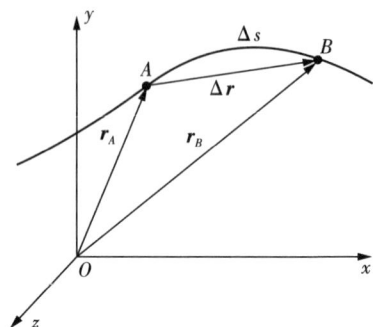

图 1-12　曲线运动中的位移和路程

中,位移和路程也是截然不同的两个概念。但是,当时间很短时,即 $\Delta t \to 0$ 时,$|\Delta r| = \Delta s$ 即 $|dr| = ds$。

说明:

(1) 位移是矢量,有大小和方向;

(2) 位移具有瞬时性,运动质点在不同时刻的位移是不同的;

(3) 位移具有相对性,在不同的参考系中,同一质点的位移是不同的。

总之,位移是位置矢量的增量,是与运动过程有关的物理量,它是时间间隔的函数。与位置矢量不同的是,一旦参考系确定,位移和坐标系原点的选择无关。

四、速度

速度是用来描述质点位置随时间变化的快慢和方向的基本物理量。

平均速度　表示质点在一定时间间隔内位置变化的平均快慢程度。它是**矢量**。Δt 时间内的平均速度定义为

$$\bar{v} = \frac{\Delta r}{\Delta t} = \frac{r_B - r_A}{t_2 - t_1} \quad (1-9)$$

特别需要强调的是:平均速度与质点的位移和所用的时间有关。因而在叙述平均速度时,必须指明是哪一段时间内或哪一段位移内的平均速度。平均速度的方向与位移的方向相同。

平均速率　表示质点在确定时间间隔内运动的平均快慢程度。它是**标量**。若质点在 Δt 时间内走过的路程为 Δs,则平均速率的定义为

$$\bar{v} = \frac{\Delta s}{\Delta t} \quad (1-10)$$

因为在一段时间内,质点走过的路程和发生的位移不一定相等,所以平均速度的大小往往不等于平均速率。

瞬时速度   描述质点在某一时刻或某一位置运动快慢和方向的物理量。

当 Δt 无限减小而趋于 0 时,平均速度的极限值即为瞬时速度,简称**速度**,用 v 表示。

如图 1-13 所示,其数学表达式为

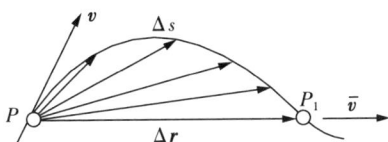

图 1-13   瞬时速度和平均速度

$$v = \lim_{\Delta t \to 0} \frac{\Delta \boldsymbol{r}}{\Delta t} = \frac{\mathrm{d}\boldsymbol{r}}{\mathrm{d}t} \tag{1-11}$$

也就是说,瞬时速度等于位置矢量对时间的一阶导数。速度是矢量,方向沿轨道上质点所在位置的切线并且指向前进的一方,速度的单位为 m/s(或 m·s^{-1})。

平均速率的极限值称为**瞬时速率**,简称为**速率**,定义为

$$v = \lim_{\Delta t \to 0} \frac{\Delta s}{\Delta t} = \frac{\mathrm{d}s}{\mathrm{d}t} \tag{1-12}$$

瞬时速率是标量。

在 Δt 无限减小而趋于零时,极限位移和路程大小相等,即 $|\mathrm{d}\boldsymbol{r}| = \mathrm{d}s$,由式(1-11)可知瞬时速度和瞬时速率数值相等,所以速度的大小常常称为速率。

速度在坐标轴上的投影分别是 v_x、v_y、v_z,根据位矢在直角坐标轴上的矢量式,可以求出速度矢量

$$\boldsymbol{v} = \frac{\mathrm{d}\boldsymbol{r}}{\mathrm{d}t} = \frac{\mathrm{d}x}{\mathrm{d}t}\boldsymbol{i} + \frac{\mathrm{d}y}{\mathrm{d}t}\boldsymbol{j} + \frac{\mathrm{d}z}{\mathrm{d}t}\boldsymbol{k} = v_x\boldsymbol{i} + v_y\boldsymbol{j} + v_z\boldsymbol{k}$$

所以有

$$v_x = \frac{\mathrm{d}x}{\mathrm{d}t} \quad v_y = \frac{\mathrm{d}y}{\mathrm{d}t} \quad v_z = \frac{\mathrm{d}z}{\mathrm{d}t} \tag{1-13}$$

关于速度的说明:

(1)速度是矢量,即有大小又有方向,二者只要有一个变化,速度就发生变化;

(2)速度具有瞬时性,运动质点在不同时刻的速度是不同的;

(3)速度具有相对性,在不同的参考系中,同一质点的速度是不同的。

五、加速度

加速度是用于描述质点速度变化快慢的物理量。

质点在轨迹上的不同位置,通常有着不同的速度,如图 1-14 所示,设质点在 t 时刻的速度为 $\boldsymbol{v}_A$,在 $t+\Delta t$ 时刻的速度为 $\boldsymbol{v}_B$,则在 Δt 时间内,速度增量为 $\Delta \boldsymbol{v}$

$$\Delta \boldsymbol{v} = \boldsymbol{v}_B - \boldsymbol{v}_A$$

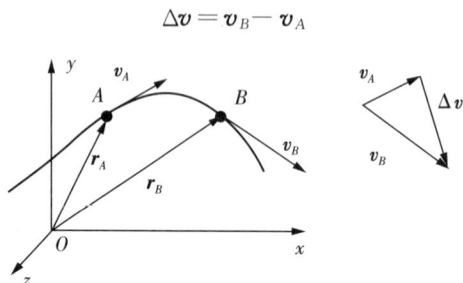

图 1-14　速度的增量

这里要注意,$\Delta \boldsymbol{v}$ 是速度矢量的增量,既表示速度数值的变化,又表示速度方向的变化,它是矢量,和速率增量完全不一样,即 $\Delta \boldsymbol{v} \neq \Delta v$。

与平均速度的定义相同,平均加速度定义为

$$\bar{\boldsymbol{a}} = \frac{\Delta \boldsymbol{v}}{\Delta t} \tag{1-14}$$

平均加速度是矢量,表示质点在一段时间内速度改变的平均快慢程度,方向就是质点在这段时间内速度增量的方向。在讨论平均加速度时,必须指明是哪一段时间或哪一段位移。为了精确地描述质点在某一时刻(或某一位置)速度变化的快慢,必须在平均加速度的基础上,引入瞬时加速度的概念。

瞬时加速度　用来描述质点在某一时刻或某一位置速度变化快慢的物理量。定义为平均加速度的极限值,称为**瞬时加速度**,简称**加速度**,用 $\boldsymbol{a}$ 表示。

$$\boldsymbol{a} = \lim_{\Delta t \to 0} \frac{\Delta \boldsymbol{v}}{\Delta t} = \frac{\mathrm{d} \boldsymbol{v}}{\mathrm{d} t} = \frac{\mathrm{d}^2 \boldsymbol{r}}{\mathrm{d} t^2} \tag{1-15}$$

即瞬时加速度等于平均加速度在 $\Delta t \to 0$ 时的极限值,加速度为速度对时间的一阶导数或位置矢量对时间的二阶导数。加速度的方向与速度增量的极限方向相同,在曲线运动中,总是指向曲线凹的一侧。

瞬时加速度在直角坐标系中的分量表示式为

$$\boldsymbol{a} = \frac{\mathrm{d}^2 \boldsymbol{r}}{\mathrm{d} t^2} = \frac{\mathrm{d}^2 x}{\mathrm{d} t^2} \boldsymbol{i} + \frac{\mathrm{d}^2 y}{\mathrm{d} t^2} \boldsymbol{j} + \frac{\mathrm{d}^2 z}{\mathrm{d} t^2} \boldsymbol{k} = a_x \boldsymbol{i} + a_y \boldsymbol{j} + a_z \boldsymbol{k}$$

其中 a_x、a_y、a_z 为加速度在直角坐标轴上的投影(分量)

$$a_x = \frac{\mathrm{d} v_x}{\mathrm{d} t} = \frac{\mathrm{d}^2 x}{\mathrm{d} t^2} \quad a_y = \frac{\mathrm{d} v_y}{\mathrm{d} t} = \frac{\mathrm{d}^2 y}{\mathrm{d} t^2} \quad a_z = \frac{\mathrm{d} v_z}{\mathrm{d} t} = \frac{\mathrm{d}^2 z}{\mathrm{d} t^2} \tag{1-16}$$

加速度是矢量,既有大小又有方向,二者只要有一个变化,加速度就不为 0。例如,质点做直线运动时,如果速率增加,那么加速度 a 和速度 v 方向相同(夹角为 $0°$);反之,如果速率减小,a 和 v 方向相反(如图 1-15 所示)。并不是说,加速度为正就是加速运动,加速度为负就是减速运动,因为加速度的正负与坐标系的选择有关。

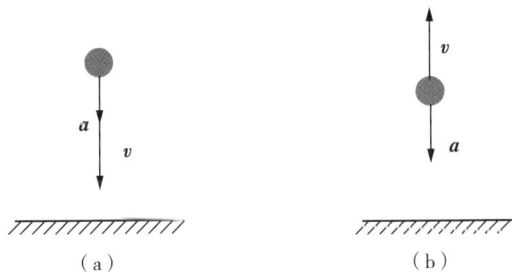

（a）　　　　　　　　　（b）

图 1-15　直线运动中加速度和速度的方向

对于曲线运动加速度的方向和速度的方向不一定相同。如图 1-16 所示,当速度和加速度之间夹角成锐角时,速率增加;成钝角时,速率减小;成直角时,速率不变。

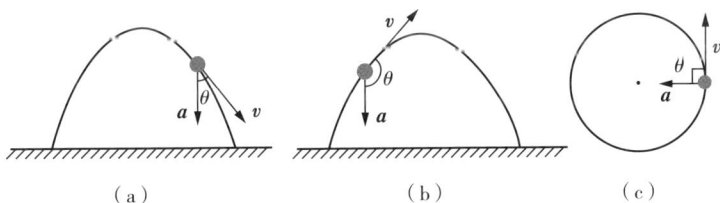

（a）　　　　　　（b）　　　　　（c）

图 1-16　曲线运动中加速度和速度的方向

质点做曲线运动时,由于速度沿着曲线弯曲方向而变化,由此加速度的方向总是指向曲线凹的一边(参见图 1-16 和图 1-17),例如行星绕太阳运动的轨道是一椭圆,太阳在椭圆的一个焦点上,行星的加速度总是指向太阳,偏向椭圆凹的一侧。当行星从远日点向近日点方向运动时,其加速度和速度成锐角,所以行星的速率增加;当行星从近日点向远日点运动时,加速度与速度成钝角,行星的速率减小。

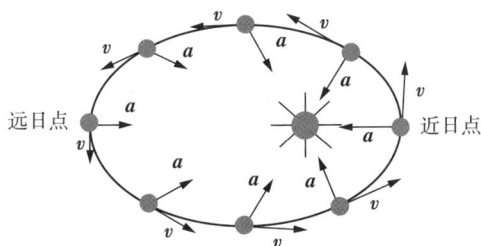

图 1-17　行星绕太阳运动时的速度和加速度

加速度具有瞬时性,运动质点在不同时刻的加速度是不同的。加速度具有相对性,在不同的参考系中,同一质点的加速度是不同的。加速度的单位为 m/s²(或 m·s⁻²)。

在描述质点运动的四个物理量中,位置矢量和速度是描述质点状态的物理量,而位移和加速度是反映质点运动状态变化的物理量。

六、质点运动学的两类问题

第一类问题:已知质点的运动方程,求质点在任意时刻的速度和加速度,从而得知质点运动的全部情况,这类问题用微分方法求解。

第二类问题:已知质点在任意时刻的速度(或加速度)以及初始状态,求质点的运动方程(第一类问题的逆运算),这类问题用积分方法求解。

例 1-1 已知一质点的运动方程为 $\boldsymbol{r} = 2t\boldsymbol{i} + (2-t^2)\boldsymbol{j}$ (SI),求:

(1) $t_1 = 1\text{s}$ 和 $t_2 = 2\text{s}$ 时的位矢;

(2) $t_1 = 1\text{s}$ 到 $t_2 = 2\text{s}$ 内位移;

(3) $t_1 = 1\text{s}$ 到 $t_2 = 2\text{s}$ 内质点的平均速度;

(4) $t_1 = 1\text{s}$ 和 $t_2 = 2\text{s}$ 时质点的速度;

(5) $t_1 = 1\text{s}$ 到 $t_2 = 2\text{s}$ 内的平均加速度;

(6) $t_1 = 1\text{s}$ 和 $t_2 = 2\text{s}$ 时质点的加速度。

解: (1) 根据运动方程,可以求出到 t_1、t_2 时刻的位矢,分别为

$$\boldsymbol{r}_1 = 2\boldsymbol{i} + \boldsymbol{j}, \boldsymbol{r}_2 = 4\boldsymbol{i} - 2\boldsymbol{j}$$

(2) 根据位移的定义,从 $t_1 \sim t_2$ 时间间隔内的位移

$$\Delta\boldsymbol{r} = \boldsymbol{r}_2 - \boldsymbol{r}_1 = 2\boldsymbol{i} - 3\boldsymbol{j}$$

(3) 根据平均速度的定义

$$\bar{\boldsymbol{v}} = \frac{\Delta\boldsymbol{r}}{\Delta t} = \frac{2\boldsymbol{i} - 3\boldsymbol{j}}{2-1} = 2\boldsymbol{i} - 3\boldsymbol{j}$$

(4) 将运动方程对时间求导,得到速度方程

$$\boldsymbol{v} = \frac{\mathrm{d}\boldsymbol{r}}{\mathrm{d}t} = 2\boldsymbol{i} - 2t\boldsymbol{j}$$

将 t_1、t_2 代入速度方程得

$$\boldsymbol{v}_1 = 2\boldsymbol{i} - 2\boldsymbol{j}, \boldsymbol{v}_2 = 2\boldsymbol{i} - 4\boldsymbol{j}$$

（5）根据平均加速度的定义，得 $t_1 \sim t_2$ 时间间隔内的平均加速度

$$\bar{\pmb{a}} = \frac{\Delta \pmb{v}}{\Delta t} = \frac{\pmb{v}_2 - \pmb{v}_1}{\Delta t} = \frac{-2\pmb{j}}{2-1} = -2\pmb{j}$$

（6）将速度方程对时间求导，得到加速度方程

$$\pmb{a} = \frac{\mathrm{d}^2 \pmb{r}}{\mathrm{d} t^2} = \frac{\mathrm{d} \pmb{v}}{\mathrm{d} t} = -2\pmb{j}$$

由加速度方程可以看出，加速度为常量，即 t_1、t_2 时刻的加速度相等，大小均为 $2\mathrm{m/s}^2$，方向沿 y 轴负向。

例 1-2　一个质点沿 x 轴做直线运动，已知加速度为 $a = 4t (\mathrm{SI})$，初始条件为：$t = 0$ 时，$v_0 = 0$，$x_0 = 10\mathrm{m}$。求质点的运动方程。

解：取质点为研究对象，由加速度定义有

$$a = \frac{\mathrm{d} v}{\mathrm{d} t} = 4t \text{（一维可用标量式）} \tag{1}$$

将（1）式两边同乘以 $\mathrm{d} t$ 得

$$\mathrm{d} v = 4t \mathrm{d} t \tag{2}$$

将（2）式两边积分，并代入初始条件

$$\int_0^v \mathrm{d} v = \int_0^t 4t \mathrm{d} t$$

得

$$v = 2t^2$$

由速度定义得

$$v = \frac{\mathrm{d} x}{\mathrm{d} t} = 2t^2 \tag{3}$$

由（3）式得

$$\mathrm{d} x = 2t^2 \mathrm{d} t \tag{4}$$

将（4）式两边积分，并代入初始条件

$$\int_{10}^x \mathrm{d} x = \int_0^t 2t^2 \mathrm{d} t$$

得

$$x = \frac{2}{3} t^3 + 10$$

例1-3 湖中有一小船,岸边有人用绳子跨过离地面高 h 的滑轮以匀速 v_0 拉船靠岸,如例1-3图所示,试讨论船的运动情况。

解: 建立如图所示的坐标系,很显然在任意时刻 t,有如下的几何关系

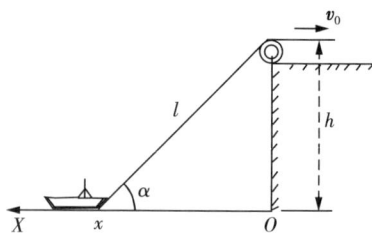
例1-3图

$$l^2 = x^2 + h^2$$

将上式对时间 t 求导,得

$$2l \frac{\mathrm{d}l}{\mathrm{d}t} = 2x \frac{\mathrm{d}x}{\mathrm{d}t}$$

设小船的速度为 v,因为

$$\frac{\mathrm{d}l}{\mathrm{d}t} = -v_0, \quad \frac{\mathrm{d}x}{\mathrm{d}t} = v$$

所以
$$-lv_0 = xv \tag{1}$$

得到
$$v = -\frac{lv_0}{x} = -\frac{\sqrt{h^2 + x^2}}{x} v_0 = -\frac{v_0}{\cos\alpha} \tag{2}$$

可见小船的速度为负值,说明方向指向岸,离岸越近,x 越小(α 越大),v 的数值越大。

对(1)式求导,有

$$-v_0 \frac{\mathrm{d}l}{\mathrm{d}t} = x \frac{\mathrm{d}v}{\mathrm{d}t} + v \frac{\mathrm{d}x}{\mathrm{d}t}$$

即
$$-v_0(-v_0) = xa + v^2$$

其中,$a = \frac{\mathrm{d}v}{\mathrm{d}t}$ 为小船的加速度,所以

$$a = \frac{v_0^2 - v^2}{x} = \frac{v_0^2 - \left(\frac{-lv_0}{x}\right)^2}{x} = -\frac{h^2 v_0^2}{x^3}$$

可见小船的加速度为负值,方向也指向岸,同样离岸越近,x 越小,a 的数值越大。

§1-4　圆周运动和一般曲线运动　自然坐标系

一个在平面内运动的物体,如果它的运动方向发生了改变,我们就称这个物体所做的运动为平面曲线运动,即加速度的方向与速度方向不一致的情况。

一、切向加速度和法向加速度

在质点的平面曲线运动中,当已知运动轨道时,常用自然坐标描述质点的位置、路程以及质点的速度和加速度。

在如图 1-18 所示的轨迹曲线上取一点 O 作为坐标原点,原点一侧为正,另一侧为负,以质点与 O 点间的轨道长度 s 和相应的符号来表示质点的位置,称 s 为质点的自然坐标(弧坐标)。质点运动时的自然坐标运动方程为

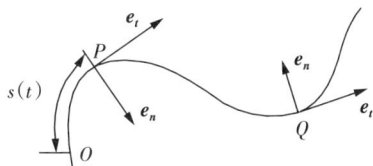

图 1-18　质点的自然坐标

$$s = s(t) \tag{1-17}$$

设 t 时刻质点位于 P 点,在质点上作相互垂直的两个坐标轴,分别沿轨道切线方向和法线方向,称为**切向轴**和**法向轴**,其单位矢量为 e_t 和 e_n,且 e_n 指向轨道凹的一侧。由于切向和法向坐标轴随质点沿轨道的运动自然变换方向和位置,称这种坐标系为**自然坐标系**。

当质点经过 Δt 时间从 P 点运动到 Q 点,在这段时间内质点经过的路程为

$$\Delta s = s(t + \Delta t) - s(t)$$

质点在 t 时刻的瞬时速率为

$$v = \lim_{\Delta t \to 0} \frac{\Delta s}{\Delta t} = \frac{\mathrm{d}s}{\mathrm{d}t} \tag{1-18}$$

在自然坐标系中,质点的速度可以表示为

$$\boldsymbol{v} = \frac{\mathrm{d}s}{\mathrm{d}t}\boldsymbol{e}_t$$

根据加速度的定义

$$\boldsymbol{a} = \frac{\mathrm{d}(v\boldsymbol{e}_t)}{\mathrm{d}t} = \frac{\mathrm{d}v}{\mathrm{d}t}\boldsymbol{e}_t + v\frac{\mathrm{d}\boldsymbol{e}_t}{\mathrm{d}t} \tag{1-19}$$

其中,$\mathrm{d}v/\mathrm{d}t$ 表示质点速度大小的变化,方向沿切向,称为**切向加速度**,用 $\boldsymbol{a}_t$ 表示

$$\boldsymbol{a}_t = \frac{\mathrm{d}v}{\mathrm{d}t}\boldsymbol{e}_t = \frac{\mathrm{d}^2 s}{\mathrm{d}t^2}\boldsymbol{e}_t$$

以圆周运动为例,借助几何分析的方法研究 $\mathrm{d}\boldsymbol{e}_t/\mathrm{d}t$ 的变化。

如图 1-19(a) 所示,$t+\mathrm{d}t$ 时刻质点由位置 A 变到位置 B,单位矢量 $\boldsymbol{e}_t$ 的大小不变但方向改变,所以 $\mathrm{d}\boldsymbol{e}_t/\mathrm{d}t \neq 0$。设 A 点的切向单位矢量为 $\boldsymbol{e}_t$,B 点的切向单位矢量为 $\boldsymbol{e}_t'$,如图 1-19(b) 所示,当 $\Delta t \to 0$ 时,$\Delta\theta \to 0$,为 $\mathrm{d}\theta$,即 $\mathrm{d}\boldsymbol{e}_t$ 的方向趋于与 $\boldsymbol{e}_t$ 垂直,即趋于 $\boldsymbol{e}_n$ 的方向。根据几何关系可以得出

$$\mathrm{d}\boldsymbol{e}_t = \mathrm{d}\theta \boldsymbol{e}_n$$

因而
$$\frac{\mathrm{d}\boldsymbol{e}_t}{\mathrm{d}t} = \frac{\mathrm{d}\theta}{\mathrm{d}t}\boldsymbol{e}_n = \frac{R\mathrm{d}\theta}{R\mathrm{d}t}\boldsymbol{e}_n = \frac{\mathrm{d}s}{R\mathrm{d}t}\boldsymbol{e}_n = \frac{v}{R}\boldsymbol{e}_n$$

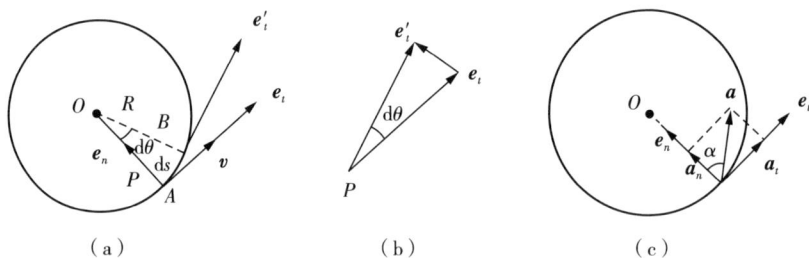

图 1-19　自然坐标系中的加速度

于是,式(1-19)中第二项定义为**法向加速度**,用 $\boldsymbol{a}_n$ 表示,它是由于速度方向的变化而引起的。

$$a_n = \frac{v^2}{R}$$

此公式也适用于任意平面曲线运动,用 P 点的曲率半径 ρ 代替法向加速度公式里的 R 即可,即

$$a_n = \frac{v^2}{\rho}$$

因此,在自然坐标法中,加速度可以写为

$$\boldsymbol{a} = \frac{\mathrm{d}v}{\mathrm{d}t}\boldsymbol{e}_t + \frac{v^2}{R}\boldsymbol{e}_n = a_t\boldsymbol{e}_t + a_n\boldsymbol{e}_n$$

其中切向加速度表示速度大小变化的快慢

$$a_t = \frac{\mathrm{d}v}{\mathrm{d}t} = \frac{\mathrm{d}^2 s}{\mathrm{d}t^2} \qquad (1-20)$$

法向加速度表示速度方向变化的快慢

$$a_n = \frac{v^2}{\rho} \qquad (1-21)$$

总加速度的大小为

$$a = \sqrt{a_n^2 + a_t^2}$$

加速度的方向为

$$\alpha = \arctan \frac{a_t}{a_n}$$

其中 α 为加速度与法向轴之间的夹角。

二、圆周运动的角量描述

圆周运动是常见的曲线运动,是曲线运动的一个重要特例,具有很强的代表性。研究圆周运动以后,再研究一般曲线运动,也比较方便。物体绕定轴转动时,每个质点都做圆周运动,所以圆周运动又是物体转动的基础。

研究圆周运动,通常采用的方法是自然坐标法和角量描述法。在自然坐标法中,加速度分量的物理意义明晰(在前面已做过介绍),由于采用的物理量与线性长度有关,故又称为线量描述法。下面讨论角量描述法以及线量和角量的关系。

在圆周运动过程中,质点速度方向不断改变,所以始终存在着加速度。设质点在 Oxy 平面内绕 O 点、沿半径为 R 的轨道做圆周运动,以 Ox 轴为参考方向(如图 1-20 所示)。

1. 圆周运动的角速度和角加速度

在角量描述法中,质点做圆周运动常用角位移、角速度、角加速度等角量来描述。

任一时刻,质点所在的半径和 Ox 轴的夹角 θ 表示质点的位置,一般规定从 Ox 轴

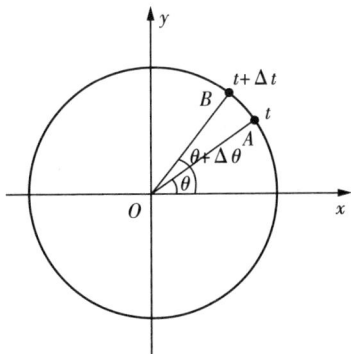

图 1-20 角位移

转向半径,如果是逆时针 θ 为正,顺时针 θ 为负,即"逆正顺负",θ 称为**角坐标**或**角位置**。所以质点的运动方程为

$$\theta = \theta(t) \qquad\qquad (1-22)$$

在时刻 t 质点位于 A 点，角坐标为 θ。经过 Δt 时间质点运动到 B 点，角坐标为 $\theta + \Delta\theta$。$\Delta\theta$ 为质点在时间 Δt 内的角位移。角位移不但有大小，而且有方向，一般规定沿逆时针转向的角位移取正值，沿顺时针转向的角位移取负值。角位移的单位为 rad。

角位移 $\Delta\theta$ 与发生这一角位移所经历的时间的比值，称为这段时间内质点做圆周运动的**平均角速度**，记为

$$\bar{\omega} = \frac{\Delta\theta}{\Delta t}$$

当时间 Δt 趋近于零时，$\bar{\omega}$ 将趋近于某一极限值，这个极限值我们称之为质点在时刻 t 的**瞬时角速度**，简称**角速度**。用 ω 表示，则

$$\omega = \lim_{\Delta t \to 0} \frac{\Delta\theta}{\Delta t} = \frac{\mathrm{d}\theta}{\mathrm{d}t} \qquad\qquad (1-23)$$

即角速度等于角位移对时间的一阶导数，可以理解为质点在单位时间内所转过的角度，它表示质点做圆周运动的快慢程度。角速度的单位为 rad/s，也可写成 s^{-1} 或 $1/\mathrm{s}$。

设在时刻 t 质点的角速度为 ω，在时刻 $t + \Delta t$，质点的角速度为 $\omega + \Delta\omega$，则 Δt 时间内质点的**平均角加速度** $\bar{\alpha}$ 为

$$\bar{\alpha} = \frac{\Delta\omega}{\Delta t}$$

当时间 Δt 趋近于零时，$\bar{\alpha}$ 将趋近于某一极限值，这个极限值我们称为质点在 t 时刻的**瞬时角加速度**，简称**角加速度**。用 α 表示，则

$$\alpha = \lim_{\Delta t \to 0} \frac{\Delta\omega}{\Delta t} = \frac{\mathrm{d}\omega}{\mathrm{d}t} \quad (\mathrm{rad/s}^2) \qquad\qquad (1-24)$$

角加速度等于角速度对时间的一阶导数或等于角坐标对时间的二阶导数。它表示质点角速度随时间变化的快慢。

特例：质点做匀速和匀变速圆周运动时，用角量表示的运动学方程与匀速和匀变速直线运动的运动学方程完全相似，可以根据积分运算进行推导。

匀速圆周运动的运动学方程为

$$\theta = \theta_0 + \omega t$$

匀变速圆周运动的运动学方程为

$$\omega = \omega_0 + \alpha t$$

$$\theta = \theta_0 + \omega_0 t + \frac{1}{2}\alpha t^2$$

$$\omega^2 - \omega_0^2 = 2\alpha\Delta\theta$$

2. 线量和角量的关系

质点做圆周运动既可以用角量也可以用
线量来描述。

从图1-21中可以看出 $\Delta s = r\Delta\theta$，Δs 就是
质点做圆周运动时在时间 Δt 内自然坐标的增
量。所以质点的速度大小为

$$v = \lim_{\Delta t \to 0}\frac{\Delta s}{\Delta t} = \lim_{\Delta t \to 0}r\frac{\Delta\theta}{\Delta t} = r\omega$$

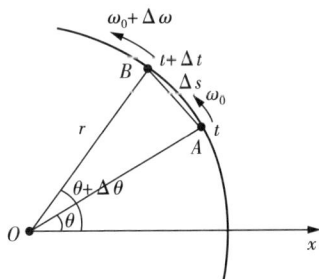

图 1-21　圆周运动线量和角量的关系

根据上式可得

$$a_t = \frac{\mathrm{d}v}{\mathrm{d}t} = r\frac{\mathrm{d}\omega}{\mathrm{d}t} = r\alpha$$

$$a_n = \frac{v^2}{r} = \omega v = r\omega^2$$

总结，线量和角量三个重要的关系式是

$$
\begin{aligned}
v &= r\omega \\
a_t &= r\alpha \\
a_n &= r\omega^2
\end{aligned}
\tag{1-25}
$$

讨论：在平面曲线运动中，加速度所描述的运动有如下几种情况。

（1）法向加速度为零时，曲率半径 $\rho \to \infty$，质点做直线运动。此时

$$a_t = \frac{\mathrm{d}v}{\mathrm{d}t}\begin{cases} >0,\text{加速直线运动}(\mathrm{d}v>0) \\ <0,\text{减速直线运动}(\mathrm{d}v<0) \\ =0,\text{匀速直线运动}(\mathrm{d}v=0) \end{cases}$$

（2）法向加速度不为零时，质点做曲线运动。此时

$$a_t = \frac{\mathrm{d}v}{\mathrm{d}t}\begin{cases} > 0, \text{加速曲线运动}(\mathrm{d}v > 0) \\ < 0, \text{减速曲线运动}(\mathrm{d}v < 0) \\ = 0, \text{匀速曲线运动}(\mathrm{d}v = 0) \end{cases}$$

例 1-4 一质点在水平面内以顺时针方向沿半径为 2m 的圆形轨道运动。此质点的角速度与运动时间平方成正比，即 $\omega = Kt^2$，式中 K 为常数。已知质点在第 2s 末的线速度大小为 32m/s，试求 $t = 0.50$s 时质点的线速度大小与加速度大小。

解：首先确定常数 K。已知 $t = 2$s 时，$v = 32$m/s，则有

$$K = \frac{\omega}{t^2} = \frac{v}{Rt^2} = 4(\mathrm{s}^{-3})$$

故

$$\omega = 4t^2$$

$$v = R\omega = 4Rt^2$$

当 $t = 0.5$s 时

$$v = 4Rt^2 = 2.00(\mathrm{m/s})$$

$$a_t = \frac{\mathrm{d}v}{\mathrm{d}t} = 8Rt = 8.00(\mathrm{m/s^2})$$

$$a_n = \frac{v^2}{R} = \frac{2^2}{2} = 2.00(\mathrm{m/s^2})$$

$$a = \sqrt{a_n^2 + a_t^2} = \sqrt{2^2 + 8^2} = 2\sqrt{17}(\mathrm{m/s^2})$$

三、抛体运动

物体以一定的初速度沿水平方向抛出，如果物体仅受重力作用，这样的运动叫作**平抛运动**。平抛运动可看作水平方向的匀速直线运动以及竖直方向的自由落体运动的合运动。对于平抛运动的物体，由于所受的合外力为恒力，因此平抛运动是匀变速曲线运动，平抛物体的运动轨迹为一抛物线。如果抛出的初速度方向和水平方向有一定的角度，则称为**抛体运动**。

如图 1-22 所示，以抛射点为坐标原点建立坐标系，水平方向为 x 轴，竖直方向为 y 轴。设

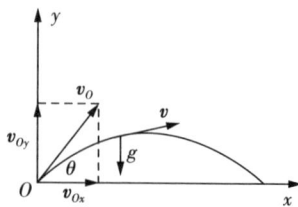

图 1-22 抛体的运动

抛出时刻 $t=0$ 的速率为 v_0,抛射角为 θ,则初速度分量分别为

$$v_{0x} = v_0\cos\theta, v_{0y} = v_0\sin\theta$$

加速度恒定为

$$a_x = 0, a_y = -g$$

$$\boldsymbol{a} = \boldsymbol{g} = -g\boldsymbol{j}$$

故任意时刻的速度为

$$v_x = \frac{\mathrm{d}r}{\mathrm{d}t} = v_0\cos\theta$$

$$v_y = \frac{\mathrm{d}y}{\mathrm{d}t} = v_0\sin\theta - gt$$

$$\boldsymbol{v} = (v_0\cos\theta)\boldsymbol{i} + (v_0\sin\theta - gt)\boldsymbol{j} \qquad (1-26)$$

运动学方程为

$$x = v_0 t\cos\theta, y = v_0 t\sin\theta - \frac{1}{2}gt^2$$

$$\boldsymbol{r} = (v_0 t\cos\theta)\boldsymbol{i} + (v_0 t\sin\theta - \frac{1}{2}gt^2)\boldsymbol{j} \qquad (1-27)$$

可见,抛体运动也可以分解为沿抛射方向的匀速直线运动与竖直方向的自由落体运动。

由运动方程消去 t,可以推出抛体运动的轨迹方程为

$$y = x\tan\theta - \frac{1}{2}\frac{gx^2}{v_0^2\cos^2\theta} \qquad (1-28)$$

由此看出质点的运动轨迹为抛物线。

从图 1-22 可以看出,当抛体落回水平面上时,$y=0$,若把抛体落地点与原点 O 之间的距离 L 称为射程,则由式(1-28)可得

$$L = \frac{v_0^2\sin 2\theta}{g} \qquad (1-29)$$

把抛体上升的最大高度称为射高,当抛体到达最高点时,$x = \frac{L}{2}$。代入式(1-28)可求得抛体上升的最大高度为

$$H = \frac{v_0^2\sin^2\theta}{2g} \qquad (1-30)$$

例 1-5 如图,将一小球在距离地面 10m 处,以斜向上 $\theta = 30°$ 抛出,速度 $v_0 = 20$m/s。问:球在抛出后何时着地? 在何处着地? 着地时速度的大小和方向各如何?

解:按照题意建立如下图所示的坐标系。可知

$$v_{0x} = v_0 \cos\theta$$

$$v_{0y} = v_0 \sin\theta$$

小球的加速度在竖直和水平方向上的分量分别为

$$a_x = 0, a_y = -g$$

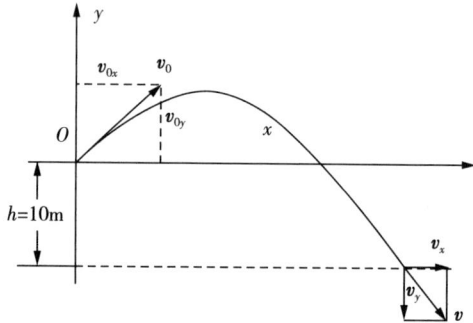

例 1-5 图

可见,小球在水平方向做匀速直线运动,在竖直方向做匀变速直线运动。所以

$$x = v_0 \cos\theta t \tag{1}$$

$$y = v_0 \sin\theta t - \frac{1}{2}gt^2 \tag{2}$$

取落点纵坐标 $y = -h$,代入式(2)得

$$-10 = 20 \times \frac{1}{2}t - \frac{1}{2} \times 9.8t^2$$

解得 $t = 2.78$s,所以球在抛出后 2.78s 落地。

根据式(1)可求得落点与抛射点的水平距离为

$$x = v_0 \cos\theta \cdot t = 20\cos30° \times 2.78 = 48.15 \text{(m)}$$

落地时小球在 x、y 轴方向的速度分量分别为

$$v_x = v_0 \cos\theta = 20\cos30° = 17.32 \text{(m/s)}$$

$$v_y = v_0 \sin\theta - gt = 20\sin30° - 9.8 \times 2.78 = -17.24 \text{(m/s)}$$

落地时速度的大小为

$$v = \sqrt{v_x^2 + v_y^2} = 24.44(\text{m/s})$$

落地时速度与 x 轴的夹角为

$$\alpha = \arctan \frac{-17.24}{17.32} = -44.87°$$

§1-5   相对运动

运动是绝对的,但是运动的描述具有相对性,在不同参考系中研究同一物体的运动情况结果会完全不同,质点的运动轨迹与所选取的参考系有关。只有相对于确定的参考系,才能对运动进行量度。描述质点运动的许多物理量如位矢、速度和加速度都具有这种相对性。例如,一辆车在直线公路上行驶,坐在车内的旅客看车轮上各点的运动是圆周运动,而站在路上的人看到的车轮上任一点的运动轨迹是由圆周运动和直线运动合成的曲线运动(如图 1-23 所示)。

图 1-23   不同的观察者观察的结果不同

那么,我们不禁要问,既然是同一个运动,物体相对于不同参考系的运动形式有没有关系呢? 下面我们就要讨论这个问题。

描述运动的物理量都是从空间和时间导出的,所以我们将从伽利略坐标变换入手,分别讨论在不同的参考系中,物体速度和加速度的变换关系。

一、伽利略坐标变换

如图 1-24 所示,设有两个参考系中的坐标系 $K(Oxyz)$ 和 $K'(O'x'y'z')$,它们沿

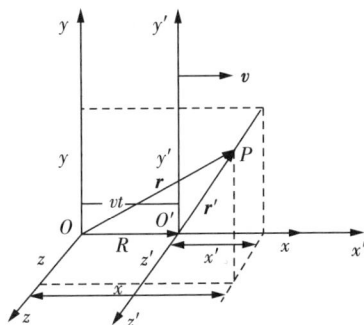

图 1-24   相对运动的研究

x 轴方向相对做匀速直线运动,相对运动的速度为 v 。假设 K 系为静止坐标系,简称为静系,K' 系为运动坐标系,简称为动系。初始时刻,两个坐标系完全重合。经过 Δt 这段时间,K' 相对于 K 系发生的位移为 R。对于同一个质点 P,某时刻在两个坐标系中的位置矢量分别为 r 和 r',根据图 1 – 24,可以看出它们的矢量关系为

$$r = R + r' \qquad\qquad (1-31)$$

这个公式要想成立,必须满足两个条件:空间绝对性和时间的绝对性。空间绝对性就是空间两点的距离不管从哪个坐标系来测量,结果都应相同。时间的绝对性即为任意一段运动时间的测量结果与参考系的选择无关。空间和时间的绝对性构成经典力学的绝对时空观。

设在 K 系和 K' 系中测得质点到某一位置的时间分别为 t 和 t',根据时间的绝对性,有

$$t' = t \qquad\qquad (1-32)$$

式(1 – 31)和式(1 – 32)在直角坐标系中的投影方程为

$$\begin{cases} x' = x - vt \\[2mm] y = y' \\[2mm] z = z' \\[2mm] t = t' \end{cases} \qquad\qquad (1-33)$$

式(1 – 33)称为**伽利略(坐标)变换式**。

二、速度变换

设质点相对于 K 系的速度为 v_{pk},相对于 K' 系的速度为 $v_{pk'}$,根据伽利略坐标变换式,两边求导可得

$$\frac{\mathrm{d}r}{\mathrm{d}t} = \frac{\mathrm{d}r'}{\mathrm{d}t} + \frac{\mathrm{d}R}{\mathrm{d}t}$$

即

$$v_{pk} = v_{pk'} + v$$

其中 v_{pk} 是质点相对于 K 系的速度,称为绝对速度,通常用符号“v_a”表示;$v_{pk'}$ 是质点相对于 K' 系的速度,称为相对速度,常用符号为“v_r”;v 为 K' 系相对于 K 系的速度,称为牵连速度,常用符号为“v_e”。即

$$v_a = v_r + v_e \tag{1-34}$$

式(1-34)称为**伽利略速度变换式**。

三、加速度变换式

质点相对于 K 系的加速度称为绝对加速度 a_a，质点相对于 K' 系的加速度为相对加速度 a_r，动系相对于静系的加速度为牵连加速度 a_e，将式(1-34)对时间求导

$$\frac{\mathrm{d}v_a}{\mathrm{d}t} = \frac{\mathrm{d}v_r}{\mathrm{d}t} + \frac{\mathrm{d}v_e}{\mathrm{d}t}$$

即

$$a_a = a_r + a_e \tag{1-35}$$

式(1-35)称为**伽利略加速度变换式**。

三种运动、速度、加速度可以用图1-25表示。由图1-25可以看出三种运动的关系是，绝对运动等于相对运动加牵连运动，所以有

$$v_a = v_r + v_e$$

$$a_a = a_r + a_e$$

现在我们就能解释为什么飞行员在急升或者急降时会出现昏厥。当飞行员在飞行中受到比较大的正加速度作用时，眼睛会感到发黑，看东西模模糊糊，甚至什么也看不见，这就是黑视。黑视也是晕厥的先兆，对飞行安全危害较

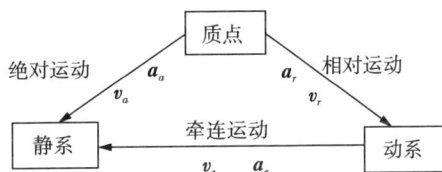

图 1-25 三种运动的关系的关系

大。据统计，发现引起黑视的加速度，最低值是 $2.9g$（g 为重力加速度），最高值达 $9.1g$，大多数人在 $5g$ 左右。在实际飞行中，当飞行员快速拉杆时机头迅速上仰，飞行员头部的血液相对于身体会有一个很大的反向加速度，从而迅速向下肢流动并造成脑部大量缺血，飞行员眼前一片漆黑什么也看不见，只有当飞机运行平稳，加速度消失一段时间以后飞行员的视力才会恢复正常。如果飞机上升加速度过大，飞行员脑部失血过多，甚至会短暂失去意识、失能、昏厥，有可能导致机毁人亡的惨祸。反之，当快速俯冲时，飞行员身体的血液会迅速流向头部，使得脑部充血，同样也会造成昏厥。可以说，飞行中的急升或者急降严重威胁着飞行安全。

例 1-6 如图所示，一货车在行驶过程中，遇到 5m/s 竖直下落的大雨，车上紧

靠挡板平放有长 $l=1\mathrm{m}$ 的木板。如果木板上表面距挡板最高端的距离 $h=1\mathrm{m}$,问货车以多大的速度行驶,才能使木板不致淋雨?

例 1-6 图　货车在雨中行驶

解:车在前进的过程中,雨相对于车向后下方运动,使雨不落在木板上,挡板最上端处的雨应飘落在木板的最左端的左方。

以雨点为质点,地面为静系,车为动系,则雨相对于地面的速度为绝对速度,相对于车的速度为相对速度,而车相对于地面的速度为牵连速度。

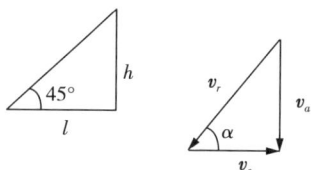

根据速度合成定理,作出速度矢量三角形(或平行四边形),上图中两三角形相似,$\alpha=45°$,速度矢量三角形为等腰直角三角形,由几何关系得知

$$v_a = v_e = 5(\mathrm{m/s})$$

例 1-7　某人骑摩托车向东前进,其速率为 $10\mathrm{m/s}$ 时觉得有北风,当其速率为 $15\mathrm{m/s}$ 时,又觉得有东北风,试求风的速度。

解:取风为研究对象(质点),地面为静系,骑车人为动系。分析三种运动,根据速度合成定理,画出速度矢量三角形(如例 1-7 图所示),根据几何关系得到

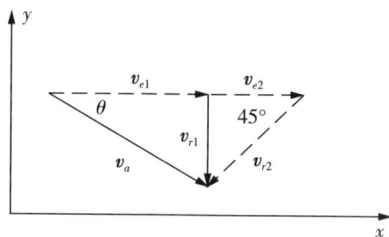

例 1-7 图

$$v_{r1} = v_{e2} - v_{e1} = 15 - 10 = 5\mathrm{m/s}$$

风速的大小

$$v_a = \sqrt{v_{r1}^2 + v_{e1}^2} = \sqrt{10^2 + 5^2} = 11.2(\mathrm{m/s})$$

风速的方向

$$\theta = \arctan \frac{v_{r1}}{v_{e1}} = \arctan \frac{5}{10} = 26°34'$$

风速(相对于地面)的方向为向东偏南 $26°34'$。

例 1-8　一观察者 A 坐在平板车上,车以 10m/s 的速率沿水平轨道前进,如图所示。他以与车前进的反方向呈 $60°$ 角向上斜抛出一石块,此时站在地面上的观察者 B 看到石块沿铅垂向上运动。求石块上升的高度。

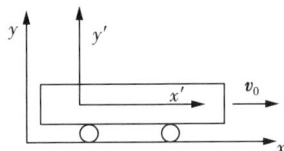

例 1-8 图

解:以石块为研究对象,地面为静系,人(或车)为动系,分析石块的三种运动,按题意作矢量图如下

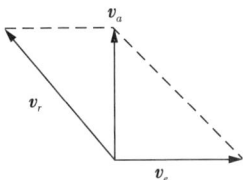

根据矢量平行四边形的几何关系得

$$v_a = v_e \tan 60° = 10\sqrt{3} = 17.3(\text{m/s})$$

石块上升的高度为

$$h = \frac{v_a^2}{2g} = 15.3(\text{m})$$

本章小结

本章引入了质点的概念,介绍了位置矢量、位移、速度和加速度,质点的运动方程,平面曲线运动,运动的相对性等质点运动学的基本内容,现简要介绍本章的基本知识。

1. 质点的运动方程

$$\boldsymbol{r} = x\boldsymbol{i} + y\boldsymbol{j} + z\boldsymbol{k}$$

其中,$\boldsymbol{i}$、$\boldsymbol{j}$、$\boldsymbol{k}$ 分别为 x、y、z 轴方向的单位矢量,x、y、z 称作质点的位置坐标。

用一组坐标 (x, y, z) 来描述,则运动方程为

$$\begin{cases} x = x(t) \\ y = y(t) \\ z = z(t) \end{cases}$$

位矢的大小：$r = |\boldsymbol{r}| = \sqrt{x^2 + y^2 + z^2}$

位矢的方向：用位矢 $\boldsymbol{r}$ 与 x、y、z 轴的夹角 α、β、γ 的方向余弦来表示，为

$$\cos\alpha = \frac{x}{r}, \cos\beta = \frac{y}{r}, \cos\gamma = \frac{z}{r}$$

2. 质点的位移，速度和加速度

质点的位移：质点在 t 到 $t + \Delta t$ 这段时间内的位移，记为 $\Delta\boldsymbol{r}$。在直角坐标系下表示为

$$\Delta\boldsymbol{r} = \Delta x\boldsymbol{i} + \Delta y\boldsymbol{j} + \Delta z\boldsymbol{k}$$

质点的平均速度：质点在某段时间内 Δt 的位移为 $\Delta\boldsymbol{r}$，则称 $\bar{\boldsymbol{v}} = \Delta\boldsymbol{r}/\Delta t$ 为这段时间内质点的平均速度。在直角坐标系下，平均速度为

$$\bar{\boldsymbol{v}} = \frac{\Delta\boldsymbol{r}}{\Delta t} = \frac{\Delta x}{\Delta t}\boldsymbol{i} + \frac{\Delta y}{\Delta t}\boldsymbol{j} + \frac{\Delta z}{\Delta t}\boldsymbol{k}$$

其大小叫平均速率。

质点的瞬时速度：当 $\Delta t \rightarrow 0$ 时平均速度的极限值

$$\boldsymbol{v} = \lim_{\Delta t \to 0} \frac{\Delta\boldsymbol{r}}{\Delta t} = \frac{\mathrm{d}\boldsymbol{r}}{\mathrm{d}t}$$

叫作 t 时刻质点的瞬时速度，简称速度。其大小叫瞬时速率。

平均加速度：质点速度的增量与其所经历的时间的比值称为这一段时间的平均加速度。用 $\bar{\boldsymbol{a}}$ 表示，则

$$\bar{\boldsymbol{a}} = \frac{\Delta\boldsymbol{v}}{\Delta t}$$

瞬时加速度：当 Δt 无限减小，并使之趋近于零的时候，质点的平均加速度将趋近于一个极限矢量，这个极限矢量程为 t 时刻的瞬时加速度，简称加速度，用 $\boldsymbol{a}$ 表示，则

$$\boldsymbol{a} = \lim_{\Delta t \to 0}\bar{\boldsymbol{a}} = \lim_{\Delta t \to 0}\frac{\Delta\boldsymbol{v}}{\Delta t} = \frac{\mathrm{d}\boldsymbol{v}}{\mathrm{d}t}$$

因为 $\boldsymbol{v} = \dfrac{\mathrm{d}\boldsymbol{r}}{\mathrm{d}t}$，所以加速度还可以表示为 $\boldsymbol{a} = \dfrac{\mathrm{d}^2\boldsymbol{r}}{\mathrm{d}t^2}$。

3. 圆周运动

平均角速度:角位移 $\Delta\theta$ 与发生这一角位移所经历的时间的比值,称为这段时间内质点做圆周运动的平均角速度,可表示为

$$\bar{\omega} = \frac{\Delta\theta}{\Delta t}$$

瞬时角速度:当时间 Δt 趋近于零时,$\bar{\omega}$ 将趋近于某一极限值,这个极限值我们称为质点在时刻 t 的瞬时角速度,简称角速度。用 ω 表示为

$$\omega = \lim_{\Delta t \to 0} \frac{\Delta\theta}{\Delta t} = \frac{\mathrm{d}\theta}{\mathrm{d}t}$$

角加速度:当时间 Δt 趋近于零时,ω 将趋近于某一极限值,这个极限值称为质点在时刻 t 的瞬时角加速度,简称角加速度。用 α 表示为

$$\alpha = \lim_{\Delta t \to 0} \frac{\Delta\omega}{\Delta t} = \frac{\mathrm{d}\omega}{\mathrm{d}t} = \frac{\mathrm{d}^2\theta}{\mathrm{d}t^2}$$

4. 抛体运动

任意时刻 t 速度为

$$v_x = \frac{\mathrm{d}x}{\mathrm{d}t} = v_0\cos\theta$$

$$v_y = \frac{\mathrm{d}y}{\mathrm{d}t} = v_0\sin\theta - gt$$

物体的加速度在水平和竖直方向上的分量分别为

$$a_x = 0, a_y = -g$$

物体在水平方向做匀速直线运动,在竖直方向做匀变速直线运动,有

$$x = v_0\cos\theta t$$

$$y = v_0\sin\theta t - \frac{1}{2}gt^2$$

抛体运动的射程为

$$L = \frac{v_0^2\sin 2\theta}{g}$$

抛体运动的射高为

$$H = \frac{v_0^2\sin^2\theta}{2g}$$

5. 运动的相对性

质点相对于两个参考系 K、K' 的运动概念以及它们之间的关系

$$\boldsymbol{v}_a = \boldsymbol{v}_r + \boldsymbol{v}_e, \boldsymbol{a}_a = \boldsymbol{a}_r + \boldsymbol{a}_e$$

思 考 题

1-1 有人说:"分子很小,可将其当作质点;地球很大,不能当作质点。"对吗?

1-2 一物体具有恒定的速率,但仍有变化的速度,是否可能? 一物体具有恒定的速度,但仍有变化的速率,是否可能?

1-3 分析在下列几种情况下,质点各做何种运动? $(1)a_t = 0, a_n = 0$;$(2)a_t \neq 0, a_n = 0$;$(3)a_t = 0, a_n \neq 0$;$(4)a_t \neq 0, a_n \neq 0$。

1-4 一人在以恒定速度运动的火车上竖直向上抛出一颗石子,此石子能否落回人的手中? 如果火车以恒定加速度运动,结果又如何? 为什么?

习 题

一、选择题

1-1 质点沿轨道 AB 做曲线运动,速率逐渐减小,图中哪一种情况正确地表示了质点在 C 处的加速度?( )

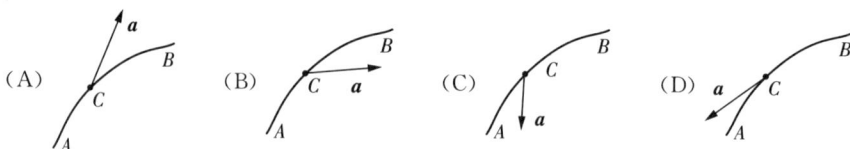

1-2 质点做曲线运动,判断下列说法正确的是( )。

(A)$\Delta s = \Delta r$ 　　　　　　(B)$\Delta s = |\Delta \boldsymbol{r}|$

(C)$|\Delta \boldsymbol{r}| = \Delta r$ 　　　　　　(D)$\Delta |\boldsymbol{r}| = \Delta r$

1-3 一质点的运动方程是 $\boldsymbol{r} = R\cos\omega t \boldsymbol{i} + R\sin\omega t \boldsymbol{j}$,$R$、$\omega$ 为正常数。从 $t = \pi/\omega$ 到 $t = 2\pi/\omega$ 时间内,该质点经过的路程是( )。

(A)$2R$ 　　　　(B)πR 　　　　(C)0 　　　　(D)$\pi R\omega$

1-4 一细直杆 AB 竖直靠在墙壁上,B 端沿水平方向以速度 $\boldsymbol{v}$ 滑离墙壁,则当细杆运动到图示位置时,细杆中点 C 的速度( )。

(A) 大小为 $\dfrac{v}{2}$,方向与 B 端运动方向相同

(B) 大小为 $\dfrac{v}{2}$,方向与 A 端运动方向相同

(C) 大小为 $\dfrac{v}{2}$,方向沿杆身方向

(D) 大小为 $\dfrac{v}{2\cos\theta}$,方向与水平方向成 θ 角

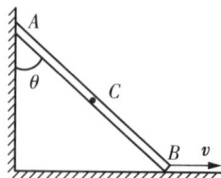

习题 1-4 图

1-5　沿直线运动的物体，其速度与时间成反比，则其加速度的大小与速度的关系是（　　）。

(A) 与速度的大小成正比　　　　　　　(B) 与速度大小的平方成反比

(C) 与速度的大小成反比　　　　　　　(D) 与速度大小的平方成正比

1-6　一质点沿 x 轴做直线运动，其 v-t 曲线如图所示，如 $t=0$ 时，质点位于坐标原点，则 $t=4.5$s 时，质点在 x 轴上的位置为（　　）。

(A) 0　　　　　　　　　　　　　　　　(B) 5m

(C) 2m　　　　　　　　　　　　　　　(D) -2m

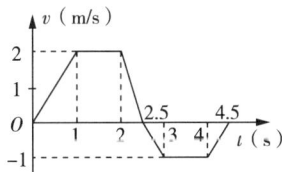

习题 1-6 图

1-7　一质点在平面上运动，已知质点位置矢量的表达式为 $r-at^2i+bt^2j$（其中 a、b 为常量），则该质点做（　　）。

(A) 匀速直线运动　　　　　　　　　　(B) 变速直线运动

(C) 抛物线运动　　　　　　　　　　　(D) 一般曲线运动

1-8　一质点做直线运动，某时刻的瞬时速度为 $v=2i$m/s，瞬时加速度为 $a=-2i$m/s^2，则 1s 后质点的速度（　　）。

(A) 等于零　　　　(B) 等于 $-2i$m/s　　　　(C) 等于 $2i$m/s　　　　(D) 不能确定

1-9　一运动质点在某瞬时位于位矢 $r(x,y)$ 的端点处，对其速度的大小有四个结论：

(1) $\dfrac{\mathrm{d}r}{\mathrm{d}t}$；(2) $\dfrac{\mathrm{d}\boldsymbol{r}}{\mathrm{d}t}$；(3) $\dfrac{\mathrm{d}s}{\mathrm{d}t}$；(4) $\sqrt{\left(\dfrac{\mathrm{d}x}{\mathrm{d}t}\right)^2+\left(\dfrac{\mathrm{d}y}{\mathrm{d}t}\right)^2}$。下述判断正确的是（　　）。

(A) 只有 (1)(2) 正确　　　　　　　　(B) 只有 (2) 正确

(C) 只有 (2)(3) 正确　　　　　　　　(D) 只有 (3)(4) 正确

1-10　质点做半径为 R 的变速圆周运动时，任一时刻的速率为 v，则加速度大小为（　　）。

(A) $\dfrac{\mathrm{d}v}{\mathrm{d}t}$　　　　(B) $\dfrac{v^2}{R}$　　　　(C) $\dfrac{\mathrm{d}v}{\mathrm{d}t}+\dfrac{v^2}{R}$　　　　(D) $\sqrt{\left(\dfrac{\mathrm{d}v}{\mathrm{d}t}\right)^2+\dfrac{v^4}{R^2}}$

1-11　一小球沿斜面向上运动，其运动方程为 $s=5+4t-t^2$（SI 制），则小球运动到最高点的时刻是（　　）。

(A) $t=4$s　　　　(B) $t=2$s　　　　(C) $t=5$s　　　　(D) $t=8$s

1-12　质点沿直线运动，加速度 $a=4-t^2$，如果当 $t=3$s 时，$x=9$m，$v=2$m/s，质点的运动方程为（　　）。

(A) $x=-t+4t^2-3t^3+0.75$　　　　　(B) $x=-t+2t^2-\dfrac{t^4}{12}+\dfrac{3}{4}$

(C) $x=-7t+2t^2-\dfrac{t^4}{12}+\dfrac{21}{4}$　　　(D) $x=-7t+2t^2-\dfrac{t^3}{12}$

1-13　一物体从某高度以 v_0 的速度水平抛出，已知它落地时的速度为 v_t，那么它运动的时间是（　　）。

(A) $\dfrac{v_t-v_0}{g}$　　　　(B) $\dfrac{v_t-v_0}{2g}$　　　　(C) $\dfrac{\sqrt{v_t^2-v_0^2}}{g}$　　　　(D) $\dfrac{\sqrt{v_t^2-v_0^2}}{2g}$

1-14　质点沿半径为 R 的圆周做匀速率运动，每 t 时间转一周，在 $2t$ 时间间隔中，其平均速度大小与平均速率大小分别为（　　）。

(A) $\dfrac{2\pi R}{t}$, $2\pi R$ (B)0, $\dfrac{2\pi R}{t}$ (C)0, 0 (D) $\dfrac{2\pi R}{t}$, 0

1-15 质点做曲线运动,r 表示位置矢量,s 表示路程,a_t 表示切向加速度,下列表达式中,

(1) $\dfrac{\mathrm{d}v}{\mathrm{d}t}=a$;(2) $\dfrac{\mathrm{d}r}{\mathrm{d}t}=v$;(3) $\dfrac{\mathrm{d}s}{\mathrm{d}t}=v$;(4) $\left|\dfrac{\mathrm{d}v}{\mathrm{d}t}\right|=a_t$ 正确的是(　　)。

(A) 只有(1)、(4) 是正确的   (B) 只有(2)、(4) 是正确的

(C) 只有(2) 是正确的   (D) 只有(3) 是正确的

1-16 质点由静止开始以匀角加速度 α 沿半径为 R 的圆周做圆周运动,如果在某一时刻此质点的总加速度 a 与切向加速度 a_t 成 $45°$ 角,则此时刻质点已转过的角度 θ 为(　　)。

(A) $\dfrac{1}{6}\,\mathrm{rad}$ (B) $\dfrac{1}{4}\,\mathrm{rad}$ (C) $\dfrac{1}{3}\,\mathrm{rad}$ (D) $\dfrac{1}{2}\,\mathrm{rad}$

1-17 某物体的运动规律为 $\dfrac{\mathrm{d}v}{\mathrm{d}t}=-kv^2t$,式中的 k 为大于零的常量,当 $t=0$ 时,初速度大小为 v_0,则速度大小 v 与时间 t 的函数关系为(　　)。

(A)$v=\dfrac{1}{2}kt^2+v_0$ (B)$v=-\dfrac{1}{2}kt^2+v_0$

(C) $\dfrac{1}{v}=\dfrac{kt^2}{2}+\dfrac{1}{v_0}$ (D) $\dfrac{1}{v}=-\dfrac{kt^2}{2}+\dfrac{1}{v_0}$

二、填空题

1-18 质点的运动方程为 $\begin{cases}x=-10t+30t^2\\ y=15t-20t^2\end{cases}$,(式中 x,y 的单位为 m,t 的单位为 s),则该质点的初速度 $v_0=$ _____;加速度 $a=$ _____。

1-19 升降机以加速度为 $2.2\,\mathrm{m/s^2}$ 上升,当上升速度为 $3\,\mathrm{m/s}$ 时,有一螺丝自升降机的天花板上松落,天花板与升降机的底面相距 $3\,\mathrm{m}$,则螺丝从天花板落到底面所需的时间为_____ s。

1-20 一物体做如图所示的斜抛运动,测得在轨道 P 点处速度大小为 v,其方向与水平方向成 $30°$ 角。取重力加速度大小为 g,则物体在 P 点的切向加速度大小为_____。

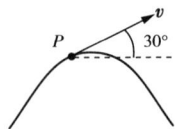

习题 1-20 图

1-21 设质点做平面曲线运动,运动方程为 $r=2t\boldsymbol{i}+t^2\boldsymbol{j}$ 则质点在任意时刻 t 的速度大小 $v(t)=$ _____;切向加速度 $a_t=$ _____;法向加速度 $a_n=$ _____。

1-22 一质点做直线运动,其坐标与时间的关系如图所示,则该质点在第_____秒时瞬时速度为零;在第_____秒至第_____秒间速度与加速度同方向。

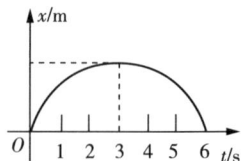

1-23 一质点沿半径为 $0.2\,\mathrm{m}$ 的圆周运动,其角位置随时间的变化规律为 $\theta=6+5t^2$(SI制)。在 $t=2\,\mathrm{s}$ 时,它的法向加速度 $a_n=$ _____;切向加速度 $a_t=$ _____。

习题 1-22 图

1-24 在 xy 平面内有一运动质点,其运动学方程为:$r=10\cos 5t\boldsymbol{i}+10\sin 5t\boldsymbol{j}$,则 t 时刻其速度 $v=$ _____;其切向加速度的大小 $a_t=$ _____;该质点的运动轨迹是_____。

1-25 悬挂在弹簧上的物体在竖直方向上振动,振动方程为 $y=A\sin\omega t$,其中 A,ω 均为常

量,则:(1)物体的速度与时间的函数关系为_____;(2)物体的速度与坐标的函数关系为_____。

1-26 在 x 轴上做变加速直线运动的质点,已知其初速度为 v_0,初始位置为 x_0,加速度为 $a = Ct^2$(其中 C 为常量),则其速度与时间的关系 $v(t) =$ _____,运动方程为 $x(t) =$ _____。

1-27 灯距地面高度为 h_1,一个人身高为 h_2,在灯下以匀速率 v 沿水平直线行走,如图所示。则他的头顶在地上的影子 M 点沿地面移动的速度 $v_M =$ _____。

1-28 如图所示,一质点 P 从 O 点出发以匀速率 $1m/s$ 做顺时针转向的圆周运动,圆的半径为 $1m$,当它走过 $\frac{2}{3}$ 圆周时,走过的路程是_____;这段时间内的平均速度大小为_____;方向是_____。

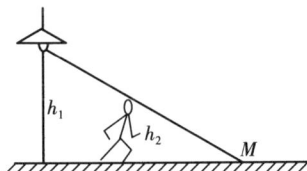

习题 1-27 图

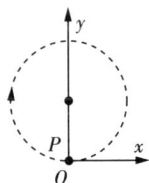

习题 1-28 图

1-29 一质点沿半径为 R 的圆周运动,在 $t = 0$ 时以 v_0 的速率经过圆周上的 P 点,此后它的速率按 $v = v_0 + bt$(v_0, b 为正的已知常量)变化,则质点沿圆周运动一周再经过 P 点时的切向加速度 $a_t =$ _____;法向加速度 $a_n =$ _____。

三、判断题

1-30 运动物体的加速度越大,物体的速度也越大。(   )

1-31 物体在直线上向前运动时,若物体向前的加速度减小了,则物体前进的速度也随之减小。(   )

1-32 物体加速度的值很大,而物体速度的值可以不变,这是可能的。(   )

1-33 已知物体 t 时刻的速度,便可以求出 t 时刻的加速度。(   )

1-34 平均速度的大小和平均速率相等。(   )

1-35 瞬时速度的大小和瞬时速率相等。(   )

四、计算题

1-36 一质点沿 x 轴的运动方程是 $x = t^2 - 4t + 5$(SI 制),则前 3s 内它的路程和位移分别是多少?

1-37 一质点沿 x 轴运动,其运动方程为 $x = 3 - 5t + 6t^2$,式中 t 以 s 计,x 以 m 计。试求:

(1)质点的初始位置和初始速度;

(2)质点在任一时刻的速度和加速度。

1-38 已知质点的运动方程 $\mathbf{r} = 2t\mathbf{i} + (19 - 2t^2)\mathbf{j}(m)$,求:(1)质点的轨迹方程;(2)在1s到2s时间内的平均速度大小;(3)在1s时的速度大小。

1-39 已知质点位矢随时间变化的函数形式为 $\mathbf{r} = 4t^2\mathbf{i} + (3 + 2t)\mathbf{j}$,式中 $\mathbf{r}$ 的单位为 m,t 的单位为 s。求:(1)质点的轨迹;(2)从 $t = 0$ 到 $t = 1s$ 的位移;(3)$t = 0$ 和 $t = 1s$ 两时刻的速度。

1-40 一石块从空中由静止下落,由于空气阻力,石块并非做自由落体运动,现已知加速度大小为 $a = A - Bv$(式中 A、B 为常量),求石块的速率和运动方程。

1-41 一质点沿半径为 R 的圆周按规律 $s = v_0 t - \frac{1}{2} b t^2$ 运动,v_0,b 都是常数。

(1)求 t 时刻质点总的加速度;

(2)t 为何值时加速度在数值上等于 b?

(3)当加速度达到 b 时,质点已沿圆周运行了多少周?

1-42 在离地面高度为 h 的平台,有人用绳子拉小车,当人的速率为 v_0 且匀速时,试求小车的速率和加速度大小。

1-43 已知子弹的轨迹为抛物线,初速为 $\boldsymbol{v}_0$,并且 $\boldsymbol{v}_0$ 与水平面的夹角为 θ。试分别求出抛物线顶点及落地点的曲率半径。

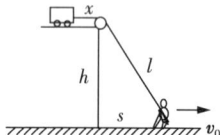

习题 1-42 图

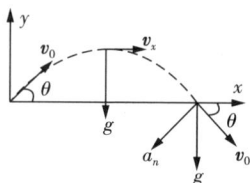

习题 1-43 图

1-44 质点 P 在水平面内沿一半径为 $R = 1\text{m}$ 的圆轨道转动,转动的角速度 ω 与时间 t 的函数关系为 $\omega = k t^2$,已知 $t = 2\text{s}$ 时,质点 P 的速率为 16m/s,试求 $t = 1\text{s}$ 时,质点 P 的速率与加速度的大小。

1-45 一直立的雨伞,张开后其边缘圆周半径为 R,离地面的高度为 h,当伞绕伞柄以匀角速率 ω 旋转时,水滴沿边缘飞出后落在地面上半径为 r 的圆周上,求其半径 r。

1-46 一质点在半径为 0.10m 的圆上运动,其角位置为 $\theta = 2 + 4t^3$。

(1)求 $t = 2.0\text{s}$ 时质点的法向加速度和切向加速度;

(2)当切向加速度的大小恰等于总加速度大小的一半时,θ 值为多少?

(3)t 为何值时,法向加速度和切向加速度的值相等?

1-47 一架飞机 A 以相对于地面 300km/h 的速度向北飞行,另一架飞机 B 以相对于地面 200km/h 的速度向北偏西 $60°$ 的方向飞行。求:A 相对于 B 和 B 相对于 A 的速度。

科学家介绍

第一章思考题习题详解

伽利略·伽利雷(Galileo Galilei,1564 年 2 月 25 日 —1642 年 1 月 08 日)意大利著名的物理学家、数学家、天文学家,科学革命的先驱,近代实验科学奠基人之一,被誉为"近代力学之父""现代科学之父"。

图 1-26　伽利略·伽利雷

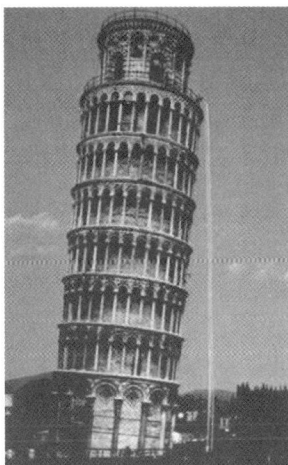

图 1-27　比萨斜塔

伽利略出生于比萨，自幼受到父亲的影响，对诗歌、音乐、绘画和机械有着浓厚的兴趣，且不迷信权威。十七岁时，伽利略被父亲送到比萨大学学医，不过相比医学，他对物理、数学与机器制造更感兴趣。1585年，伽利略因家境贫困退学，一边担任家庭教师，一边奋力自学，发明了流体静力学天平，可以测定合金成分。1585年，伽利略写出了论文《天平》，因此被称为"当代的阿基米德"。1589年，伽利略的一篇论固体的重心的论文为其带来了新的荣誉，时年二十五岁的他被比萨大学聘为数学教授。

此后的伽利略曾先后在比萨大学、帕多瓦大学任教，后移居佛罗伦萨，1611年到罗马担任林嗣科学院的院士，1633年因"反对教皇，宣扬邪学"而被罗马宗教裁判所判处了终身监禁，1638年之后，伽利略逐渐双目失明，晚年比较凄凉，1642年去世，直到三百多年后，罗马教皇才不得不在公开集会上宣布当年对伽利略的宣判是不公正的。

伽利略是第一个将实验引进力学的科学家，他在实验中总结出了自由落体定律、惯性定律以及伽利略相对原理等，奠定了经典力学的基础，有力地支持了哥白尼的日心说，为牛顿力学理论体系的建立奠定了基础。

伽利略的主要贡献：

一是改进了研究力学的方法，让实验为力学服务，通过实验与数学进行结合的方式，确定了一些对后世影响非常大的力学定律，比如摆的等时性定律，被运用到了许多领域，像钟表、脉搏器等等，不仅在当时非常受欢迎，对后世的影响也是巨大的，现在许多领域还在使用他当时的发明。

二是伽利略对落体运动的贡献，推翻了亚里士多德的"物体自高处落下的速度与质量成正比"，这一实验是在比萨斜塔上进行的，当时的见证人是相当多的。这一理论的推翻与其说是对科学的贡献，不如说是对人们观念的改变，改变了人们盲从的心理，改变了人们对亚里士多德的迷信。

三是加速度理论的提出，使动力学有了科学基础，并为牛顿第一、第二定律的提出奠定了基础，从这一方面来说，伽利略可以说是牛顿的老师。

四是确立了伽利略相对性原理，这一原理的提出是在合力定律、抛体运动的规律基础上提出的。

除了力学，伽利略在天文学上也有很大贡献，可以说，伽利略发明了许多前人未曾想到甚至想都不敢想的东西，而他本人，尽管当时不得志，但是在后世却也因伟大的发明而产生了非常大的影响，至今，伽利略的许多发明都是值得人们称赞的。

　　火车启动时,往往不是直接往前开,而是要先后退再前进,这样做的原因是什么? 通过本章学习就能明白其中的道理。

第二章　　牛顿运动定律

力是力学中的基本概念之一,是使物体获得加速度或产生形变的外因。

中国古代文献《墨经》就把力的概念总结为"力,形之所由奋也",就是说,力是使物体奋起运动的原因。在西方,亚里士多德首先提出了所谓"运动定律",认为运动物体的速度和通过介质时受到的动力成正比,当时很多人认为运动的源泉是"力"。这样就意味着"力是因,运动是果",这是最原始的因果论观点。伽利略对经典力学的建立有重要的贡献,但对力并没有形成完备的概念。他对惯性原理是基本理解的。他的惯性原理指出,物体在不受外力作用的条件下,能连续做匀速运动。他把力和速度的变化联系在一起,破除了亚里士多德把力和速度联系在一起的长期的思想束缚,为牛顿把力和加速度联系在一起开辟了道路。

§2-1　力的定义　　常见力和基本力

一、力的定义

日常经验和科学实验都表明,任何物体都受其周围物体的作用,这种作用可使物体的运动状态发生变化。如行星绕日运行,是因为它们受到太阳万有引力的作用;物体自由下落,是因为它受到地球的重力作用;电子和原子核结合成原子,是因为它们之间有相互作用。物体间这种相互作用,使物体的运动不断变化、形式多种多样,构成了千变万化的物质世界。物体与物体之间的相互作用称为**力**。

力的作用效果取决于力的大小、方向和作用点,这三个因素称为力的三要素。力的单位为牛顿(N):$1\text{N}=1\text{kg}\cdot\text{m/s}^2$。

二、常见力

在日常生活和工程技术中经常遇到的力,有重力、弹力、万有引力和摩擦力等。

1. 重力

重力是地球表面物体所受地球引力的一个分量,忽略地球的自转效应时,重力

约等于地球表面附近物体所受的地球的引力,即物体
与地球之间的万有引力,其方向指向地心(图2-1)。

质量为 m 的物体所受的重力为

$$G = mg \approx G_0 \frac{mM}{R^2}$$

$$g \approx G_0 \frac{M}{R^2} \approx 9.80665 \text{m/s}^2$$

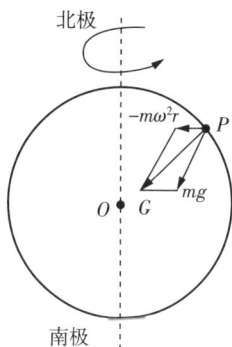

图 2-1   地球引力和重力

重力加速度是物体受重力作用而产生的加速度,
也叫自由落体加速度,用 g 表示,通常取 $g=9.8\text{m/s}^2$,
方向竖直向下,其大小由多种方法可测定,通常指地
面附近物体受地球引力作用在真空中下落的加速度。在月球、其他行星或星体表
面附近物体的下落加速度,分别称月球重力加速度、某行星或星体重力加速度。

在同一地区的同一高度,任何物体的重力加速度都是相同的。重力加速度
的数值随海拔高度增大而减小。当物体距地面高度远远小于地球半径时,g 变化
不大。而离地面高度较大时,重力加速度 g 数值显著减小,此时不能认为 g 为
常数。

距离地面同一高度的重力加速度,也会随着纬度的升高而变大。由于重力是
万有引力的一个分力,万有引力的另一个分力提供了物体绕地轴做圆周运动所需
要的向心力。物体所处的地理位置纬度越高,圆周运动轨道半径越小,需要的向心
力也越小,重力将随之增大,重力加速度也变大。地理南北两极处的圆周运动轨道
半径为0,需要的向心力也为0,重力等于万有引力,此时的重力加速度也达到
最大。

2. 弹力

发生形变的物体,由于要恢复原状,对与它接触的物体会产生力的作用,这种
力叫**弹力**。物体直接接触并因此而发生形变,就会产生弹力。弹力的表现形式多
种多样,下面只讨论三种表现形式。

一种是两个物体通过一定面积相互挤压的
情形,这时相互挤压的两个物体都会发生形变,
即使小到难于观察,但形变总是存在的,因而产
生对对方的弹力作用。如图2-2所示,重物放
在桌面上,桌面受重物的挤压而发生形变,产生
一个向上的弹力,这种弹力通常叫正压力,重物
也同时发生形变,对桌面产生一个向下的压力

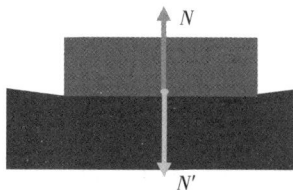

图 2-2   压力

作用。它们的大小取决于相互挤压的程度,方向总是垂直于接触面而指向对方。

另一种弹力是绳线对物体的拉力。这种拉力是因绳线伸长变形而产生的,其大小取决于绳被拉紧的程度,它的方向总是沿着绳而指向绳要收缩的方向。

绳拉紧时,内部各段之间也有相互的弹力作用,假想在张紧的绳中有一横截面,把绳分为两侧,内部两侧绳的拉力称为绳的张力。

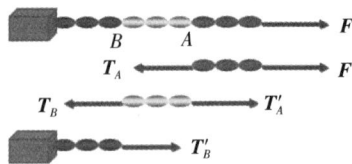

图 2-3 绳子的拉力和张力

如图 2-3 所示,A 点和 B 点的张力

$$\boldsymbol{T}_A = -\boldsymbol{T}_A', \boldsymbol{T}_B = -\boldsymbol{T}_B'$$

由牛顿第二定律

$$\boldsymbol{T}_A + \boldsymbol{T}_B = m\boldsymbol{a}$$

当 $\boldsymbol{a} = 0$ 或者 $m \to 0$ 时,$\boldsymbol{T}_A' = \boldsymbol{T}_B' = \boldsymbol{F}$。

当绳子质量忽略不计或绳子各点运动加速度为零时,绳上各点张力相同而且与两端拉力相等。当绳子质量不能忽略或各点运动有加速度时,绳上各点张力不同。张力的大小取决于绳被拉紧的程度,它的方向总是沿着绳线而指向绳要收缩的方向。

还有一种常见的弹力是弹簧被拉伸或压缩时所产生的力,如图 2-4 所示。这种力总是试图使弹簧恢复原状,所以又叫作恢复力。

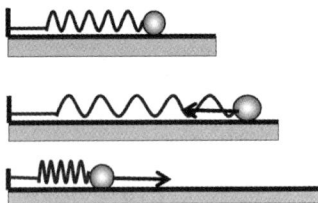

图 2-4 弹簧的弹力

弹簧的弹力根据胡克定律计算。

胡克定律:在弹性限度内,弹性力的大小与弹簧的伸长量成正比,方向指向平衡位置

$$\boldsymbol{F} = -k\boldsymbol{x} \tag{2-1}$$

其中 k 为弹簧的劲度系数,其值决定于弹簧本身的性质。而弹簧弹性力的方向总是指向要恢复它原长的方向。

3. 摩擦力

两个物体相互接触,由于有相对运动或者相对运动的趋势,在接触面处产生的一种阻碍物体运动的力,叫作**摩擦力**。物体没有相对运动,但有相对运动的趋势,在接触面上产生的摩擦力叫静摩擦力。所谓相对运动的趋势,指的是如果没有静摩擦力,物体将发生相对运动。正是静摩擦力的存在,才使物体保持相对静止。

如图 2-5 所示,物体在外力 **F** 的作用
下,没有移动,存在一个静摩擦力 **f**,且外
力 **F** 增大时,静摩擦力 **f** 也增大,静摩擦
力的大小等于接触面切向外力,临界状
态,静摩擦力达到最大值。实验表明,最
大静摩擦力 f_m 的大小与正压力 **N** 的大小
成正比,即

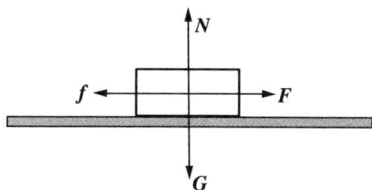

图 2-5　静摩擦力

$$f_m = \mu N \tag{2-2}$$

其中 μ 为静摩擦系数。它与两接触物体的材料性质以及接触面的情况有关,而与
接触面的大小无关。

物体有相对运动时,接触面上产生的摩擦力为动摩擦力。动摩擦力与正压力
成正比,即

$$f = \mu' N$$

其中 μ' 为滑动摩擦系数。它与两接触物体的材料性质、接触表面的情况、温度、干
湿度等有关,还与两接触物体的相对速度有关。

一般来说,动摩擦系数 μ' 比静摩擦系数 μ 略小,通常认为二者相等。

在实际生活和工作中,人们都要利用摩擦力,如走路、开车、机器的制动。但机
器零部件之间的摩擦力过大,会消耗能量、降低效率、损坏机器,所以需要在零部件
接触处加上润滑油以减少摩擦。

4. 万有引力

所有物质之间都存在相互的吸引力,称为**万有引力**,它与物体的质量和相对距
离有关。牛顿发现了引力问题,并总结出万有引力定律:两物体间的引力与它们的
质量成正比,与距离的平方成反比。两个相距为 r,质量分别为 m_1,m_2 的质点间有
万有引力,其方向沿着它们的连线,其大小与它们的质量的乘积成正比,与它们之
间的距离的平方成反比,即

$$F = G_0 \frac{m_1 m_2}{r^2} \tag{2-3}$$

其中 m 为引力质量,$G_0 = 6.67 \times 10^{-11} \text{N} \cdot \text{m}^2/\text{kg}^2$ 为引力常量。

三、基本力

力的表现形式多种多样,在过去的两千年以来,科学家们逐步发现宇宙中的所
有现象都可以划归为四种基本力。这四种基本力从一开始就不同,但本质上是不
可缺少的,它们是电磁力、强核力、弱核力和万有引力。下面简要介绍这四种基本

力在自然界中的作用。

1. 万有引力

万有引力定律是牛顿在 1687 年出版的《自然哲学的数学原理》一书中首先提出的。牛顿利用万有引力定律不仅说明了行星运动规律,而且还指出木星、土星的卫星围绕行星也有同样的运动规律。他认为月球除了受到地球的引力外,还受到太阳的引力,从而解释了月球运动中早已发现的二均差、出差等现象;另外,他还解释了彗星的运动轨道和地球上潮汐现象。根据万有引力定律成功地预言并发现了海王星。

万有引力定律发现后,才正式把研究天体的运动建立在力学理论的基础上,从而创立了天体力学。简单地说,质量越大的东西产生的引力越大,这个力与两个物体的质量均成正比,与两个物体间的距离平方成反比。地球的质量产生的引力足够把地球上的东西全部抓牢。

万有引力是存在于一切物体之间的相互吸引力,是长程力。

2. 电磁力

存在于静止电荷之间的电性力以及存在于运动电荷之间的磁性力,本质上相互联系,总称为电磁力。分子或原子都是由电荷系统组成,它们之间的作用力本质上是电磁力。例如:物体间的弹力、摩擦力,气体的压力、浮力、黏滞阻力。

自然界中的电磁力有多种形式,包括电、磁和光。电磁力照亮了我们的城市,可以使收音机和声音播放音乐,可以让我们看电视,微波炉可以加热食物,家用电器可以减轻人们的家务劳动。此外雷达跟踪飞机、军舰和航天器也需要电磁力,电磁力已在计算机上得到应用,大大改善了办公室、家庭、学校和军队的工作。激光也是一种电磁力,对通信、手术和复杂的防御武器系统特别重要。社会生活可以说是靠电磁力,地球上一半以上的国民生产总值依靠电磁力。

3. 强力

强力存在于亚微观领域,是质子、中子、介子、超子等强子之间的相互作用力。最早研究的强相互作用是核子(质子或中子)之间的核力,它是使核子结合成原子核的作用。自 1947 年发现与核子作用的 π 介子以后,实验陆续发现了几百种有强相互作用的粒子,这些粒子统称为强子。强力是强子之间的相互作用力,它将质子和中子中的夸克束缚在一起,并将原子中的质子和中子束缚在一起。

强力是目前所知宇宙的最强的基本作用力,两个相邻质子之间的强力远大于它们的电磁力。强力作用范围小于10^{-15} 米,是短程力。当粒子之间的距离小于0.4×10^{-15} 米时,强力为排斥力,当粒子之间的距离在 0.4×10^{-15} 米到 1.0×10^{-15} 米时,强力为吸引力。

4. 弱力

在亚微观领域中,人们还发现另一种短程力,叫弱力。弱力是造成放射性原子

核或导致自由中子 β 衰变放出电子和中微子的重要作用力。

表 2-1　自然界存在的四种相互作用

力的种类	强相互作用	电磁相互作用	弱相互作用	引力相互作用
相对强度	1	10^{-2}	10^{-12}	10^{-40}
作用范围(m)	10^{-15}	长	$< 10^{-17}$	长
相互作用举例	质子和中子结合形成原子核	电子和原子核结合形成原子	核 β 衰变的力	恒星形成银河系

　　力的形式纷繁复杂,但人们认识到基本力只有四种,理论上宇宙间所有现象都可以用这四种作用力来解释,这是 20 世纪 30 年代物理学的一大成就。此后,人们试图通过进一步研究四种作用力之间联系与统一,寻找能统一说明四种相互作用力的理论或模型,称为大统一理论。爱因斯坦从 20 世纪 30 年代提出相对论后不久,就着手研究"大统一理论",试图通过"弱作用、磁场、强作用"的统一思维来简单地解释宇宙,进一步将当时已发现的四种相互作用统一到一个理论框架下,从而找到这四种相互作用产生的根源。这一工作几乎耗尽了他后半生的精力,一直到他 1955 年逝世为止都没有完成,而且统一思维与当时物理学界的主流思想不符,以至于一些科学史学家断言这是爱因斯坦的一人失误。20 世纪 60 年代,格拉肖、温伯格和萨拉姆在杨振宁等提出的理论基础上,发展了弱力和电磁力相统一的理论,并在 20 世纪 70 年代和 80 年代得到了实验的验证,这是物理学史上的又一个里程碑。人们期待着能建立起四种基本力的"大统一理论",这是当前理论物理界最活跃的课题,已出现了令人鼓舞的前景。

§2-2　牛顿运动定律

　　牛顿力学以牛顿运动定律和万有引力定律(见万有引力)为基础,研究速度远小于光速的宏观物体的运动规律。

　　1687 年,牛顿在他的名著《自然哲学的数学原理》一书中,发表了三条运动定律,这三条运动定律构成了质点运动学的基础,也开启了牛顿力学时代,在行星运动以及其他很多方面取得了巨大的成功,预言海王星的存在可以说是牛顿力学的辉煌顶点。牛顿力学把人类对整个自然界的认识推进到一个新水平,牛顿把天上运动和地上运动统一起来,从力学上证明了自然界的统一性,这是人类认识自然历史的第一次大飞跃和理论大综合,它开辟了一个新时代,并对学科发展的进程以及后代科学家们产生了极其深刻的影响。

数学上的微积分方法就是牛顿为了解决动力学问题而引进的一种数学方法。

一、牛顿第一定律 —— 惯性定律

"凡运动着的物体必然都有推动者在推动它运动。"古希腊哲学家亚里士多德的这个论断,在两千年的时间内被认为是不可怀疑的经典。直到 300 多年前,伽利略在实验与观察的基础上,做了大胆的假设与推理,向这个论断提出了挑战。伽利略注意到,当一个球沿斜面向下滚动时速度增大,沿斜面向上滚动时速度减小。他由此推论,当球沿水平面滚动时,其速度应该既不增大又不减小。在实验中球之所以会越来越慢直到最后停下来,他认为这并非球的"自然本性",而是由于摩擦力的缘故。伽利略观察到,表面越光滑,球会滚得越远。于是,他进一步推论,若没有摩擦力,球将永远滚下去。

伽利略的这一正确的理论,在隔了一代人之后,由牛顿总结成为力学的一条基本定律,称为惯性定律。

牛顿第一定律(惯性定律):

任何物体都要保持其静止或匀速直线运动状态,直到其他物体的相互作用迫使它改变运动状态为止。

第一定律表明,任何物体都具有保持其静止或匀速直线运动状态不变的性质,这个性质叫作惯性。所以牛顿第一定律也叫作**惯性定律**。惯性是物质的固有属性,它正是物质与运动不可分离的反映,它反映了物体改变运动状态的难易程度。

第一定律还说明了力的概念和力的作用。它表明,正是由于物体具有惯性,所以要使物体的运动状态发生变化,一定要有其他物体对它产生作用,这种作用叫作力。

力是物体与物体之间的相互作用,它使物体运动状态发生变化,即力是使物体产生加速度的原因,而不是使物体维持运动速度的原因。

牛顿第一定律也定义了一种特殊的参考系,在这种参考系中观察,一个不受合外力作用的物体将保持静止或匀速直线运动状态,这种参考系称为惯性参考系(惯性系)。

牛顿第一定律的数学表达式为:若 $F=0$,则 $v=$ 常矢量。

二、牛顿第二定律 —— 加速度和力的关系定律

第一定律只说明了物体不受外力作用时的情形,那么当物体受到外力作用时,物体的运动状态将怎样发生变化呢?牛顿通过许多实验,总结出他的第二定律。

物体所获得的加速度的大小与作用在物体上的合外力的大小成正比,与物体的质量成反比,加速度的方向与合外力的方向相同。

其数学表达式为

$$\boldsymbol{F} = m\boldsymbol{a} \tag{2-4}$$

牛顿第二定律告诉我们,力是使物体产生加速度的原因,并非是使物体有速度的原因,力越大,则产生的加速度就越大,两者同时产生,同时消失,是瞬时关系。所以,加速度足以衡量力的作用效果。

另外,物体的加速度还和质量有关,在同样外力的作用下,物体的质量小,获得的加速度就大,则运动状态(速度)容易改变,惯性小;反之物体的质量大,加速度小,运动状态(速度)不易改变,惯性大。由此得知,质量是物体惯性大小的度量,所以称其为惯性质量。

其实,上式只是我们常用的公式,牛顿对力学第二基本定律的表述并非式(2-4)的形式,在其名著《自然哲学的数学原理》中,他的原文意思是:运动的变化与所加的动力成正比,且发生在这力所沿直线的方向上。

牛顿在定律中提出的"运动"一词有具体的定义,他把物体的质量和速度的乘积称为"运动",现在这个乘积 $m\boldsymbol{v}$ 叫作物体的动量,用 $\boldsymbol{p}$ 表示

$$\boldsymbol{p} = m\boldsymbol{v} \tag{2-5}$$

则牛顿第二定律描述的是动量随时间的变化率和力的关系,其数学表达式为

$$\boldsymbol{F} = \frac{\mathrm{d}\boldsymbol{p}}{\mathrm{d}t} \tag{2-6}$$

当物体在运动过程中,质量保持不变,则牛顿第二定律就可以写成如下公式

$$\boldsymbol{F} = m\boldsymbol{a}$$

所以式(2-4)适用于分析质量不变的物体运动规律。

在实际生活和工作中,常有一些宏观物体在运动过程中质量发生变化,如火箭升空、喷气飞机、洒水车、下落的雨点、滚动的雪球等,在分析变质量物体运动时,式(2-4)不成立,但式(2-6)依然成立。

第二定律在第一定律的基础上,进一步阐明了在力的作用下物体运动状态变化的具体规律,确立了力、质量和加速度三者之间的关系,是牛顿运动定律的核心。其方程也成为质点动力学的基本方程。

牛顿第二定律是矢量式,解题时,通常将上式中的矢量向坐标轴上投影,得到牛顿第二定律的投影方程。

在直角坐标系中,其投影方程为

$$\begin{cases} F_x = ma_x \\ F_y = ma_y \\ F_z = ma_z \end{cases} \quad (2-7)$$

在自然坐标系中,投影方程为

$$\begin{cases} F_t = ma_t \\ F_n = ma_n \end{cases} \quad (2-8)$$

牛顿第二定律只适用于质点的运动,并且只在惯性系中才成立。

三、牛顿第三定律 —— 作用力与反作用力定律

牛顿第一定律说明物体只有在外力的作用下才改变其运动状态,牛顿第二定律给出了物体的加速度与作用在物体上合外力之间的关系,牛顿第三定律则说明了力具有物体间相互作用的性质。

两个物体之间的作用力与反作用力,沿同一直线,大小相等,方向相反,分别作用在两个物体上,即

$$F = -F' \quad (2-9)$$

作用力与反作用力是矛盾对立的两个方面,它们互以对方的存在为自己存在的条件,同时产生,同时消灭,任何一方都不能孤立地存在。作用力与反作用力是同一种性质的力,如图 2-6(a) 作用力是拉力,则反作用力也是拉力;图 2-6(b) 作用力是摩擦力,则反作用力也是摩擦力。作用力与反作用力分别作用在两个不同的物体上,它们不能互相抵消,这是它们和一对平衡力的区别。

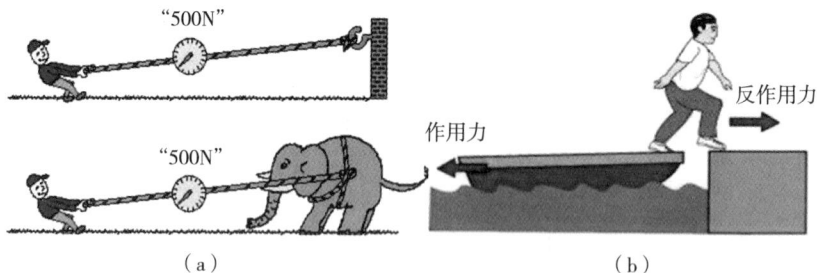

图 2-6 作用力和反作用力

如果研究的是由多个物体组成的系统(物体系),系统内各物体之间相互的作用力称为内力。如光滑水平面上两物体中间放一压缩弹簧,释放后弹簧对两物体的作用力,是这两物体组成的系统的内力,太阳系内各星体间的相互作用力是太阳

系这个系统中的内力。内力总是成对出现的,为作用力和反作用力,根据牛顿第三定律,这种作用力和反作用力大小相等、方向相反,而且作用在同一条直线上,对于整个系统的运动来说,它们的作用效果相互抵消,所以不用考虑。

　　牛顿运动定律中,第二定律是核心,是质点动力学的基本方程。通常处理动力学问题时,要把这三个定律结合起来考虑。

　　牛顿三大定律只适用于宏观领域物体的低速运动,当物体的运动速度接近光速或研究微观领域粒子的运动时,需要分别应用相对论力学和量子力学规律。

§2-3　动力学两类基本问题

　　动力学问题一般可以归纳成两类相反的问题。第一类问题:已知作用在物体上的力,分析物体的运动情况(如加速度或速度);第二类问题:已知物体的运动情况,求作用在物体上的力。当然在实际问题中常常两者皆有。

　　第一类动力学问题代表了一种纯粹演绎的过程,它是对物理学和工程问题作出成功分析和设计的基础;第二类问题则包括了力学的归纳性和探索性的应用,这是发现新定律的一条重要途径。

　　动力学问题求解的基本步骤如下:

　　(1) 根据问题的具体要求和计算方便,确定研究对象;

　　(2) 分析受力情况,并使用隔离体法作受力图;

　　(3) 选择参考系,分析研究对象的运动,判断研究对象的加速度,并把加速度画在受力图上;

　　(4) 建立坐标系,根据牛顿运动定律列投影方程;

　　(5) 解方程,必要进行讨论。

　　在解题时,首先要认真分析题意,确定研究对象,研究对象可以选择单个物体,也可以选择整个物体系统。先要弄清楚题目要求什么,分析已知条件,从而才能正确选择合适的研究对象,这是解题的关键之处。然后分析研究对象所受的所有外力,采用"隔离体法"对其进行正确的受力分析,画出受力分析图。所谓"隔离体法"就是把研究对象从与之相联系的其他物体中"隔离"出来,再把作用在此物体上的力一个不漏地画出来,并正确地标明力的方向。其次要明确物理关系,进行运动分析。弄清物理过程,即分析对象的运动状态,包括它的轨迹、速度和加速度。涉及几个物体时,还要找出它们的速度或加速度之间的关系。最后选取合适的坐标系(直角坐标系或自然坐标系),把上面分析出的质量、加速度和力联系起来,列出每一个隔离体的牛顿定律投影方程以及其他必要的辅助方程,所列方程总数应与未知量的数目相等,方程组联立求解,求出未知量。

无论是动力学问题,还是运动学问题,都要涉及物体的加速度,因此在解决上述两类问题时,应注意抓住加速度这条联系动力学和运动学问题的纽带。

例2-1 设电梯中有一质量可以忽略的滑轮,如图所示,在滑轮两侧用轻绳悬挂着质量分别为 m_1 和 m_2 的重物,已知 $m_1 > m_2$。求当电梯做如下运动时绳中的张力 T 和物体 m_1 相对于电梯的加速度 a_r:(1)电梯匀速上升;(2)电梯匀加速上升时。

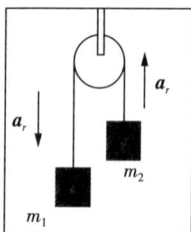

例2-1图

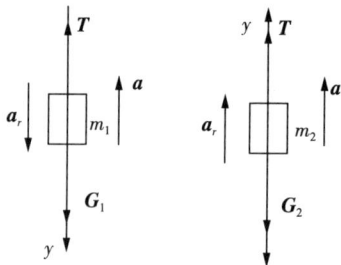

解:以地面为参考系,物体 m_1 和 m_2 为研究对象,分别进行受力分析。

(1)电梯匀速上升,物体对电梯的加速度等于它们对地面的加速度

$$a_r = a_1 = a_2$$

以物体 m_1 为研究对象,列出牛顿第二定律方程

$$m_1 g - T = m_1 a_r \tag{1}$$

以物体 m_2 为研究对象,列出牛顿第二定律方程

$$T - m_2 g = m_2 a_r \tag{2}$$

(1)、(2)两式联立求解,得到

$$a_r = \frac{m_1 - m_2}{m_1 + m_2} g$$

$$T = \frac{2m_1 m_2}{m_1 + m_2} g$$

(2)电梯以加速度 a 上升时,m_1 对地的加速度 $a - a_r$,m_2 的对地的加速度为 $a + a_r$,根据牛顿第二定律,对 m_1 和 m_2 分别得到

$$T - m_1 g = m_1 (a - a_r) \tag{3}$$

$$T - m_2 g = m_2(a + a_r) \tag{4}$$

(3)、(4) 两式联立求解得到

$$a_r = \frac{m_1 - m_2}{m_1 + m_2}(a + g) \tag{5}$$

$$T = \frac{2m_1 m_2}{m_1 + m_2}(a + g) \tag{6}$$

讨论：

由 (5)、(6) 两式，令 $a = 0$，即得到

$$a_r = \frac{m_1 - m_2}{m_1 + m_2}g, T = \frac{2m_1 m_2}{m_1 + m_2}g$$

如果电梯加速下降，$a < 0$，即得到

$$a_r = \frac{m_1 - m_2}{m_1 + m_2}(g - a), T = \frac{2m_1 m_2}{m_1 + m_2}(g - a)$$

例 2 - 2　如图所示，质量分别为 $m_1 = 4\text{kg}$ 与 $m_2 = 1\text{kg}$ 的物体用一轻绳相连，放在光滑的水平面上，用一水平力 $F = 10\text{N}$ 拉 m_1 向右运动，求绳子的张力。

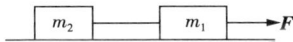

例 2 - 2 图

解：分别以 m_1 和 m_2 为研究对象，用隔离体法分析 m_1 和 m_2 的受力情况，作出受力图

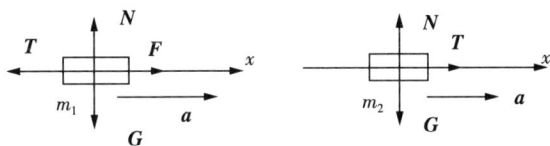

m_1 和 m_2 均以加速度 a 运动，分别列出它们在 x 轴上的投影方程

对 m_1 　　　　　　　　　　$F - T = m_1 a \tag{1}$

对 m_2 　　　　　　　　　　$T = m_2 a \tag{2}$

式 (1)、(2) 联立求解，得

$$F = (m_1 + m_2)a$$

$$a = \frac{F}{m_1 + m_2} = 2(\text{m/s}^2)$$

绳子的张力为 　　　　　　　　$T = m_2 a = 2(\text{N})$

讨论:

若 $m_1 = 1\text{kg}$、$m_2 = 4\text{kg}$,则 $T = 8\text{N}$,说明前面的物体质量较大时,绳子的拉力较小。

现在就能解释本章开篇提的问题:火车的车头和各节车厢是通过车钩连接起来的,所以它们之间就会存在很大的空隙。启动时,如果不往后退一点,每节车厢之间的空隙就会变得更大,车钩会因此绷紧,产生很大的阻力。物体开始运动那一刻的静摩擦力最大,而车厢是靠车头带动的,车头的负担就会变得很大。刚启动时车头的动力还不能释放到最大,所以很难带动所有车厢前进。如果在启动时火车稍微往后退一下,就可以缩小各车厢之间的距离,减小连接它们之间的挂钩拉力,从而减少车头的负担。这样,在车头启动的时候,就可以一节车厢、一节车厢地带动起来,而不必同时克服所有车厢的静摩擦力。随着速度的加大,车头动力也会越来越大,可以轻松带动所有的车厢高速前行。

例 2 - 3 如图所示,质量为 M 的三角形木块置于水平光滑桌面上,另一质量为 m 的木块放在 M 的斜面上,m 与 M 间无摩擦。试求 M 对地的加速度大小和 m 对 M 的加速度大小各是多少。

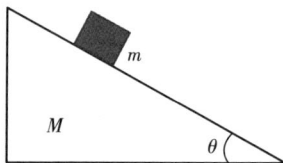

例 2 - 3 图

解:分别以 m、M 为研究对象,进行受力分析。m 受两个力的作用:重力、M 的支持力;M 受三个力的作用:重力、正压力、地面支持力。受力分析图如下

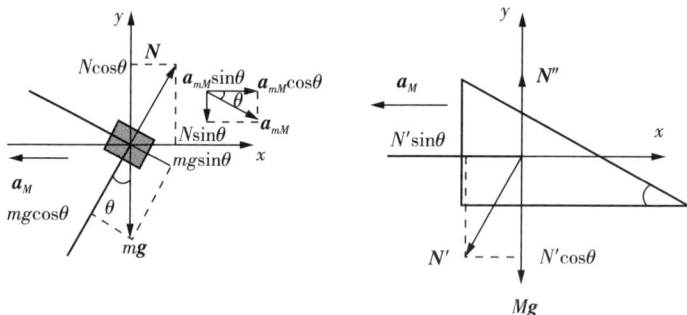

设 M 对地加速度为 $\boldsymbol{a}_M$,m 对 M 的加速度为 $\boldsymbol{a}_{mM}$,m 对地的加速度为 $\boldsymbol{a}_m$,有

$$\boldsymbol{a}_m = \boldsymbol{a}_{mM} + \boldsymbol{a}_M$$

对于 m,由牛顿第二定律得

$$m\boldsymbol{g} + \boldsymbol{N} = m(\boldsymbol{a}_{mM} + \boldsymbol{a}_M)$$

在 x 方向的投影式为

$$N\sin\theta = m(a_{mM}\cos\theta - a_M) \qquad (1)$$

在 y 方向的投影式为

$$-mg + N\cos\theta = -ma_{mM}\sin\theta \qquad (2)$$

对于 M 在 x 方向的投影式为

$$-N'\sin\theta = -Ma_M \qquad (3)$$

又由牛顿第三定律可知

$$N' = N \qquad (4)$$

由(1)、(2)、(3)、(4)式联立求解,可得

$$\begin{cases} a_M = \dfrac{mg\sin\theta\cos\theta}{M + m\sin^2\theta} \\[2mm] a_{mM} = \dfrac{(m+M)g\sin\theta}{M + m\sin^2\theta} \end{cases}$$

例 2 - 4　一个质量为 m,半径为 r 的小球,由水面静止释放,如图所示。试求此小球的下沉速度与时间的关系。假设小球竖直下沉,其路径为直线。水对小球运动的黏性力为 $f_r = -K\boldsymbol{v}$,式中 K 是和水的黏性、小球的半径有关的常量。

解:小球受到三个力的作用:重力 $\boldsymbol{G}$,方向竖直向下;浮力 $\boldsymbol{B}$,大小为物体所排开水的重力,方向竖直向上;黏滞阻力 $f_r = -k\boldsymbol{v}$,方向竖直向上。

例 2 - 4 图

根据牛顿第二定律列出小球竖直方向的运动方程

$$mg - B - f_r = ma$$

小球的加速度

$$a = \frac{\mathrm{d}v}{\mathrm{d}t} = \frac{mg - B - Kv}{m}$$

当 $a = 0$ 时,小球的速度达到最大速度 v_T,则

$$Kv_T = mg - B$$

运动方程变为

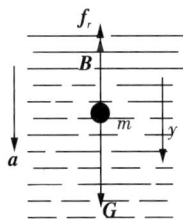

$$\frac{\mathrm{d}v}{\mathrm{d}t} = \frac{K(v_{\mathrm{T}} - v)}{m}$$

分离变量,积分运算

$$\int_0^v \frac{\mathrm{d}v}{v_{\mathrm{T}} - v} = \int_0^t \frac{K}{m}\mathrm{d}t$$

$$\ln \frac{v_{\mathrm{T}} - v}{v_{\mathrm{T}}} = -\frac{K}{m}t$$

得

$$v = v_{\mathrm{T}}(1 - e^{-\frac{K}{m}t})$$

速度与时间的关系如下图所示。

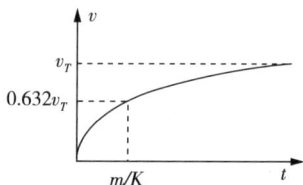

讨论:时间增大时,速度增大;当 $t \to \infty$ 时,速度趋向极限速度 $v = v_{\mathrm{T}}$。

§2-4 伽利略相对性原理 经典力学的时空观

一、惯性参考系

牛顿运动定律成立的参考系称为**惯性参考系**,简称为**惯性系**。牛顿运动定律不成立的参考系称为**非惯性系**。

在运动学中,可以任意选择参考系,但是在动力学中,应用牛顿运动定律时,就不能随便选择参考系,因为牛顿运动定律只适用于惯性参考系。

如图 2-7(a),火车车厢内的一个光滑桌面上,有一小球,在火车匀速运动时,以地面为参考系,小球不受外力的作用,匀速运动,加速度为零;而以火车为参考系,小球也不受外力的作用,保持相对静止状态,加速度也为零。在地面和火车这两个参考系中,牛顿定律均成立。但是,如果火车加速运动时,如图 2-7(b)以地面为参考系,小球因不受合外力作用而做匀速运动,牛顿定律成立;以火车为参考系,小球却做反方向的加速运动,牛顿定律不成立。由此看来,牛顿运动定律不是在任何参考系中均成立。

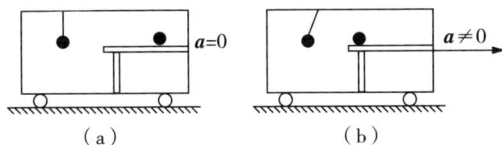

图 2-7　惯性系和非惯性系

在惯性系中,一个不受力的物体将保持静止或匀速直线运动状态。由运动的相对性可知,相对于已知惯性系静止或匀速直线运动的参考系都是惯性系。

一个参考系是不是惯性系,只能根据实验观测来加以判断。设想我们已经找到一个惯性系,那么一切相对于这个惯性系做匀速直线运动的参考系也都是惯性系,在这些惯性系内,所有力学现象都符合牛顿运动定律。

二、伽利略相对性原理

1632年,伽利略在一条做匀速直线运动的船上,对一个封闭船舱内发生的现象进行观察,他写道:"在这里(只要船的运动是匀速的)你在一切现象中观察不出丝毫的改变,你也不能够根据任何现象来判断船究竟是在运动还是在静止着:当你在甲板上跳跃的时候,你所通过的距离和你在一条静止的船上跳跃时所通过的距离完全相同,也就是说,你向船尾跳,不会比向船头跳时,跳得更远,虽然当你跳在空中时,在你下面的甲板是在向着你跳跃相反的方向奔驰着;当你抛一东西给你的朋友时,如果你的朋友在船头而你在船尾时,你所费的力并不比你们两个站在相反的位置时所费的力更大。从挂在天花板下的装着水的酒杯里滴下的水滴,将垂直地落在地板上,没有任何一滴水滴是落向船尾方面,虽然当水滴尚在空中时,船在向前走。苍蝇将继续自己的飞行,在各方面都是一样,丝毫不发生苍蝇(好像它们疲倦地跟在疾驶着的船后)集聚在船尾方面的情形。"在船上看到的力学现象和在地面上完全一样。由此证明:一切彼此做匀速直线运动的惯性系,对于描写机械运动的力学规律来说是完全等价的。并不存在任何一个比其他惯性系更为优越的惯性系。与之相应,在一个惯性系的内部所做的任何力学的实验都不能够确定这一惯性系本身是在静止状态,还是在做匀速直线运动,称为**力学的相对性原理**,或**伽利略相对性原理**。在20世纪,爱因斯坦将伽利略相对性原理加以推广,使之成为相对论的基本原理。

三、经典力学的时空观

经典时空观首先由牛顿明确提出,牛顿在他的名著《自然哲学的数学原理》一书中,对绝对时间和绝对空间做了明确的表述,因此又叫作牛顿时空观,所谓绝对,是指时间和空间是各自独立存在的,与物质运动无关。实际上,绝对时空观是人们在低速状态下的经验总结,例如我国唐代大诗人李白的著名诗句"夫天地者,万物之逆旅;光阴者,百代之过客",就是对绝对空间和绝对时间的形象比喻。

经典力学的时空观包含两方面的内容:

(1)时间的绝对性

在两个做相对直线运动的参考系中,时间的测量与参考系无关。

(2)空间的绝对性

在两个做相对直线运动的参考系中,长度的测量与参考系无关。

同一运动所经历的时间在不同的坐标系中测量都是相同的;空间两点之间的距离不管从哪个坐标系测量,结果都是相同的。

绝对时空观认为时间和空间是两个独立的观念,彼此之间没有联系,分别具有绝对性。绝对时空观认为时间与空间的度量与惯性参照系的运动状态无关,同一物体在不同惯性参照系中观察到的运动学量(如坐标、速度)可通过伽利略变换而互相联系。这就是力学相对性原理:一切力学规律在伽利略变换下是不变的。

*§2-5 惯性力和非惯性参考系

地面是个足够好的惯性系,一切相对于地面做匀速直线运动的物体,也都是惯性系。而相对于惯性系做加速运动的物体,都是非惯性系。在非惯性系中,牛顿定律不再适用。但在实际问题中,往往需要在非惯性系中观察和处理物体的运动,这时,我们要引入惯性力的概念,以便在形式上利用牛顿定律去分析问题。

一、非惯性系相对于惯性系做加速直线平动

设质点相对于惯性系的加速度为 a,相对于非惯性系的加速度为 a',非惯性系相对于惯性系的加速度为 a_0,质点受到的合外力为 F,根据牛顿第二定律和加速度合成定理

$$F = ma = m(a' + a_0) = ma' + ma_0 \qquad (2-10)$$

即
$$F - ma_0 = ma' \qquad (2-11)$$

由式(2-11)可以看出,在非惯性系中,质点的运动并不符合牛顿第二定律,而

是比牛顿第二定律多出了 $-ma_0$ 这样一项。可以假设,质点除了受到外力 F 作用以外,还受到 $-ma_0$ 这样一个力的作用,这样牛顿第二定律的形式在非惯性系中仍然适用,如式(2-12)所示。这个力我们称之为惯性力 $F_惯$

$$F_惯 = -ma_0 \tag{2-12}$$

惯性力等于质点的质量乘以非惯性系的加速度,方向与加速度相反。

引入惯性力后,质点的运动可以使用牛顿定律的形式分析求解,即

$$F + F_惯 = ma' \tag{2-13}$$

例如,在加速行驶的车厢中,如图 2-8 所示,桌面是光滑的,球在水平方向不受力的作用,而车厢里的人看到小球以加速度 $-a_0$ 向后运动。这用牛顿运动定律是无法解释的。我们可以设想,坐在车厢中的人可以假设存在一个力 $F_惯$,它的大小等于小球的质量与车厢加速度的乘积,即

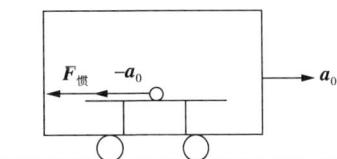

图 2-8　惯性力

$$F_惯 = -ma_0$$

这样就可以解释车厢内桌子上小球的运动了。我们可以认为小球向后做加速运动的力是由力 $F_惯$ 提供的,$F_惯$ 就是惯性力。

由于力是物体间的相互作用,我们能否找出惯性力的施力物体呢? 不能。因为惯性力并不同于以往我们学过的"真实力",它是我们在非惯性系中观察和处理物体的运动时而假想存在的一个力,当然也就不存在所谓的惯性力的反作用力。其实质是非惯性系的加速度的反映。在惯性系中,是不存在惯性力的。

例 2-5　如图所示,有一楔状木块,倾斜角为 θ,质量为 M,放置在光滑的桌面上。假如它上面又放置一个质量为 m 的物体,m 与 M 间的摩擦系数是 μ。问:用多大的水平力推动楔状木块时,M 和 m 可以保持相对静止?

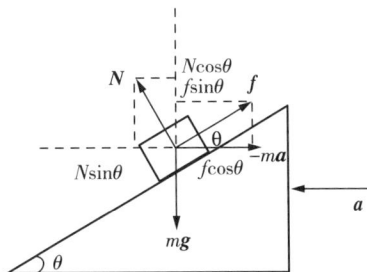

例 2-5 图

解: 由题意知,m 与楔状木块保持相对静止,以水平方向做匀加速运动的楔状木块 M 为参考系,可认为木块是在重力 G、支持力 N、摩擦力 f 及惯性力 $F_惯$ 的作用下保持静止,则有

$$N\sin\theta - f\cos\theta - ma = 0 \tag{1}$$

$$N\cos\theta + f\sin\theta - mg = 0 \tag{2}$$

$$f = \mu N \tag{3}$$

联立式(1) ~ 式(3),解得

$$a = \frac{\sin\theta - \mu\cos\theta}{\cos\theta + \mu\sin\theta}g \tag{4}$$

由于 M 与 m 保持相对静止,可把 M、m 看作一个整体,质量为 $(M+m)$,则产生加速度 a 的作用力必为

$$F = (M+m)a = \frac{\sin\theta - \mu\cos\theta}{\cos\theta + \mu\sin\theta}(M+m)g \tag{5}$$

二、非惯性系相对于惯性系做匀速转动 离心惯性力

如图 2-9 所示,圆盘以匀角速率 ω 绕竖直轴转动,在圆盘上用长为 r 的轻线将质量为 m 的小球系于盘心且小球相对于圆盘静止,即随盘一起做匀速圆周运动。从惯性系观察,小球在线拉力 T 作用下做匀速圆周运动,符合牛顿第二定律。以圆盘为参考系观察,小球受到拉力 T 的作用,但却保持静止,没有加速度,不符合牛顿第二定律。所以相对于惯性系做匀速转动的参考系也是非惯性系,要在这种参考系中保持牛顿第二定律形式不变,应引入惯性力

$$\boldsymbol{F}_{惯} = m\omega^2\boldsymbol{r} \tag{2-14}$$

式中,$\boldsymbol{F}_{惯}$ 为离心惯性力,$\boldsymbol{r}$ 表示自转轴向质点所引矢量,与转轴垂直。由此得出结论:若质点静止于匀速转动的非惯性参考系中,则作用于此物体所有相互作用力与离心惯性力的合力等于零,即

$$\sum \boldsymbol{F} + \boldsymbol{F}_{惯} = 0 \tag{2-15}$$

例如,在图 2-9(b) 中,可以认为小球所受线的张力 $\boldsymbol{T}$ 与离心惯性力 $\boldsymbol{F}_{惯} = m\omega^2\boldsymbol{r}$ 平衡而静止。

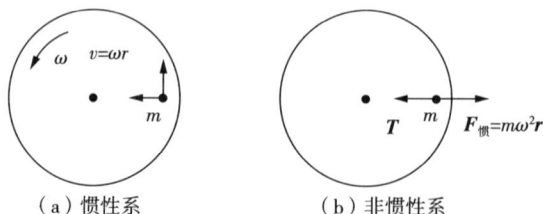

（a）惯性系　　　　　　　（b）非惯性系

图 2-9 用不同的方法解释小球的运动

例2-6　物体在地面处所受的地球引力称为重力,其大小称为重量。当物体放置在弹簧磅秤上时,通常认为重力与磅秤的支持力平衡,因而可以用磅秤的读数来量度物体的重量。实际上,这只有当磅秤放置在南、北极这两个特殊位置时才是正确的。当磅秤放在其他地点时,其读数(我们称之为视重,或者不妨仍称为重量)不再等于引力的大小,而是物体所在处纬度的函数。请分析物体视重与纬度的关系。

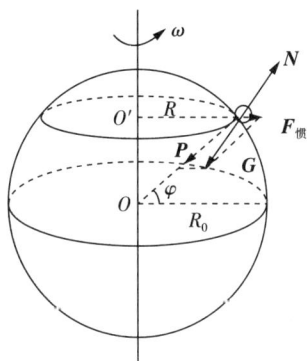

例2-6图

解:如图所示,质量为 m 的物体静止在纬度 φ 处的磅秤上。以地球为参照系,物体受到地球对它的引力 P,其大小为 GMm/R_0^2(M 为地球质量,R_0 为地球半径),方向指向地心;其次,由于地球的自转(设角速度为 ω),是一个转动的参照系,所以物体受到惯性离心力 $F_惯$,其大小为 $m\omega^2 R = m\omega^2 R_0 \cos\varphi$,方向垂直于地轴且背离后者。从某种角度上讲,物体所受的重力 G 就是引力 P 与惯性离心力 $F_惯$ 的合力。由于地球上的观察者看到物体保持静止,因此,磅秤的支持力 N 与重力 G 平衡,N 与 G 的作用线称为铅垂线,并不严格指向地心。

利用余弦定理,有

$$G^2 = P^2 + F_惯^2 - 2PF_惯^2 \cos\varphi$$

$$= P^2 + m^2\omega^4 R_0^2 \cos^2\varphi - 2Pm\omega^2 R_0 \cos^2\varphi$$

由于地球的角速度很小($\omega = 7.29 \times 10^{-5} \, \text{rad/s}$),可将 $m^2\omega^4 R_0^2 \cos^2\varphi$ 项略去不计,因此

$$G = P\left(1 - \frac{2m\omega^2 R_0 \cos^2\varphi}{P}\right)^{1/2}$$

将该式展开为级数,并略去二次方以上的高次项,可得

$$G = P\left(1 - \frac{m\omega^2 R_0 \cos^2\varphi}{P}\right)$$

这就是物体视重与纬度的关系。由此可见,物体的视重随地球纬度的增大而增大。在赤道上,$\varphi = 0$,$\cos\varphi = 1$,视重最小;在两极,$\varphi = \pi/2$,$\cos\varphi = 0$,视重最大,$G = P$,重力大小等于引力的大小。在其他地区,物体的视重介于上述两值之间。

本章小结

本章主要讨论了力的概念及分类、牛顿三大定律及其解题应用以及经典力学的时空观。现简要总结本章知识点。

1. 常见力和基本力

常见力有重力、弹力、万有引力和摩擦力等，基本力有四大类：万有引力、电磁力、强力、弱力。

2. 牛顿三大定律

（1）牛顿第一定律（惯性定律）

任何物体都要保持其静止或匀速直线运动状态，直到其他物体的相互作用迫使它改变运动状态为止。

（2）牛顿第二定律 —— 加速度和力的关系定律

物体所获得的加速度的大小与作用在物体上的合外力的大小成正比，与物体的质量成反比，加速度的方向与合外力的方向相同。

$$F = ma$$

（3）牛顿第三定律 —— 作用力与反作用力定律

两个物体之间的作用力与反作用力，沿同一直线，大小相等，方向相反，分别作用在两个物体上。即

$$F = -F'$$

3. 动力学两类基本问题

第一类问题：已知作用在物体上的力，分析物体的运动情况（如加速度或速度）；第二类问题：已知物体的运动情况，求作用在物体上的力。当然在实际问题中常常两者皆有。

（1）根据问题的具体要求和计算方便，确定研究对象；

（2）分析受力情况，并使用隔离体法作受力图；

（3）选择参考系，分析研究对象的运动，判断研究对象的加速度，并把加速度画在受力图上；

（4）建立坐标系，根据牛顿运动定律列投影方程；

（5）解方程，进行必要讨论。

4. 伽利略相对性原理

一切彼此做匀速直线运动的惯性系，对于描写机械运动的力学规律来说是完

全等价的。

5. 经典力学的时空观

时间和空间各自独立存在,彼此没有联系,与物质运动也没有关系。(绝对时空观是人们在低速状态下的经验总结)

6. 惯性力

$$\boldsymbol{F}_惯 = -m\boldsymbol{a}_0$$

思 考 题

2-1 物体的运动方向和合外力的方向是否一定相同?

2-2 物体运动的速率不变,所受合外力是否为零?

2-3 物体的速度很大,所受合外力是否也很大?

2-4 物体受到几个力的作用,是否一定会产生加速度?

习 题

一、选择题

2-1 下列四种说法中,正确的为( )。

(A) 物体在恒力的作用下,不可能做曲线运动

(B) 物体在变力的作用下,不可能做曲线运动

(C) 物体在垂直于速度方向,且大小不变的力作用下做匀速圆周运动

(D) 物体在不垂直于速度方向的力的作用下,不可能做圆周运动

2-2 质量为 m 的小球,放在光滑的木板和光滑的墙壁之间,并保持平衡,设木板和墙壁之间的夹角为 α,当 α 增大时,小球对木板的压力将( )。

(A) 增加   (B) 减少

(C) 不变   (D) 先是增加,后又减少,压力增减的分界角为 $\alpha = 45°$

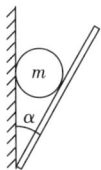
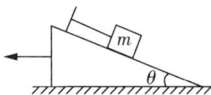

习题 2-2 图   习题 2-3 图

2-3 如图,质量为 m 的物体用平行于斜面的细线连接并置于光滑的斜面上,若斜面向左方做加速运动,当物体刚脱离斜面时,它的加速度大小为( )。

(A) $g\sin\theta$ (B) $g\cos\theta$ (C) $g\tan\theta$ (D) $g\cot\theta$

2-4 用水平力 F_N 把一个物体压在靠在粗糙竖直墙面上保持静止,当 F_N 逐渐增大时,物体所受的静摩擦力 F_f 的大小( )。

(A) 不为零,但保持不变　　　　　　　　(B) 随 F_N 成正比地增大

(C) 开始随 F_N 增大,达某最大值后保持不变　(D) 无法确定

2-5　某一路面水平的公路,转弯处轨道半径为 R,汽车轮胎与路面间的摩擦因数为 μ,要使汽车不至于发生侧向打滑,汽车在该处的行驶速率(　　　)。

(A) 不得小于 $\sqrt{\mu g R}$　　　　　　(B) 必须等于 $\sqrt{\mu g R}$

(C) 不得大于 $\sqrt{\mu g R}$　　　　　　(D) 由汽车的质量 m 决定

2-6　一物体沿固定圆弧形光滑轨道由静止下滑,在下滑过程中,则(　　　)。

(A) 它的加速度方向永远指向圆心,其速率保持不变

(B) 它受到的轨道的作用力的大小不断增加

(C) 它受到的合外力大小变化,方向永远指向圆心

(D) 它受到的合外力大小不变,其速率不断增加

2-7　如图所示,滑轮、绳子质量及运动中的摩擦阻力都忽略不计,物体 A 的质量 m_1 大于物体 B 的质量 m_2,在 A、B 运动过程中弹簧秤 S 的读数是(　　　)。

(A) $\dfrac{4m_1 m_2}{m_1 + m_2} g$　　　　　　(B) $\dfrac{2m_1 m_2}{m_1 + m_2} g$

(C) $(m_1 - m_2) g$　　　　　　(D) $(m_1 + m_2) g$

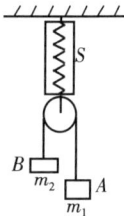

习题 2-7 图

2-8　在升降机天花板上拴一轻绳,其下端系一重物,当升降机以 a 的加速度上升时,绳中的张力恰好等于绳子所能承受的最大张力的一半,当绳子刚好被拉断时,升降机上升的加速度为(　　　)。

(A) $2a$　　　　　　(B) $2(a+g)$

(C) $2a + g$　　　　　　(D) $a + g$

2-9　一轻绳跨过一定滑轮,两端各系一重物,它们的质量分别为 m_1 和 m_2,且 $m_1 > m_2$(滑轮质量及一切摩擦均不计),此时重物的加速度大小为 a,今用一竖直向下的恒力 $F = m_1 g$ 代替 m_1 的重物,质量 m_2 的加速度大小为 a',则(　　　)。

(A) $a' = a$　　　　　　(B) $a' > a$

(C) $a' < a$　　　　　　(D) 条件不足,无法确定

2-10　跨过两个质量不计的定滑轮和轻绳,一端挂重物 m_1,另一端挂重物 m_2 和 m_3,且 $m_1 = m_2 + m_3$,如图所示。当 m_2 和 m_3 绕铅直轴旋转时(　　　)。

(A) m_1 上升

(B) m_1 下降

(C) m_1 与 m_2 和 m_3 保持平衡

(D) 当 m_2 和 m_3 不旋转,而 m_1 在水平面上做圆周运动时,两边保持平衡

2-11　如图所示,轻绳通过定滑轮,两端分别挂一个质量均为 m 的重物,初始时它们处于同一高度。如果使右边的重物在平衡位置附近来回摆动,则左边的物体(　　　)。

(A) 向上运动　　　　　　(B) 向下运动

(C) 保持平衡　　　　　　(D) 时而向上,时而向下

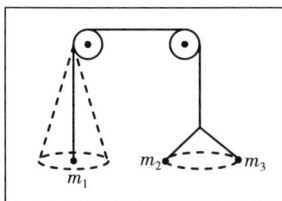

习题 2-10 图

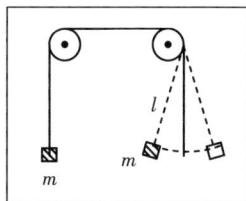

习题 2-11 图

2-12　质量为 0.25kg 的质点，受 $\boldsymbol{F} = t\,\boldsymbol{i}$（N）的力作用，$t = 0$ 时该质点以 $\boldsymbol{v} = 2\boldsymbol{j}$（m/s）的速度通过坐标原点，该质点任意时刻的位置矢量是（　　）。

(A) $2t^2\boldsymbol{i} + 2\boldsymbol{j}$（m）

(B) $\dfrac{2}{3}t^3\boldsymbol{i} + 2t\boldsymbol{j}$（m）

(C) $\dfrac{3}{4}t^4\boldsymbol{i} + \dfrac{2}{3}t^3\boldsymbol{j}$（m）

(D) 条件不足，无法确定

2-13　质量为 m 的物体最初位于 x_0 处，在力 $F = -k/x^2$ 作用下由静止开始沿直线运动，k 为一常数，则物体在任一位置 x 处的速率为（　　）。

(A) $\sqrt{\dfrac{k}{m}\left(\dfrac{1}{x} - \dfrac{1}{x_0}\right)}$

(B) $\sqrt{\dfrac{2k}{m}\left(\dfrac{1}{x} - \dfrac{1}{x_0}\right)}$

(C) $\sqrt{\dfrac{3k}{m}\left(\dfrac{1}{x} - \dfrac{1}{x_0}\right)}$

(D) $2\sqrt{\dfrac{k}{m}\left(\dfrac{1}{x} - \dfrac{1}{x_0}\right)}$

二、填空题

2-14　质量为 m 的小球，用轻绳 AB、BC 连接，如图所示。其中 AB 水平，剪断 AB 前后的瞬间，绳 BC 中的张力比 $F_T : F_T' = $ _____。

2-15　图示中系统置于以 $a = g/2$ 的加速度上升的升降机内，A、B 两物体质量均为 m，若滑轮质量不计，而 A 与水平桌面的滑动摩擦因数为 μ，则绳中张力的值为 _____。

2-16　图示中一漏斗绕铅直轴做匀角速转动，其内壁有一质量为 m 的小木块，木块到转轴的垂直距离为 r，m 与漏斗内壁间的静摩擦因数为 μ_0，漏斗与水平方向成 θ 角，若要使木块相对于漏斗内壁静止不动，漏斗的最大角速度 $\omega_{\max} = $ _____，最小角速度 $\omega_{\min} = $ _____。

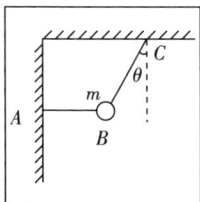

习题 2-14 图

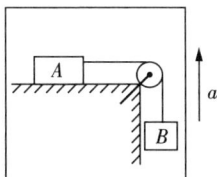

习题 2-15 图

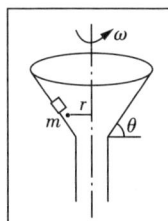

习题 2-16 图

2-17　如图所示，把一根匀质细棒 AC 放置在光滑桌面上，已知棒的质量为 m，长为 L。今用一大小为 F 的力沿水平方向推棒的左端。设想把棒分成 AB、BC 两段，且 $BC = 0.2L$，则 AB

段对 BC 段的作用力大小为_____。

习题 2-17 图

2-18 质量为 m 的质点，在变力 $F = F_0(1-kt)$（F_0 和 k 均为常量）作用下沿 ox 轴做直线运动。若已知 $t=0$ 时，质点处于坐标原点，速度大小为 v_0。则质点运动微分方程为_____，质点速率随时间变化规律为 $v=$ _____，质点运动学方程为 $x=$ _____。

三、判断题

2-19 力是使物体运动起来的原因。（　　）

2-20 牛顿第二定律 $F = ma$ 适用于所有宏观物体的低速运动。（　　）

2-21 物体做匀速运动，所受合外力不一定为零。（　　）

2-22 在一个密闭的船舱里，可以通过力学实验判断船是静止的还是运动的。（　　）

2-23 用绳子系一物体，在竖直平面内做圆周运动，当物体达到最高点时，物体受到四个力的作用：重力、绳子的拉力、向心力和离心力。（　　）

四、计算题

2-24 如图所示，质量为 m 的人站在升降机内，当升降机以加速度 a 运动时，求人对升降机地板的压力。

2-25 如图所示，长为 l 的轻绳，一端系一质量为 m 的小球，另一端系于定点 O。开始时小球处于最低位置。若使小球获得如图所示的初速 v_0，小球将在竖直平面内做圆周运动。求小球在任意位置的速率及绳的张力。

习题 2-24 图　　　习题 2-25 图

2-26 一重物 m 用绳悬起，绳的另一端系在天花板上，绳长 $l = 0.5\text{m}$，重物经推动后，在一水平面内做匀速圆周运动，转速 $n = 1\text{r/s}$。这种装置叫作圆锥摆。求这时绳和竖直方向所成的角度。

2-27 图示一斜面，倾角为 α，底边 AB 长为 l，质量为 m 的物体从顶端由静止开始向下滑动，斜面的摩擦因数为 $\mu = 1/\sqrt{3}$，问当 α 为何值时，物体在斜面上下滑的时间最短？

2-28 一质点沿 x 轴运动，其所受的力如图所示，设 $t=0$ 时，$v_0 = 5\text{m/s}$，$x_0 = 2\text{m}$，质点质量为 $m = 1\text{kg}$，求质点 7s 末的速度和位置坐标。

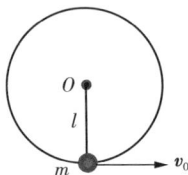

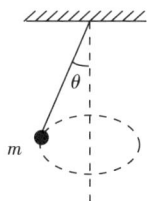

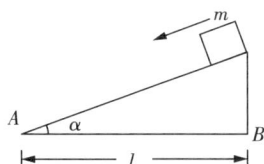

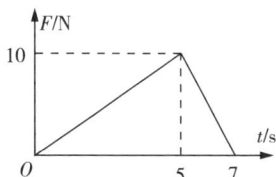

习题 2－26 图　　　　习题 2－27 图　　　　习题 2－28 图

2－29　质量为 m 的摩托车,在恒定的牵引力 F 的作用下工作,它所受到的阻力与速率的平方成正比,它能达到的最大速率为 v_m,求摩托车从静止加速到 $v_m/2$ 所需的时间及所走过的路程。

2－30　质点做一维运动,所受的力随时间变化的函数关系是 $f(t)$,试求质点的运动方程。已知 $t = 0$ 时,$x = x_0$,$v = v_0$。

第二章思考题习题详解

科学家介绍

　　艾萨克·牛顿(Sir Isaac Newton,1643 年 1 月 4 日 —1727 年 3 月 31 日)爵士,英国皇家学会会长,英国著名的物理学家,百科全书式的"全才",著有《自然哲学之数学原理》《光学》。牛顿出生于英格兰林肯郡的一个小村落伍尔索普村的伍尔索普庄园。在牛顿出生之时,英格兰并没有采用教皇的最新历法,因此他的生日被记载为 1642 年的圣诞节。牛顿出生前三个月,他同样名为艾萨克的父亲才刚去世。由于早产的缘故,新生的牛顿十分瘦小;据传闻,他的母亲汉娜·艾斯库曾说过,牛顿刚出生时小得可以把他装进一夸脱的马克杯中。

图 2－10　艾萨克·牛顿及其作品中文译本

牛顿是杰出的英国物理学家、数学家、天文学家,经典物理学的奠基人,是科学发展史上举世闻名的巨人。他奠定了近代科学理论基础。在数学方面,牛顿是微积分的创始人之一,同莱布尼兹一道名垂千古。在物理学方面,牛顿在力学、热学、光学等多方面取得了巨大成就。

牛顿 1661 年进入剑桥大学三一学院,1665 年获文学学士,1668 年获硕士学位,1669 年晋升为数学教授,1670 年担任了卢卡斯讲座教授,1672 年被选为皇家学会会员,1689 年被选为代表剑桥大学的国会议员。1696 年他被任命为造币厂督办,1699 年担任了造币厂厂长。1701 年牛顿辞去剑桥大学教授职位,退出三一学院。1703 年被选为皇家学会会长。1705 年受封勋爵,成为贵族。1727 年 3 月 20 日逝世于肯辛顿村,终年 85 岁,终生未娶。

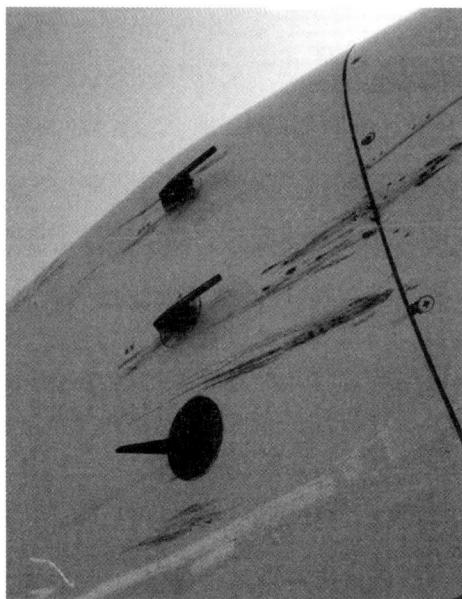

鸟击飞机事件每年都会发生。中国民用航空局机场司、中国民航科学技术研究院 2011 年 1 月发布的《2010 年中国民航鸟击航空器事件数据分析报告》显示,2010 年,全国各机场、航空公司和飞机维修公司等有关部门共上报在中国大陆地区发生鸟击事件 971 起,其中事故征候 95 起,占总事故征候的 45.9％,是第一大事故征候类型。飞机最易遭受鸟击的部分为发动机。飞行的起飞、爬升、下降、飞行和着陆阶段都为鸟击事件多发阶段。春秋季为鸟击事件高发季节,夜晚等低能见度条件下是鸟击事件高发时段。

那么,为什么鸟飞行时不避开飞机而像飞蛾扑火一样撞向飞机呢?
答案就在本章中。

第三章 动量定理 动量守恒定律

前一章我们运用牛顿运动定律研究了质点的运动规律,讨论了质点运动状态的变化与它所受合外力之间的瞬时关系。牛顿第二定律指出,在外力的作用下,质点的运动状态要发生变化,即得到加速度。对于一些力学问题除了要分析加速度(力的瞬时效应)以外,还要求出力作用在物体上经过一段时间或运动一段路程的速度,用牛顿第二定律的方程求解就很不方便了,因而,我们根据牛顿第二定律通过积分运算,求出力和运动的过程关系,即研究力在时间和空间上的累积效应。在这两类效应中,质点或质点系的动量、动能或能量将发生变化或转移。在一定条件下,质点系内的动量或能量将保持守恒。

本章主要研究力对时间的累积效应,即动量定理和动量守恒定律。

§3-1 质点系的内力和外力 质心 质心运动定理

一、质点系的内力和外力

在上一章,我们所讨论的基本上是质点的运动,其情况比较简单。当我们研究对象是质点系时,情况就要复杂许多。所谓**质点系**,就是由多个质点所组成的系统。质点系中质点间的相互作用力叫做**内力**,内力是成对出现的,互为作用力和反作用力。质点系中诸内力的矢量和等于零。质点系以外的物体对质点系内任一个质点的作用力叫做**外力**。如果一个质点系不受任何外力作用,则叫做**孤立系统**或**闭合系统**。

二、质心的概念

在研究多个物体组成的系统时,质心是个很重要的概念。例如,斜向抛出一块匀质三角板(图3-1),板上除中心 C 以外,每一个质点的运动都较为复杂,轨道不是抛物线。但实践和理论都证明,三角板的中心点 C 做抛物线运动。C 点的运动规律就像三角板的质量都集中在 C 处,全部外力也作用在 C 处一样。

质心是质点系的质量分布中心,是与质点系质量分布有关的一个代表点。通常用符号"C"表示。

设质点系由 N 个质点组成,第 i 个质点的质量为 m_i,位置矢量为 $\boldsymbol{r}_i$,质心 C 的位置矢量为 $\boldsymbol{r}_C$,质点系的质量总和为 $M,M=\sum m_i$,则有

$$\boldsymbol{r}_C = \frac{\sum_{i=1}^{n} m_i \boldsymbol{r}_i}{\sum_{i=1}^{n} m_i} \tag{3-1}$$

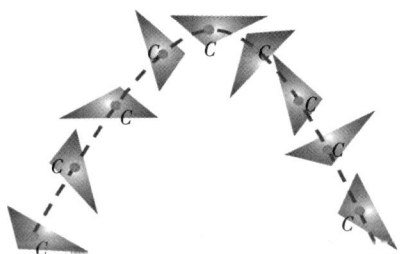

图 3-1　质心的运动轨迹

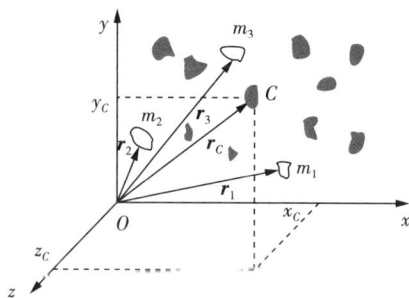

图 3-2　质点系和质心

在直角坐标系中,质心位置矢量各分量的表达式为

$$x_C = \frac{\sum_{i=1}^{n} m_i x_i}{\sum_{i=1}^{n} m_i}, y_C = \frac{\sum_{i=1}^{n} m_i y_i}{\sum_{i=1}^{n} m_i}, z_C = \frac{\sum_{i=1}^{n} m_i z_i}{\sum_{i=1}^{n} m_i} \tag{3-2}$$

对于连续分布的物体,质心的计算公式为

$$\boldsymbol{r}_C = \frac{1}{M}\int \boldsymbol{r}\,\mathrm{d}m \tag{3-3}$$

分量形式为

$$x_C = \frac{1}{M}\int x\,\mathrm{d}m, y_C = \frac{1}{M}\int y\,\mathrm{d}m, z_C = \frac{1}{M}\int z\,\mathrm{d}m \tag{3-4}$$

必须注意,质心和重心是两个不同的概念,质心是有由质量分布决定的特殊的点,重心是地球对物体各部分引力的合力的作用点。当物体远离地球时,重力

不存在,重心的概念失去意义,但是质心还是存在的。对于密度均匀,形状对称的物体,其质心在物体的几何中心处。例如均质球的质心在球心处,均质细直杆的质心在杆的中点处,但如果物体的质量不是均匀分布的,质心不在其几何中心处。另外,质心不一定在物体上,例如圆环的质心在圆环的轴心处,不在圆环上。

在用积分式计算物体的质心位置时,首先要知道物体的质量分布情况,通常用质量密度表示某点处的质量分布。如果是线性形状的物体(直线或曲线),质量密度是线密度 λ,即物体某点处单位长度的质量;薄板(平面或曲面)质量密度是面密度 σ,即某点处单位面积的质量;一般物体质量密度为体密度 ρ,即某点处单位体积的质量。

例 3-1 试计算如图所示的面密度为恒量的直角三角形的质心的位置。

解:取如图所示的坐标系。由于面密度 σ 为恒量,取微元 $ds = ydx$ 的质量为 $dm = \sigma ds = \sigma y dx = \sigma[a - (a/b)x]dx$

例 3-1 图

所以质心的 x 坐标为

$$x_c = \frac{\int x \, dm}{\int dm} = \frac{\int_0^b \sigma(a - \frac{a}{b}x)x \, dx}{\int_0^b \sigma(a - \frac{a}{b}x) \, dx} = \frac{\frac{ab^2}{6}}{\frac{ab}{2}} = \frac{b}{3}$$

同理可求 y 坐标为

$$y_c = \frac{\int y \, dm}{\int dm} = \frac{\int_0^a \sigma(b - \frac{b}{a}y)y \, dy}{\int_0^a \sigma(b - \frac{b}{a}y) \, dy} = \frac{\frac{a^2 b}{6}}{\frac{ab}{2}} = \frac{a}{3}$$

因而质心的坐标为

$$\left(\frac{b}{3}, \frac{a}{3}\right)$$

另外,我们根据式(3-3)可以进一步求出质心和各质点的速度、加速度的关系。

质心的速度为

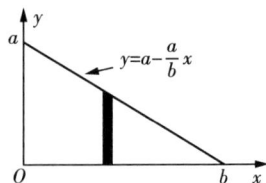

$$v_C = \frac{\mathrm{d}\boldsymbol{r}_C}{\mathrm{d}t} = \frac{\sum m_i \frac{\mathrm{d}\boldsymbol{r}_i}{\mathrm{d}t}}{\sum m_i} = \frac{\sum m_i \boldsymbol{v}_i}{\sum m_i} \tag{3-5}$$

质心的加速度为

$$\boldsymbol{a}_C = \frac{\mathrm{d}\boldsymbol{v}_C}{\mathrm{d}t} = \frac{\sum m_i \frac{\mathrm{d}\boldsymbol{v}_i}{\mathrm{d}t}}{\sum m_i} = \frac{\sum m_i \boldsymbol{a}_i}{\sum m_i} \tag{3-6}$$

三、质心运动定理

以每一个质点为研究对象,由牛顿第二定律得如下一系列方程

$$m_1 \boldsymbol{a}_1 = \boldsymbol{F}_1 + \boldsymbol{F}_{12} + \boldsymbol{F}_{13} + \cdots + \boldsymbol{F}_{1n}$$

$$m_2 \boldsymbol{a}_2 = \boldsymbol{F}_2 + \boldsymbol{F}_{21} + \boldsymbol{F}_{23} + \cdots + \boldsymbol{F}_{2n}$$

$$\cdots\cdots\cdots\cdots$$

$$m_n \boldsymbol{a}_n = \boldsymbol{F}_n + \boldsymbol{F}_{n1} + \boldsymbol{F}_{n2} + \cdots + \boldsymbol{F}_{nn-1}$$

将上面所有方程相加,由于系统成对内力矢量和为零,则

$$\sum m_i \boldsymbol{a}_i = \sum \boldsymbol{F}_i$$

因

$$\boldsymbol{a}_C = \frac{\sum m_i \boldsymbol{a}_i}{\sum m_i}$$

有

$$\sum \boldsymbol{F}_i = m\boldsymbol{a}_C \tag{3-7}$$

即作用在系统上的合外力等于系统的总质量与系统质心加速度的乘积。

　　它与牛顿第二定律在形式上完全相同,相当于系统的质量全部集中于系统的质心,在合外力的作用下,质心以加速度 $\boldsymbol{a}_C$ 运动。这个公式称为**质心运动定理**。质心的运动等同于一个质点的运动,这个质点具有质点系的总质量,它受到的外力为质点系所受的所有外力的矢量和。

说明:无论系统内各质点的运动任何复杂,但是质心的运动可能相当简单,只由作用在系统上的外力决定;内力不能改变质心的运动状态。大力士不能自举其身就是一例。质心是质点系平动的代表点,各质点追随质心的运动,表现出系统的整体运动。

例 3-2 设有一个质量为 $2m$ 的弹丸,从地面斜抛出去,它飞行到最高点处爆炸成质量相等的两个碎片,其中一个碎片竖直自由下落,另一个碎片水平抛出,它们同时落地。试问第二各碎片落地点在何处?

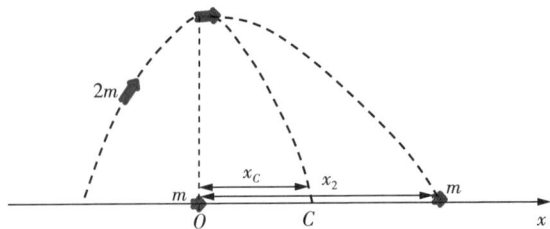

例 3-2 图

解:考虑弹丸为一系统,空气阻力略去不计。由于弹丸的爆炸力是内力,根据质心运动定理可知,内力不能改变质心运动,所以爆炸前后弹丸的质心的运动轨迹都在同一抛物线上。如取第一个碎片的落地点为坐标原点,水平向右为坐标轴的正方向,设 m_1 和 m_2 为两个碎片的质量,且 $m_1=m_2=m$;x_1 和 x_2 为两个碎片落地点距原点的距离,x_C 为弹丸质心距坐标原点的距离。有假设可知 $x_1=0$,于是

$$x_C=\frac{m_1x_1+m_2x_2}{m_1+m_2}$$

由于 $x_1=0,m_1=m_2=m$,由上式可得

$$x_C=\frac{1}{2}x_2$$

即第二个碎片的落地点的水平距离为碎片质心与第一个碎片水平距离的两倍。

§3-2 质点和质点系的动量定理

实际上,力对物体的作用总要延续一段时间,在这段时间内,力的作用将积累起来产生一个总效果。下面我们从力对时间的累积效应出发,介绍冲量、动量的概念以及两者的关系定律,即动量定理。

一、动量

动量是用来表示物体运动状态的物理量,是与物体的质量和速度相关的物理量。

动量的概念早在牛顿定律建立之前,由笛卡尔(R. Descartes)于 1644 年引入,它纯粹是描述物体机械运动的一个物理量。由经验知道,要使速度相同的两辆车停下来,质量大的比质量小的要难;同样,要使质量相同的两辆车停下来,速度大的比速度小的要难。由此可见,在研究物体机械运动状态的改变时,必须同时考虑质量和速度这两个因素,物体保持某种方向运动的能力与质量和速度都有关系,为此引入了动量的概念。笛卡尔把动量定义为物体的质量和速率的乘积,而牛顿认为必须考虑速度的方向才能解释宇宙中普遍遵守的动量守恒定律,所以在他的基础上提出改动,把质量和速度的乘积称为"运动量",也就是动量。

物体的质量 m 与速度 v 的乘积叫做物体的动量,用 $\boldsymbol{p}$ 来表示

$$\boldsymbol{p} = m\boldsymbol{v} \qquad (3-8)$$

动量是矢量,方向和速度的方向相同。动量单位单位为 kg・m/s。

二、冲量

冲量表述力在时间上的累积效应,经验表明,要使具有一定动量的物体停下,所用的时间与所加的外力有关,外力大,所需时间少;外力小,所需时间多。

作用在物体外力与力作用的时间的乘积叫作力对物体的冲量,用 $\boldsymbol{I}$ 来表示

$$\boldsymbol{I} = \int \boldsymbol{F} \mathrm{d}t \qquad (3-9)$$

其中 $\boldsymbol{F}\mathrm{d}t$ 是力在极短时间内的冲量,称为元冲量。冲量是矢量,表征力持续作用一段时间的累积效应,一段时间内的冲量和这段时间内元冲量的矢量和方向相同,如果力的方向发生变化,则冲量的方向和任一时刻力的方向都不相同。冲量的单位为 N・s(或 kg・m/s),与动量的单位相同。

如果力的大小和方向都不变(常力),则冲量为

$$\boldsymbol{I} = \boldsymbol{F} \Delta t \qquad (3-10)$$

常力所产生的冲量方向和力的方向相同。

三、质点的动量定理

设作用在质点上的力为 $\boldsymbol{F}$,在 Δt 时间内,质点的速度由 $\boldsymbol{v}_1$ 变成 $\boldsymbol{v}_2$,根据牛顿第

二定律

$$F = \frac{\mathrm{d}\boldsymbol{p}}{\mathrm{d}t}$$

可得

$$\boldsymbol{F}\mathrm{d}t = \mathrm{d}\boldsymbol{p}$$

两边积分

$$\int_{\Delta t}\boldsymbol{F}\mathrm{d}t = \int_{p_1}^{p_2}\mathrm{d}\boldsymbol{p} = \boldsymbol{p}_2 - \boldsymbol{p}_1$$

若质量为常量,则有

$$\boldsymbol{I} = m\boldsymbol{v}_2 - m\boldsymbol{v}_1 \tag{3-11}$$

在一段时间内,作用在质点上的合外力所产生的的冲量,等于质点动量的增量。这个结论称为**动量定理**。

对动量定理做几点说明:

(1)冲量的方向并不是与动量的方向相同,而是与动量增量的方向相同。其中冲量是过程量,力是瞬时量,动量是状态量。

(2)动量定理说明质点动量的改变是由外力和外力作用时间两个因素,即冲量决定的。力在一段时间内的累积效果,是使物体产生动量增量。要产生同样的效果,即同样的动量增量,力可以不同,相应作用时间也就不同,力大时所需时间短些,力小时所需时间长些。只要力的时间累积量即冲量一样,就能产生同样的动量增量。

(3)动量定理适用于惯性参考系,在非惯性系中不成立。

(4)动量定理是矢量式,解题时常将方程向坐标轴上投影,得到分量式

$$\begin{cases} I_x = \int_{\Delta t}F_x\mathrm{d}t = mv_{2x} - mv_{1x} \\ I_y = \int_{\Delta t}F_y\mathrm{d}t = mv_{2y} - mv_{1y} \\ I_z = \int_{\Delta t}F_z\mathrm{d}t = mv_{2z} - mv_{1z} \end{cases} \tag{3-12}$$

（5）动量定理在碰撞或冲击问题中有其重要意义，它给我们带来不少方便。在碰撞中，两物体相互作用的时间极为短暂，作用力变化很快，即在极短的时间内，作用力迅速达到很大的量值，然后又急剧地下降为零，这种量值很大、变化很快、作用时间又很短的力通常叫**冲力**。如图3-3所示的碰撞实验，可以看出小球撞击台秤时冲力在很短的时间内变化很快。

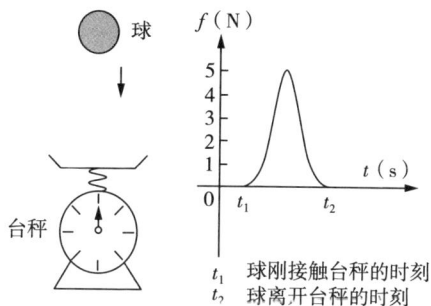

图3-3　碰撞实验

因为冲力随时间变化的关系难以确定，所以无法直接使用牛顿第二定律来分析力和运动的瞬时关系。但是，过程的始末状态的动量却较易测定，如还能测定碰撞所经历的时间，根据动量定理就可以估算出冲力的平均值。为方便计算，我们经常假设冲力为常力（大小和方向不变），即实际冲力的平均值，称为平均冲力，平均冲力乘以碰撞时间等于实际冲力所产生的冲量（如图3-4所示）。

即
$$I = \overline{F}\Delta t = \int_{t_1}^{t_2} F \mathrm{d}t = m\boldsymbol{v}_2 - m\boldsymbol{v}_1 \tag{3-13}$$

由(3-13)式可知，减小作用时间，可以增大冲力；而要想减小冲力，可以通过延长作用时间来实现。

需要注意的是，在碰撞过程中，可以认为质点没有位移。另外，由于冲力很大，在碰撞过程中作用在质点上的其他有限大小的力与冲力相比，可忽略不计。

现实生活中人们常常为利用冲力而增大冲力，有时又为避免冲力造成损害而减少冲

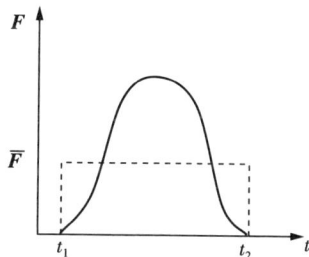

图3-4　冲力示意图

力。例如利用冲床冲压钢板，由于冲头受到钢板给它的冲量的作用，冲头的动量很快减为零，相应的冲力很大，因此钢板所受的反作用冲力也同样很大，所以钢板就被冲断了。当人们用手去接对方抛来的篮球时，手要往后缩一缩，以延长作用时间从而缓冲篮球对手的冲力。轮船的周边经常绑一些轮胎，在碰撞时可起到缓冲、降低碰撞力的作用。

例3-3　质量$m=0.3\mathrm{t}$的重锤，从高度$h=1.5\mathrm{m}$处自由落到受锻压的工件上，工件发生形变。如果作用的时间$\Delta t=0.1\mathrm{s}$。试求锤对工件的平均冲力。

解:以重锤为研究对象,分析受力,作受力图。

解法一　研究锤对工件的作用过程,在竖直方向利用动量定理,取竖直向上为正。

$$(\overline{F}_N - mg)\Delta t = 0 - (-mv_0) = m\sqrt{2gh}$$

得　　　　$$\overline{F}_N = mg + m\frac{\sqrt{2gh}}{\Delta t} = 1.92 \times 10^5(\text{N})$$

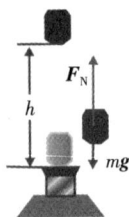

例 3-3 图

解法二　研究锤从自由下落到静止的整个过程,其动量变化为零。

重力作用时间为　　　　　　　　　$$\Delta t + \sqrt{2h/g}$$

支持力的作用时间为　　　　　　　$$\Delta t$$

由动量定理得　　　　$$\overline{F}_N \Delta t - mg(\Delta t + \sqrt{2h/g}) = 0$$

$$\overline{F}_N = mg + m\frac{\sqrt{2gh}}{\Delta t} = 1.92 \times 10^5(\text{N})$$

在利用动量定理解题时,需要注意,首先必须明确研究对象和运动过程,确定时间段,选择不同的运动过程,力所产生的冲量不一样。另外,动量定理是矢量式,解题时要建立坐标系,或规定正方向,列出动量定理的投影方程,各矢量的投影符号不能弄错。

例 3-4　一绳跨过一定滑轮,两端分别拴有质量为 m 及 m' 的物体 A 和 B,如图所示。m' 大于 m。B 静止在地面上,当 A 自由下落距离 h 后,绳子才被拉紧。求绳子刚被拉紧时两物体的速度,以及 B 能上升的最大高度。

例 3-4 图

解:以物体 A、B 为研究对象,所研究的过程分为三个阶段:一是物体 A 自由下落;二是绳子刚拉紧时物体通过绳子发生了相互碰撞;三是物体 A、B 分别向下、向上做匀减速运动。

第一阶段:物体 A 自由下落 h 高度,其速度为

$$v = \sqrt{2gh}$$

第二阶段:经过短暂的冲击过程,当绳子拉紧时,两物体速率相等,设为 v',对两物体分别应用动量定理列方程(取向上为正)

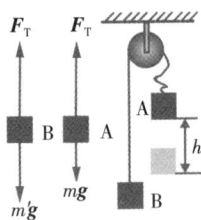

$$(F_T - mg)\Delta t = -mv' - (-mv) \tag{1}$$

$$(F_T - m'g)\Delta t = m'v' - 0 \tag{2}$$

(1)、(2) 两式联立求解,忽略重力的影响,可得

$$v' = \frac{mv}{m'+m} = \frac{m\sqrt{2gh}}{m'+m}$$

此即为绳子刚被拉紧时两物体的速度。

第三阶段:绳子拉紧后,根据牛顿第二定律可得,A、B 的加速度均为

$$a = \frac{m'-m}{m'+m}g \tag{3}$$

速度为零时,物体 B 达到最大高度 H

$$2aH = v'^2 - 0 \tag{4}$$

由(3)、(4) 两式可得

$$H = \frac{m^2 h}{m'^2 - m^2}$$

动量定理也适用于变质量物体的运动分析:

例 3 - 5 如图所示,矿砂从传送带 A 落到另一传送带 B,其速度 $v_1 = 4\text{m/s}$,方向与竖直方向成 $30°$ 角,而传送带 B 与水平成 $15°$ 角,其速度 $v_2 = 2\text{m/s}$。如传送带的运送量恒定,设为 $k = 20\text{kg/s}$,求落到传送带 B 上的矿砂在落上时所受到的力。

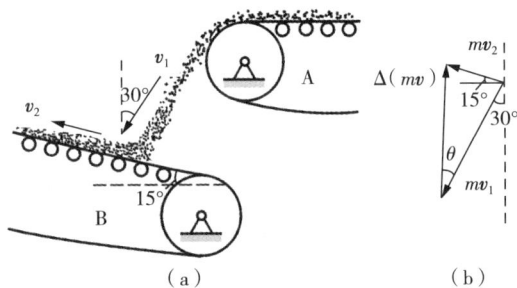

例 3 - 5 图

解:设在某极短的时间 Δt 内落在传送带上矿砂的质量为 m,则有 $m = k \cdot \Delta t$,这些矿砂动量的增量为

$$\Delta(mv) = mv_2 - mv_1$$

其大小为

$$|\Delta(mv)| = m\sqrt{v_1^2 + v_2^2 - 2v_1v_2\cos 75°} = 3.98m = 3.98k\Delta t$$

设这些矿砂在时间 Δt 内所受的平均作用力为 $\overline{F}$,由动量定理列方程

$$\overline{F}\Delta t = |\Delta(mv)|$$

得到
$$\overline{F} = \frac{|\Delta(mv)|}{\Delta t} = 79.6(\text{N})$$

冲力方向与动量增量的方向相同,用 θ 表示

$$\frac{|\Delta(mv)|}{\sin 75°} = \frac{|mv_2|}{\sin\theta} \Rightarrow \theta = 29°(\text{冲力方向近似竖直向上})$$

现在就能解释本章开始提到的问题:在鸟击飞机事件中,为什么鸟会"奋不顾身"高速地撞向飞机? 其实,这是我们的错觉,鸟本身的速度并不快,但由于飞机速度很快,所以它们迅速靠近,两者具有很大的相对速度,鸟来不及躲避! 两者相碰时,动量变化很大,根据动量定理,$F\Delta t = |\Delta(mv)| = |m\Delta v|$,其中 F 是它们的相互撞击力,m 是鸟的质量,Δv 是鸟的速度增量,等于鸟和飞机的相对速度,由于鸟的飞行速度很低,可以忽略不计,所以鸟相对于飞机的速度近似等于飞机的速度。一只 0.45kg 的飞鸟与时速 800km/h 的飞机相撞,作用时间大约 0.2s 时,会产生1800N 的冲击力;而一只 7kg 的大雁撞在时速 960km/h 的飞机上,冲击力将达到336000N,后果可想而知。飞机的高速运动使得鸟击的破坏力达到惊人的程度,因此,会造成很严重的空难事故。

四、质点系的动量定理

1. 两个质点的情况

设系统内有两个质点 1 和 2,质量分别为 m_1 和 m_2,作用在质点上的外力分别为 F_1 和 F_2,而两质点之间的相互作用力为 F_{12} 和 F_{21},如图 3-5 所示,根据动量定理,在 $\Delta t = t_2 - t_1$ 时间内,两质点的动量的增量分别为

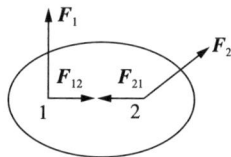

图 3-5 两个质点的受力情况

$$\int_{t_1}^{t_2} (F_1 + F_{12}) \, dt = m_1 v_1 - m_1 v_{10}$$

$$\int_{t_1}^{t_2} (F_2 + F_{21}) \, dt = m_2 v_2 - m_2 v_{20}$$

把上面两式相加,得

$$\int_{t_1}^{t_2} (\boldsymbol{F}_1 + \boldsymbol{F}_2)\, \mathrm{d}t + \int_{t_1}^{t_2} (\boldsymbol{F}_{12} + \boldsymbol{F}_{21})\, \mathrm{d}t = (m_1 \boldsymbol{v}_1 + m_2 \boldsymbol{v}_2) - (m_1 \boldsymbol{v}_{10} + m_2 \boldsymbol{v}_{20})$$

考虑牛顿第三定律 $\qquad\qquad\qquad \boldsymbol{F}_{12} = -\boldsymbol{F}_{21}$

得 $\qquad\qquad \int_{t_1}^{t_2} (\boldsymbol{F}_1 + \boldsymbol{F}_2)\, \mathrm{d}t = (m_1 \boldsymbol{v}_1 + m_2 \boldsymbol{v}_2) - (m_1 \boldsymbol{v}_{10} + m_2 \boldsymbol{v}_{20})$

作用在两质点组成的系统的合外力的冲量等于系统内两质点动量之和的增量,即系统动量的增量。

2. 推广:n 个质点的情况

$$\int_{t_1}^{t_2} \left(\sum_{i=1}^{n} \boldsymbol{F}_{i\text{外}} \right) \mathrm{d}t + \int_{t_1}^{t_2} \left(\sum_{i=1}^{n} \boldsymbol{F}_{i\text{内}} \right) \mathrm{d}t = \sum_{i=1}^{n} m_i \boldsymbol{v}_i - \sum_{i=1}^{n} m_i \boldsymbol{v}_{i0}$$

考虑到内力总是成对出现的,且大小相等,方向相反,故其矢量和必为零,即

$$\sum_{i=0}^{n} \boldsymbol{F}_{i\text{内}} = 0$$

设作用在系统上的合外力用 $\boldsymbol{F}_{\text{外力}}$ 表示,且系统的初动量和末动量分别用 $\boldsymbol{p}_0$ 和 $\boldsymbol{p}$ 表示,则

$$\int_{t_1}^{t_2} \boldsymbol{F}_{\text{外力}}\, \mathrm{d}t = \sum_{i=1}^{n} m_i \boldsymbol{v}_i - \sum_{i=1}^{n} m_i \boldsymbol{v}_{i0}$$

或 $\qquad\qquad\qquad\qquad \boldsymbol{I} = \boldsymbol{p} - \boldsymbol{p}_0 \qquad\qquad\qquad\qquad (3-14)$

即作用在系统的合外力的冲量等于系统动量的增量,这就是质点系的动量定理。

3. 分量形式

$$I_x = \boldsymbol{p}_x - \boldsymbol{p}_{x0} \qquad I_y = \boldsymbol{p}_y - \boldsymbol{p}_{y0} \qquad I_z = \boldsymbol{p}_z - \boldsymbol{p}_{z0} \qquad (3-15)$$

即某一方向作用于系统达到的所有外力的冲量的代数和等于在同一时间内该方向系统的动量的增量。

4. 无限小的时间间隔的质点系的动量定理

$$\boldsymbol{F}_{\text{外}}\, \mathrm{d}t = \mathrm{d}\boldsymbol{p}$$

作用于系统的合外力是作用于系统内每一质点的外力的矢量和。只有外力才对系统的动量变化有贡献,系统的内力是不能改变整个系统的动量的。

应用质点系动量定理来求解实际问题,通常有两种类型:

第一类　已知作用力和作用时间,求解始、末状态的速度或动量;

第二类　已知始、末状态,求冲量或作用力。

无论哪种类型,解题时都无需考虑具体的细节,我们只注重力对时间的积累作用及始、末状态的变化。解决此类问题的一般步骤为

(1) 明确研究对象(可取质点,也可取质点系);

(2) 对物体作受力分析(对系统只注重分析外力);

(3) 确定各力的冲量;

(4) 确定始、末态的动量;

(5) 建坐标系,由动量定理列方程;

(6) 计算结果,求解未知量。

例 3-6　如图所示,两块并排放置的木块 A、B,质量分别为 m_A、m_B,静止在光滑的水平面内。一子弹水平穿过两木块的时间分别为 Δt_1 和 Δt_2,子弹对木块的冲击力为恒力 $\boldsymbol{F}$。求子弹穿出后木块 A、B 的速度。

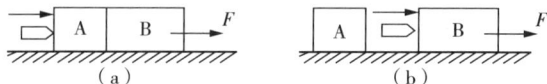

例 3-6 图

解: 取 A、B 木块为一个系统,在子弹穿过木块 A 的过程中,系统内 A、B 受到的合外力为 $\boldsymbol{F}$,如例 3-6(a) 图所示,由动量定理得

$$F\Delta t_1 = (m_A + m_B)v_1 - 0 \tag{1}$$

在子弹穿过木块 A 后,木块 B 受到的合外力为 $\boldsymbol{F}$,木块 A 不再受力,如题 3-6(b) 图所示。

因此,$v_A = v_1$,得

$$F\Delta t_2 = m_B v_2 - m_B v_1 \tag{2}$$

由式(1)、式(2)联立,解得

$$v_A = v_1 = \frac{F\Delta t_1}{m_A + m_B}$$

$$v_B = v_2 = \frac{F\Delta t_2}{m_B} + \frac{F\Delta t_1}{m_A + m_B}$$

表 3-1　动量定理与牛顿定律的关系

	牛顿定律	动量定理
力的效果	力的瞬时效果	力对时间的积累效果
关系	牛顿定律是动量定理的微分形式	动量定理是牛顿定律的积分形式
参考系	惯性系	惯性系
解题分析	必须研究质点在每时刻的运动情况	只需研究质点始末两状态的变化

§3-3　质点系动量守恒定律

动量守恒定律是最早发现的一条守恒定律,它起源于 16—17 世纪西欧的哲学家们对宇宙运动的哲学思考。

观察周围运动着的物体,我们看到它们中的大多数,例如跳动的皮球、飞行的子弹、走动的时钟、运转的机器,都会停下来。看来宇宙间运动的总量似乎在减少。整个宇宙是不是也像一架机器那样,总有一天会停下来呢? 但是,千百年来对大体运动的观测,并没有发现宇宙运动有减少的迹象。生活在 16—17 世纪的许多哲学家认为,宇宙间运动的总量是不会减少的,只要能找到一个合适的物理量来量度运动,就会看到运动的总量是守恒的。 这个合适的物理量到底是什么呢? 法国哲学家兼数学家、物理学家笛卡尔提出,质量和速率的乘积是一个合适的物理量。但是后来,荷兰数学家、物理学家惠更斯(1629—1695)在研究碰撞问题时发现:按照笛卡尔的定义,两个物体运动的总量在碰撞前后不一定守恒。牛顿在总结这些人工作的基础上,把笛卡尔的定义做了重要的修改,即不用质量和速率的乘积,而用质量和速度的乘积,这样就找到了量度运动的合适的物理量。牛顿把它叫作“运动量”,就是现在说的动量。1687 年,牛顿在他的《自然哲学的数学原理》一书中指出:某一方向的运动的总和减去相反方向的运动的总和所得的运动量,不因物体间的相互作用而发生变化;还指出了两个或两个以上相互作用的物体的共同重心的运动状态,也不因这些物体间的相互作用而改变,总是保持静止或做匀速直线运动。

近代的科学实验和理论分析都表明:在自然界中,大到天体间的相互作用,小到如质子、中子等基本粒子间的相互作用,都遵守动量守恒定律。因此,它是自然界中最重要、最普遍的客观规律之一,比牛顿运动定律的适用范围更广。

动量定理揭示了一个物体动量的变化的原因及量度,即物体动量如果发生变化,则它要受到外力并持续作用了一段时间,也即是说物体要受到冲量。但是,由于力作用的相互性,任何受到外力作用的物体将同时对施加该力作用的物体以反作用力,因此研究相互作用的物体系统的总动量的变化规律,是既普遍又有实际价值的重要课题。下面是探究物体系统总动量的变化规律的过程。

根据质心运动定律 $$\sum \boldsymbol{F}_i = m \boldsymbol{a}_c$$

若系统受到的合外力为零,即

$$\sum \boldsymbol{F}_i = 0$$

则
$$\boldsymbol{a}_C = 0, \boldsymbol{v}_C = 常矢量$$

因为
$$\boldsymbol{v}_C = \frac{\sum m_i \boldsymbol{v}_i}{\sum m_i} = 常矢量$$

得
$$\sum m_i \boldsymbol{v}_i = 常矢量 \tag{3-16}$$

如果系统所受的外力之和为零,则系统的总动量保持不变,这个结论叫**动量守恒定律**。

动量守恒定律的方程是矢量式,把它向坐标轴上投影,得到分量式

$$p_x = \sum m_i v_{ix} = 常量 \quad (当 \sum F_{ix} = 0 \text{ 时})$$

$$p_y = \sum m_i v_{iy} = 常量 \quad (当 \sum F_{iy} = 0 \text{ 时}) \tag{3-17}$$

$$p_z = \sum m_i v_{iz} = 常量 \quad (当 \sum F_{iz} = 0 \text{ 时})$$

应用动量守恒定律需注意以下几个问题:

(1)在动量守恒定律中,系统的总动量不变,是指系统内各物体动量的矢量和不变,而不是指其中某一个物体的动量不变。

(2)系统动量守恒的条件是合外力为零。但在外力比内力小得多的情况下,外力对质点系的总动量变化影响甚小,这时可以认为近似满足守恒条件。如碰撞、打击、爆炸等问题,因为参与碰撞的物体的相互作用时间很短,相互作用内力很大,而一般的外力(如空气阻力、摩擦力或重力)与内力比较可忽略不计,所以可认为物体系统的总动量守恒。

(3)如果系统所受外力的矢量和并不为零,但合外力在某个坐标轴上的分量为零,那么,系统的总动量虽不守恒,但在该坐标轴的分动量则是守恒的。这对处理某些问题是很有用的。

(4)动量守恒定律是物理学最普遍、最基本的定律之一。但由于是用牛顿运动定律导出动量守恒定律的,所以它只适用于惯性系。

(5)虽然动量守恒定律是由牛顿运动定律导出的,但它并不依靠牛顿运动定律。动量的概念不仅适用于以速度v运动的质点或粒子,而且也适用于电磁场,只是对于后者,其动量不再能用mv这样的形式表示。大量实验证明,动量守恒定律除了对可以用作用力和反作用力描述其相互作用的质点系所发生的过程适用,当系统内部的相互作用不能用力的概念描述的过程,如光子和电子的碰撞,光子转化为电子,电子转化为光子等过程,一样适用。因此,只要系统不受外界影响,动量都

是守恒的。动量守恒定律是物理学中最基本的普适原理之一。

利用动量守恒定律解题的基本步骤是:首先按问题的要求与计算方便选好系统,分析要研究的物理过程;然后对系统进行受力分析,判断守恒条件,确定系统的初动量与末动量;建立坐标系,列方程求解未知量(解析法),也可以作矢量图,根据几何关系求解未知量(几何法);最后必要时进行讨论。

例 3-7　如图所示,设炮车以仰角 θ 发射 一炮弹,炮车和炮弹的质量分别为 m' 和 m,炮弹相对于炮身的速度为 v,求炮车的反冲速度 v'。炮车与地面间的摩擦力不计。

(a)

(b)

例 3-7 图

解: 选取炮车和炮弹组成系统分析内、外力,炮车与地面间的摩擦力不计,系统水平方向动量守恒。

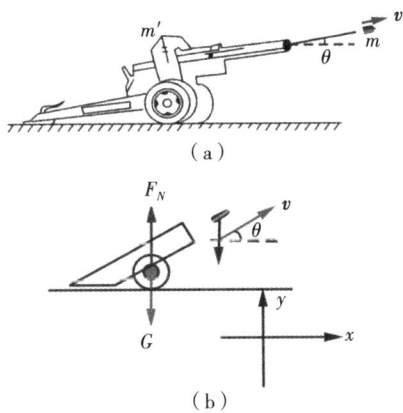

$$-m'v' + m(v\cos\theta - v') = 0$$

得炮车的反冲速度为

$$v' = \frac{m}{m+m'}v\cos\theta$$

请同学们思考一个问题,系统竖直方向动量是否守恒?

例 3-8　水平光滑铁轨上有一车,长度为 l,质量为 m_2,车的一端有一人(包括所骑自行车),质量为 m_1,人和车原来都静止不动。当人从车的一端走到另一端时,人、车各移动了多少距离?

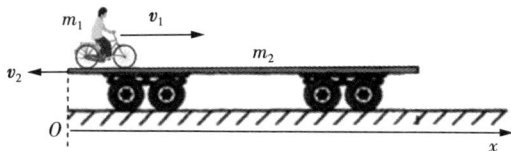

例 3-8 图

解: 以人、车为系统,在水平方向上不受外力作用,动量守恒。建立如图所示的坐标系,列方程

$$m_1 v_1 - m_2 v_2 = 0$$

得
$$v_2 = \frac{m_1 v_1}{m_2}$$

根据速度合成定理,可以求出人相对于车的速度 $u = v_1 + v_2 = \frac{(m_1 + m_2)v_1}{m_2}$

设人在时间 t 内从车的一端走到另一端,则有

$$l = \int_0^t u \, \mathrm{d}t = \int_0^t \frac{m_1 + m_2}{m_2} v_1 \, \mathrm{d}t = \frac{m_1 + m_2}{m_2} \int_0^t v_1 \, \mathrm{d}t$$

在这段时间内人相对于地面的位移为

$$x_1 = \int_0^t v_1 \, \mathrm{d}t = \frac{m_2}{m_1 + m_2} l$$

小车相对于地面的位移为

$$x_2 = -l + x_1 = -\frac{m_1}{m_1 + m_2} l$$

例 3-9 如图所示,一个静止物体炸成同一平面内三块,其中两块质量相等,且以相同速度 30m/s 沿相互垂直的方向飞开,第三块的质量恰好等于这两块质量的总和。试求第三块的速度。

解:炸裂时爆炸力是物体内力,它远大于重力,故在爆炸中,可认为动量守恒。

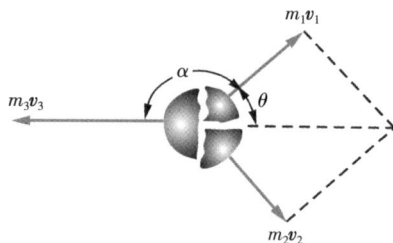

例 3-9 图

$$m_1 \boldsymbol{v}_1 + m_2 \boldsymbol{v}_2 + m_3 \boldsymbol{v}_3 = 0$$

$$-m_3 \boldsymbol{v}_3 = m_1 \boldsymbol{v}_1 + m_2 \boldsymbol{v}_2$$

$$(m_3 v_3)^2 = (m_1 v_1)^2 + (m_2 v_2)^2$$

$$\because m_1 = m_2 = \frac{m_3}{2}$$

$$\therefore v_3 = 21.21 \mathrm{m/s}$$

$$\theta = 45°$$

得
$$\alpha = 180° - \theta = 135°$$

即 $\boldsymbol{v}_3$ 与 $\boldsymbol{v}_1$ 成 $135°$,且在同一平面内。

* 火箭飞行

我国是发明火箭最早的国家,中国古代火药的发明与使用,为火箭的发明创造了条件。北宋后期,民间流行的可升空的"流星"(后称"起火"),就利用了火药燃气的反作用力。按其工作原理,"流星"一类的烟火就是世界上最早用于观赏的火箭。南宋时期,不迟于12世纪中叶出现了军用火箭。到了明代初年,军用火箭已经相当完善并被用了战场,称为"军中利器"。明初时期的兵书《火龙神器阵法》和明代晚期的兵书《武备志》等有关文献,都详细记载了中国古代火箭的制作和使用情况,仅《武备志》就记载了20多种火药火箭,其中"火龙出水"火箭已是二级火箭的雏形。

火箭在飞行时,不断喷出大量速度很高的气体,使火箭在飞行方向上获得很大的动量。火箭在外层高空飞行时,空气阻力和重力的影响都可以忽略不计。下面我们使用动量守恒定律来分析它在高空任一时刻所获得的速度。

如图 3-6 所示,设 t 时刻,火箭质量为 m,速度为 v(向上),在 dt 内,喷出气体 dm,喷气相对火箭的速度(称喷气速度)为 u(向下),使火箭的速度增加了 dv。不计重力和其他外力,由动量守恒定律可得

$$m\boldsymbol{v} = (m + dm)(\boldsymbol{v} + d\boldsymbol{v}) + (-dm)(\boldsymbol{v} - u)$$

略去二阶小量,得

图 3-6　火箭飞行

$$dv = -u\frac{dm}{m}$$

设 u 是一常量,将上式积分

$$\int_{v_1}^{v_2} dv = \int_{m_1}^{m_2} -u\frac{dm}{m}$$

得

$$v_2 - v_1 = u\ln\frac{m_1}{m_2}$$

设火箭开始飞行的速度为零,质量为 m_0,燃料烧尽时,火箭剩下的质量为 m,此时火箭能达到的速度是

$$v = \int_{m_0}^{m} -u\frac{dm}{m} = u\ln\frac{m_0}{m} \tag{3-18}$$

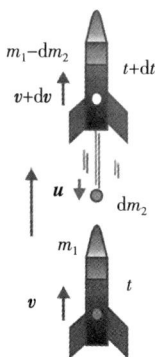

其中 $\dfrac{m_0}{m}$ 称为火箭的质量比。由式(3-18)可知,要提高火箭的速度,可采用提高喷气速度和质量比的方法。但这两种方法目前在技术上都有困难,所以一般采用多级火箭来提高速度。如图3-7所示。

设火箭每级燃料烧完后获得的速度分别为 v_1、v_2,…,v_n,第 i 级火箭质量比为 N_i

$$v_1 = u_1 \ln N_1$$

$$v_2 - v_1 = u_2 \ln N_2$$

$$v_3 - v_2 = u_3 \ln N_3$$

$$\cdots\cdots$$

最终速度:
$$v_n = \sum_{i=1}^{n} u_i \ln N_i$$

第三级

第二级

第一级

图 3-7 多级火箭

本章小结

本章在上一章的基础上深入地揭示了运动的本质和运动的内在规律,研究了作用在物体上的力在时间上的累积效应,介绍了质点动量定理、质点系动量定理、质点系动量守恒定律和质心运动定理等质点运动学定理定律,还引入了动量、冲量等新的物理量,现简要总结本章的基本知识。

1. 动量

$$\boldsymbol{p} = m\boldsymbol{v}$$

2. 冲量

$$\boldsymbol{I} = \int_{t_0}^{t} \boldsymbol{F} \mathrm{d}t$$

当力为常矢量时
$$\boldsymbol{I} = \boldsymbol{F}(t - t_0)$$

3. 质点动量定理

$$\boldsymbol{I} = \boldsymbol{p}_2 - \boldsymbol{p}_1$$

4. 质点系的动量定理

$$\int_{t_0}^{t} \sum_{i=1}^{n} \boldsymbol{f}_{i\text{外}} \mathrm{d}t = \sum_{i=1}^{n} \boldsymbol{p}_i - \sum_{i=1}^{n} \boldsymbol{p}_{i0}$$

5. 质心运动定理

$$ma_C = \sum_{i=1}^{n} m_i a_i = \sum_{i=1}^{n} F_{i外}$$

6. 质点系的动量守恒定律

对于孤立系统(不受外力作用的系统)或合外力为零的系统,系统内部的各质点间动量可以交换,但整个系统的总动量保持不变。

思 考 题

3-1　冲量的方向是否与作用力的方向相同?

3-2　用锤压钉,很难把钉压入木板,如用锤击钉,钉就很容易进入木板,这是为什么?

3-3　有两只船与堤岸的距离相同,为什么人从小船跳上岸比较难,而从大船跳上岸却比较容易?

习　　题

一、选择题

3-1　在下列各种运动中,不满足任何相等时间间隔内物体动量的增量一定相同的是(　　)。

(A) 匀加速直线运动　　　　　　　　(B) 平抛运动

(C) 匀减速直线运动　　　　　　　　(D) 匀速圆周运动

3-2　在物体运动过程中,下列说法不正确的有(　　)。

(A) 动量不变的运动,一定是匀速运动

(B) 动量大小不变的运动,可能是变速运动

(C) 如果在任何相等时间内物体所受的冲量相等(不为零),那么该物体的加速度为常矢量

(D) 冲量的方向和物体运动加速度的方向一定相同

3-3　在距地面高为 h,同时以相等初速 v_0 分别平抛,竖直上抛,竖直下抛一质量相等的物体 m,当它们从抛出到落地时,比较它们的动量的增量 Δp,有(　　)。

(A) 平抛过程较大　　　　　　　　　(B) 竖直上抛过程较大

(C) 竖直下抛过程较大　　　　　　　(D) 三者一样大

3-4　关于物体所受的合外力与其动量之间的关系,叙述正确的是(　　)。

(A) 物体所受的合外力与物体的初动量成正比

(B) 物体所受的合外力与物体的末动量成正比

(C) 物体所受的合外力与物体动量变化量成正比

(D) 物体所受的合外力与物体动量对时间的变化率成正比

3-5　质量为 m 的物体以 v 的初速度竖直向上抛出,经时间 t,达到最高点,速度变为 0,以竖直向上为正方向,在这个过程中,物体的动量变化量和重力的冲量分别是(　　)。

(A) $-mv$ 和 $-mgt$　　　　　　　　(B) mv 和 mgt

(C) mv 和 $-mgt$　　　　　　　　(D) $-mv$ 和 mgt

3-6　质量为 1kg 的小球从高 20m 处自由下落到软垫上,反弹后上升的最大高度为 5m,小球接触软垫的时间为 1s,在接触时间内,小球受到的合力大小(空气阻力不计,$g = 10\text{m/s}^2$)为(　　)。

(A)10N　　　　　　　　　　(B)20N

(C)30N　　　　　　　　　　(D)40N

二、填空题

3-7　用 8N 的力推动一个物体,力的作用时间是 5s,则力的冲量为＿＿＿＿。若物体仍处于静止状态,此力在这段时间内冲量大小为＿＿＿＿,合力的冲量大小为＿＿＿＿。

3-8　一个原来静止在光滑水平面上的物体,突然裂成三块,以相同的速率沿三个方向在水平面上运动,各方向之间的夹角如图所示,则三块物体的质量之比 $m_1 : m_2 : m_3 = $＿＿＿＿。

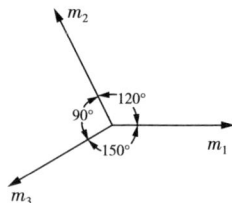

3-9　质量为 m 的小球,在合外力 $F = -kx$ 作用下运动,已知 $x = A\cos\omega t$,其中 k, ω, A 为正的常量,则在 $t = 0$ 到 $t = \dfrac{\pi}{2\omega}$ 时间内小球动量的增量为＿＿＿＿。

习题 3-8 图

3-10　质量为 $M = 2.0\text{kg}$ 的物体(不考虑体积),用一根长为 $l = 1.0\text{m}$ 的细绳悬挂在天花板上。今有一质量为 $m = 20\text{g}$ 的子弹以 $v_0 = 600\text{m/s}$ 的水平速率射穿物体。刚射出物体时子弹的速度大小 $v = 30\text{m/s}$,设穿透时间极短。求子弹刚穿出时绳中张力的大小＿＿＿＿。

三、判断题

3-11　物体的动量改变,一定是速度大小改变了。(　　)

3-12　物体做匀速圆周运动时,动量不变。(　　)

3-13　物体的质心一定在物体上。(　　)

3-14　物体 A 被放在斜面 B 上,把 A、B 看成一个系统,若 B 和地面之间无摩擦,而 A、B 之间有摩擦力,则系统的动量不守恒。(　　)

3-15　动量定理和动量守恒定律也可用于分析变质量物体的运动。(　　)

四、计算题

3-16　安全带可以保护高空作业者不慎跌落时的安全。如果一个人质量为 50kg,从空中跌落了 2m 时安全带起作用,若安全带弹性缓冲作用时间为 0.5s,求安全带对人的平均冲力。

3-17　一个做斜抛运动的炮弹,在最高点炸裂为质量相同的 A、B 两块。最高点离地面为 19.6m,爆炸 1s 后,A 块落到爆炸点正下方的地面上,此处距抛出点的水平距离为 100m,问 B 块落在距抛出点多远的地面上。(不计空气阻力)

3-18　如图所示,质量为 m、速度为 v 的钢球射向质量为 M 的靶,靶中心有一小孔,内有劲度系数为 k 的弹簧,此靶最初处于静止状态,但可在水平面上做无摩擦滑动。求子弹射入靶内弹簧后,子弹和靶共同运动的速度。

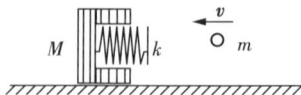

习题 3-18 图

3-19　长为 $2a$ 的小船其质心在船的中心位置上,质量为 M。船上站有一质量为 m 的人,开始时,人站在船的 A 端,且人与船都是静止的,后来人向船的另一端 B 端走去,如图所示。求:当人走到 B 端时船的位移量。(假设水对船的阻力可以不计)

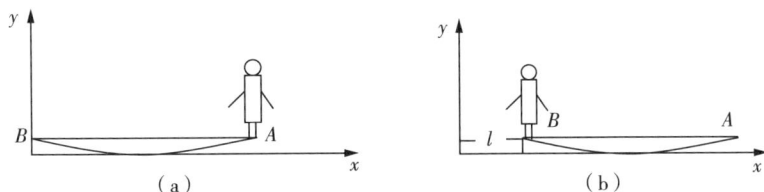

习题 3-19 图

3-20　质量为 m 的小球 A 以速度 v_0 冲击质量相同的静止在光滑水平面上的球 B,碰后球 A 运动方向与原来运动方向成 α 角;球 B 获得的速度与球 A 原运动方向成 β 角,如图所示。问:碰撞后 A 球和 B 球的速率各是多少?

3-21　在空中斜向抛出一物体,在最高点炸裂成两块,质量分别为 m_1 和 m_2,它们的速度都在水平方向上。m_1 沿原轨道返回抛射点,m_2 落地点的水平距离却是未炸裂时应有距离的 2 倍,求 $\dfrac{m_1}{m_2}$ 的比值。

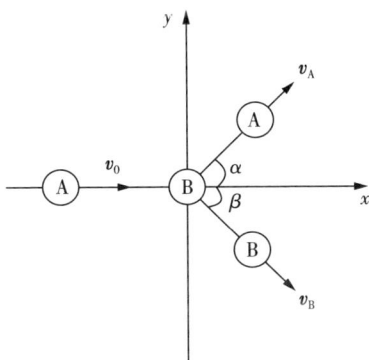

习题 3-20 图

3-22　如图所示,某同学在其前方 8m 处看见一辆静止的滑板,他决定尽快跑上前去跳上滑板在路上滑动。该同学的质量是 75kg,滑板质量 25kg,如果他的加速度恒为 $1.0\ \mathrm{m/s^2}$,那么当他跳上滑板后滑板的速度是多少?

习题 3-22 图

第三章思考题习题详解

  三峡大坝位于我国湖北省宜昌市三斗坪镇境内,距下游葛洲坝水利枢纽工程38km,是当今世界最大的水力发电工程,全长约2335m,坝高185m,工程总投资为954.6亿元人民币,于1994年12月14日正式动工修建,2006年5月20日全线修建成功。

  2018年三峡电站一年累计生产1000亿千瓦时绿色电能,创国内单座水电站年发电量新纪录,为维护长江安全、促进长江经济带发展发挥了基础保障作用。

  三峡大坝为什么能产生如此多的能量呢?答案就在本章中。

第四章　　功和能　　机械能守恒定律

第三章我们研究了力的时间积累作用规律,推导了动量定理,分析了动量守恒定律。本章我们将研究力的空间积累作用规律,推导动能定理,分析能量守恒定律、机械能守恒定律。

§4-1　功　　质点动能定理

一、功

1. 恒力在直线运动中所做的功

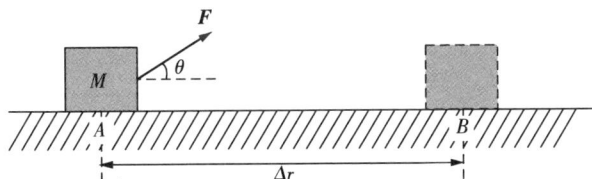

图 4-1　恒力做功图

质点 M 在恒力 F 的作用下沿直线运动,如图 4-1 所示。

质点 M 从 A 运动到 B 处,恒力 F 作用点的位移为 Δr,恒力 F 与位移之间的夹角为 θ,则 F 对质点所做的功 A 定义为

$$A = F\Delta r\cos\theta \qquad (4-1)$$

即力在位移方向上的投影与位移大小的乘积。

根据矢量标积的定义,式(4-1)可以改写为

$$A = F\Delta r\cos\theta = \boldsymbol{F} \cdot \Delta \boldsymbol{r} \qquad (4-2)$$

即作用在沿直线运动质点上的恒力 F,若力的作用点发生的位移为 Δr,则 F 对质点所做的功等于力 F 和位移 Δr 的标积。

通过式（4-2）可以看出，功是标量，只有大小没有方向，但是有正负之分。当 $A>0$，力对物体做正功；当 $A=0$，力对物体不做功；当 $A<0$，力对物体做负功。

2. 变力在曲线运动中所做功

设变力 $\boldsymbol{F}$ 作用在质点 M 上，使 M 做曲线运动，其中一段运动轨迹如图 4-2 所示，显然由于质点所受力为变力且作用点的运动轨迹是曲线，式（4-2）不能直接使用。对此需要采用微积分的思想和方法，给出质点沿任意曲线运动过程中变力做的功。

根据微积分思想，我们将曲线 ab 分割成 N 段微小的路程 Δs_i，其中 $i=1,2,\cdots$，N。当取 $N\to\infty$，Δs_i 足够小，每一小段的路程可近似看成直线，同时由于路程足够小，在这一小段路程上，力 $\boldsymbol{F}_i$ 的大小和方向可以近似看作不变，所以在这一小段路程中，可以看成是质点做直线运动下的恒定力做功。根据上述恒力在直线运动下功的定义，力 $\boldsymbol{F}_i$ 在 Δs_i 上的功可近似的写成

$$\Delta A_i = F_i \mid \Delta s_i \mid \cos\theta_i \qquad (4-3)$$

其中 θ_i 为 $\boldsymbol{F}_i$ 与 Δs_i 的夹角。
当 $N\to\infty$，$\Delta s_i\to 0$，式（4-3）变成

$$dA = F \mid ds \mid \cos\theta = F \mid dr \mid \cos\theta \quad (4-4)$$

即

$$dA = \boldsymbol{F}\cdot d\boldsymbol{r} \qquad (4-5)$$

力 $\boldsymbol{F}$ 在整个路程上的功等于力在路程上各段的元功之和，即

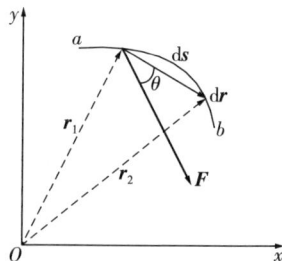

图 4-2 变力做功图

$$A = \int_{a(L)}^{b} F\cos\theta ds \quad \text{或} \quad A = \int_{a(L)}^{b} \boldsymbol{F}\cdot d\boldsymbol{r} \qquad (4-6)$$

在直角坐标系中，$\boldsymbol{F}$ 和 $d\boldsymbol{r}$ 可以分别写成

$$\boldsymbol{F} = F_x\boldsymbol{i} + F_y\boldsymbol{j} + F_z\boldsymbol{k} \qquad (4-7)$$

$$d\boldsymbol{r} = dx\boldsymbol{i} + dy\boldsymbol{j} + dz\boldsymbol{k} \qquad (4-8)$$

由于 $\boldsymbol{i}\cdot\boldsymbol{i}=\boldsymbol{j}\cdot\boldsymbol{j}=\boldsymbol{k}\cdot\boldsymbol{k}=1\times1\times\cos0°=1$ 以及 $\boldsymbol{i}\cdot\boldsymbol{j}=\boldsymbol{i}\cdot\boldsymbol{k}=\boldsymbol{j}\cdot\boldsymbol{k}=1\times1\times\cos90°=0$

$$dA = F_x dx + F_y dy + F_z dz$$

$$A = \int_{a(L)}^{b} (F_x dx + F_y dy + F_z dz) \qquad (4-9)$$

在自然坐标系中

$$\boldsymbol{F} = F_t\boldsymbol{e}_t + F_n\boldsymbol{e}_n \qquad (4-10)$$

$$\mathrm{d}\boldsymbol{r} = \mathrm{d}s\boldsymbol{e}_t$$

故

$$A = \int_{a(L)}^{b} F_t\mathrm{d}s \qquad (4-11)$$

例 4 - 1　一超市销售员拖着一箱饮料沿一弯曲道路行走。一箱饮料质量为 12kg。它与地面的滑动摩擦系数 $\mu_k=0.2$，求销售员行走 500m 的路程中，路面摩擦力对饮料箱所做的功。

解：在饮料箱运动过程中，其受到的摩擦力大小恒定不变，运动为曲线，所以需要采用变力做功对其进行计算。饮料箱移动任一元位移 $\mathrm{d}\boldsymbol{r}$ 的过程中，其所受摩擦力大小为

$$f = \mu_k mg$$

由于滑动摩擦力的方向总与位移 $\mathrm{d}\boldsymbol{r}$ 的方向相反，所以相应的元功应为

$$\mathrm{d}A = \boldsymbol{f} \cdot \mathrm{d}\boldsymbol{r} = f\mathrm{d}r\cos\theta = -f\mathrm{d}r$$

以 $\mathrm{d}s = \mathrm{d}r$ 表示元位移的大小，则饮料箱从 A 移到 B 的过程中，摩擦力对它做的功就是

$$A = \int_{(A)}^{(B)}\mathrm{d}A = \int_{(A)}^{(B)} -f\mathrm{d}s = -\mu_k mg \int_{(A)}^{(B)}\mathrm{d}s = -\mu_k mgs$$

代入数值计算可得

$$A = -\mu_k mgs = -1.176 \times 10^4 (\mathrm{J})$$

此结果中的负号表示滑动摩擦力对饮料箱做了负功。

例 4 - 2　设作用在质量为 2kg 的物体上的力 $F = 6t(\mathrm{N})$，且沿运动方向。如果物体由静止出发沿直线运动，求：(1) 在前两秒内，此力做多少功？(2) 若物体沿直线移动了 4m，此力做多少功？

解：由牛顿第二定律 $F = ma = m\dfrac{\mathrm{d}v}{\mathrm{d}t}$ 代入数据可得

$$\frac{\mathrm{d}v}{\mathrm{d}t} = \frac{F}{m} = 3t$$

积分得

$$v = \int_0^v \mathrm{d}v = \int_0^t 3t\mathrm{d}t = \frac{3}{2}t^2$$

由 $\mathrm{d}x = v\mathrm{d}t$ 可得 $\mathrm{d}x = 3t^2\mathrm{d}t/2$，由此可得元功 $\mathrm{d}A = F\mathrm{d}x = 9t^3\mathrm{d}t$，对上式积分，可得在前两秒内该力做功为

$$A = \int \mathrm{d}A = \int_0^2 9t^3\,\mathrm{d}t = 36(\mathrm{J})$$

(2) 由 $v = \dfrac{3}{2}t^2$ 积分可得

$$x = \int_0^t v\mathrm{d}t = \frac{3}{2}\int_0^t t^2\,\mathrm{d}t = \frac{1}{2}t^3$$

若物体沿直线移动了 4m，将 $x = 4\mathrm{m}$ 代入上式可得物体的运动时间 $t = 2\mathrm{s}$，根据变力做功公式可得 $\boldsymbol{F}$ 做功

$$A = \int \mathrm{d}A = \int F\mathrm{d}x = \int_0^2 6t\mathrm{d}x = \int_0^2 6t\,\frac{3t^2}{2}\mathrm{d}t = 36(\mathrm{J})$$

或反解 $x = \displaystyle\int_0^t v\mathrm{d}t = \frac{3}{2}\int_0^t t^2\,\mathrm{d}t = \frac{1}{2}t^3$，可得 $t = (2x)^{1/3}$，代入 $F = 6t$ 可得 $F = 6(2x)^{1/3}$。若物体沿直线移动了 4m，力 $\boldsymbol{F}$ 做功为

$$A = \int \mathrm{d}A = \int_0^4 F\mathrm{d}x = 6\int_0^4 (2x)^{1/3}\,\mathrm{d}x = 36(\mathrm{J})$$

二、质点动能定理

当力对质点做功时，质点的动能将发生变化。一质量为 m 的质点在合外力 $\boldsymbol{F}$ 作用下，从点 a 沿曲线运动到点 b，速度大小由 v_1 变化为 v_2。根据牛顿第二定律有

$$A = \int_a^b \boldsymbol{F} \cdot \mathrm{d}\boldsymbol{r} \tag{4-12}$$

在自然坐标系下

$$A = \int_a^b \boldsymbol{F} \cdot \mathrm{d}\boldsymbol{r} = \int_a^b F_t\mathrm{d}s = \int_a^b ma_t\mathrm{d}s \tag{4-13}$$

又质点的切向加速度 $a_t = \dfrac{\mathrm{d}v}{\mathrm{d}t}$，故

$$A = \int_a^b \boldsymbol{F} \cdot \mathrm{d}\boldsymbol{r} = \int_a^b m\,\frac{\mathrm{d}v}{\mathrm{d}t}\mathrm{d}s \tag{4-14}$$

又 $\dfrac{\mathrm{d}s}{\mathrm{d}t} = v$ 故有

$$A = \int_a^b \boldsymbol{F} \cdot \mathrm{d}\boldsymbol{r} = \int_a^b mv\mathrm{d}v = \frac{1}{2}mv_b{}^2 - \frac{1}{2}mv_a{}^2 \qquad (4-15)$$

上式表明,外力对质点做功等于初末状态 $\frac{1}{2}mv^2$ 的增量。$\frac{1}{2}mv^2$ 与质点的运动状态有关,定义 $\frac{1}{2}mv^2$ 为质点的动能,用 E_k 表示。因此式(4-15)可表示为

$$A = E_{kb} - E_{ka} \qquad (4-16)$$

上式表明,作用在质点上的合力在某一路程中对质点所做的功,等于质点在同一路程的始末状态的动能的增加量。这个结论叫**质点的动能定理**。当合力做正功时($A > 0$),质点动能增加;反之,当合力做负功时($A < 0$),质点动能减少。

质点的动能定理说明了作用在质点上的合力对质点所做的功在量值上等于物体动能的增量,也就是说功是动能改变的量度。尽管其在量值上相等,但其具有不同的物理意义,功反映的是力的空间积累效应,与力作用下的质点位移过程相关联,是过程量,即在求解过程中需要知道整个过程中质点所受力的情况。动能则是由质点的运动状态决定的,是状态量。

质点的动能定理建立起功这一过程量与动能这一状态量之间的代数关系,计作用于质点的合力对质点所做的功计算更加便捷,即只要知道质点在始、末状态的动能,就能计算出该过程合外力对质点所做的功,而无须知道整个过程中质点的受力和运动细节。

例 4-3　质量为 $2 \times 10^{-3} \mathrm{kg}$ 的子弹,在枪筒中前进时受到的合力为 $F = 400 - \frac{8000}{9}x$,$F$ 的单位是 N,x 的单位是 m,枪筒的长度 $l = 0.45\mathrm{m}$,试求子弹在枪口的速度。

解:子弹在枪筒内受到合力作用后,从静止加速运动,直到脱离枪口,该过程中合力做功为

$$A = \int_0^l F\mathrm{d}x = \int_0^l \left(400 - \frac{8000}{9}x\right)\mathrm{d}x = 90(\mathrm{J})$$

在此过程中,子弹获得的动能增量为

$$\Delta E = \frac{1}{2}mv^2 - 0 = \frac{1}{2}mv^2$$

依据动能定理,合力做的功等于子弹动能的增量,可得

$$A = \Delta E = \frac{1}{2}mv^2 = 90(\mathrm{J})$$

解得
$$v = 300(\text{m/s})$$

例 4 - 4 以 30m/s 的速率将一石块扔到一冰面上,若石块与冰面间的滑动摩擦系数为 $\mu = 0.05$,则它能向前滑行多远?

解:以 m 表示石块的质量,则它在冰面上滑行时受到的摩擦力为 $f = \mu m g$。以 s 表示石块能滑行的距离,则滑行时摩擦力对它做的总功为 $A = \boldsymbol{f} \cdot \boldsymbol{s} = -fs = -\mu m g s$。已知石块的初速率为 $v_A = 30\text{m/s}$,而末速率为 $v_B = 0$,而且在石块滑动时只有摩擦力对它做功,所以根据动能定理可得

$$-\mu m g s = 0 - \frac{1}{2} m v_A^2$$

由此得

$$s = \frac{v_A^2}{2\mu g} = 918(\text{m})$$

§4 - 2   保守力和势能

一、保守力

在对各种力进行实际计算过程中,发现有一类力做功的大小只与物体的始末位置有关,而与物体所经历的路径无关,这类力称为**保守力**。如常见的重力、万有引力、弹性力都是保守力。

1. 重力做功

设一质量为 m 的质点沿任意路径由 A 点运动到 B 点,如图 4-3 所示,若以地面附近任一确定点为坐标原点 O,竖直向上为 z 轴正方向,则在此过程重力所做的功为

$$\mathrm{d}A = \boldsymbol{G} \cdot \mathrm{d}\boldsymbol{r} = -mg\boldsymbol{k} \cdot (\mathrm{d}x\boldsymbol{i} + \mathrm{d}y\boldsymbol{j} + \mathrm{d}z\boldsymbol{k}) = -mg\mathrm{d}z \qquad (4-17)$$

$$A = \int \mathrm{d}A = \int_{z_1}^{z_2} -mg\mathrm{d}z = mgz_1 - mgz_2 \qquad (4-18)$$

由此可以看出重力对质点所做的功,只依赖于其始末位置,而与质点所经过的路径无关。

例 4-5 一滑雪运动员质量为 m,沿滑雪道从 A 点滑到 B 点的过程中,重力对他做了多少功?

解:根据变力做功,在运动员下降过程中,重力对他做的功为

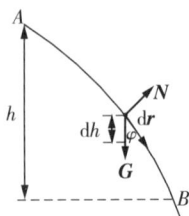

图 4 - 3   重力做功

$$A = \int \mathrm{d}A = \int_{(A)}^{(B)} \boldsymbol{G} \cdot \mathrm{d}\boldsymbol{r}$$

由图 4-3 可知,

$$\boldsymbol{G} \cdot \mathrm{d}\boldsymbol{r} = mg\,\mathrm{d}r\cos\varphi = -mg\,\mathrm{d}h$$

其中 $\mathrm{d}h$ 为与 $\mathrm{d}r$ 相应的运动员下降的高度。用 h_A 和 h_B 分别表示运动员起始和终点的高度,则重力做功为

$$A = \int_{(A)}^{(B)} \boldsymbol{G} \cdot \mathrm{d}\boldsymbol{r} = -mg \int_{(A)}^{(B)} \mathrm{d}h = mg(h_A - h_B)$$

此式表示重力所做的功只和运动员下滑过程的始末位置(以高度表示)有关,而与下滑过程经过的具体路径无关。

2. 弹力做功

设一劲度系数为 k 的弹簧,放置在光滑平面上,令弹簧一端固定,另一端与一质量为 m 的物体相连接,如图 4-4 所示,弹簧未伸长时,物体位于 O 点,这个位置叫作平衡位置。设 x_a 和 x_b 分别表示物体在 a、b 两点时距离 O 点的距离。当物体从 a 点运动到 b 点,由于弹簧弹力的大小在不断变化,所以弹簧弹力所做的功为

$$A = \int_{x_a}^{x_b} F\,\mathrm{d}x = \int_{x_a}^{x_b} (-kx)\,\mathrm{d}x = \frac{1}{2}kx_a^2 - \frac{1}{2}kx_b^2 \tag{4-19}$$

由此可见,弹性力所做的功只与弹簧始末位置有关,而与弹性形变的过程无关。

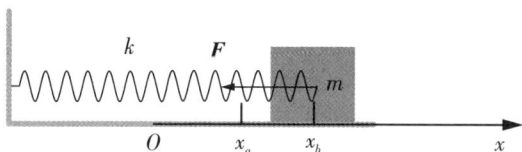

图 4-4　弹力做功

3. 万有引力做功

如图 4-5 所示,有两个质量为 M 和 m 的质点,其中质点 M 固定不动,m 沿任意路径从点 a 运动到点 b。如取 M 的位置为坐标原点,a、b 两点对坐标原点的距离分别为 r_a、r_b。设在某一时刻质点 m 距 M 的距离为 r,这时质点 m 受到 M 的万有引力为

$$\boldsymbol{F} = -G\frac{Mm}{r^2}\boldsymbol{e}_r \tag{4-20}$$

式中 $\boldsymbol{e}_r$ 为沿位矢 $\boldsymbol{r}$ 的单位矢量,当 m 沿路径移动位移元 $\mathrm{d}\boldsymbol{r}$ 时,万有引力做的元功为

$$dA = \boldsymbol{F} \cdot d\boldsymbol{r} = G\frac{Mm}{r^2}\cos\alpha \mid d\boldsymbol{r} \mid \qquad (4-21)$$

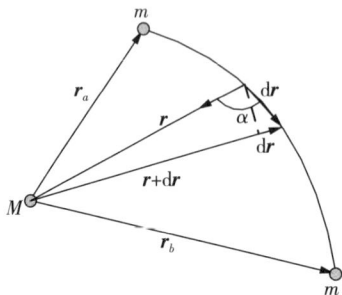

图 4-5　万有引力做功

由图中几何关系可知

$$\mid d\boldsymbol{r} \mid \cos\alpha = -\mid d\boldsymbol{r} \mid \cos(\pi - \alpha) = -dr$$

所以式(4-21)变为

$$dA = -G\frac{Mm}{r^2}dr$$

质点 m 从 a 运动到 b 的过程中,万有引力做的功为

$$A = \int_{r_a}^{r_b} dA = \int_{r_a}^{r_b} -G\frac{Mm}{r^2}dr = -GMm\left(\frac{1}{r_a} - \frac{1}{r_b}\right) \qquad (4-22)$$

上式表明,当质点的质量 m 和 M 给定时,万有引力做的功只与质点 m 的起始和终了位置有关,而与所经过的路径无关。

通过对重力、弹力、万有引力做功计算分析可知,这些力所做的功都只决定于做功过程系统的始末位置或形状,而与过程的具体形式或路径无关。这种做功与路径无关,只决定于系统的始末位置的力称为**保守力**。

保守力有另一个等价定义:如果力作用在物体上,当物体沿闭合路径移动一周时,力做的功为零,这样的力就称为保守力。其数学表达式为

$$\oint_L \boldsymbol{F} \cdot d\boldsymbol{r} = 0 \qquad (4-23)$$

二、势能

在保守力场中仅有保守力做功的情况下,质点从点 a 沿任意路径到达点 b 时,其动能将发生特定的变化。考虑到保守力做功仅与物体的始末位置有关,而与中

间路径无关,即该改变量仅与物体的位置变化有关,因此从另一种观点来看,也可以认为质点在保守力场中与位置改变相伴随的动能的增减,表明在保守力场中的各点都蕴藏着一种能量。这种蕴藏在保守力场中与位置有关的能量称为**势能**,用 E_p 来表示,即

$$A = \int_a^b \boldsymbol{F} \cdot \mathrm{d}\boldsymbol{r} = -(E_{P_b} - E_{P_a}) \tag{4-24}$$

选取一参考点 b,并令 b 点的势能等于零,把 b 点称为零势能点,则

$$E_{P_a} = \int_a^{b(\text{势能零点})} \boldsymbol{F} \cdot \mathrm{d}\boldsymbol{r} \tag{4-25}$$

即质点在保守力场中某 a 点的势能 E_{P_a},在量值上等于质点从 a 点移动到零势能点 b 过程中保守力 $\boldsymbol{F}$ 所做的功。需要指出的是,势能的引入需要以保守力场做功为前提,非保守力由于其做功与路径有关,不能引入势能的概念。由于保守力做功仅与始末位置有关,而与中间路径无关,因此,质点在保守力场中任一确定位置,相对选定零势能位置的势能值才是确定的。由于零势能位置的选取具有任意性,所以势能的值总是相对的。当我们讲质点在保守力场中某点的势能量值时,必须明确指出相对于哪个零势能位置而言的。

根据重力做功,我们可引入重力势能的概念,即

$$E_{P_{\text{重}}} = mgh \tag{4-26}$$

通常选取地面或者系统的最低处为重力势能零点。

根据弹力做功,我们可引入弹性势能的概念,即

$$E_{P_{\text{弹}}} = \frac{1}{2}kx^2 \tag{4-27}$$

通常选取弹簧原长为弹性势能零点。

根据万有引力做功,我们可引入引力势能的概念,即

$$E_{P_{\text{引}}} = -G\frac{Mm}{r} \tag{4-28}$$

通常选无穷远处为引力势能零点。

例 4-6 一块质量为 $m = 5 \times 10^3 \, \mathrm{kg}$ 的陨石从天外坠落到地球上,若地球的质量为 $M = 6 \times 10^{24} \, \mathrm{kg}$,半径 $R = 6.4 \times 10^6 \, \mathrm{m}$,求陨石落到地球上的过程中,它和地球间的万有引力所做的功。

解:以地球和陨石相距无穷远处的势能为零势能点,则

$$初状态:r_1 \rightarrow \infty, E_{p_1} = 0$$

$$末状态:r_2 = R, E_{p_2} = -G\frac{Mm}{R}$$

在此过程中地球和陨石间的引力做功为

$$A = -\Delta E_p = -(-G\frac{Mm}{R} - 0) = G\frac{Mm}{R}$$

代入数值可得

$$A = G\frac{Mm}{R} = 3.13 \times 10^{11}(\text{J})$$

三、保守力与势能的关系

根据保守力做功与路径无关，只决定于系统的始末位置，我们定义了势能。根据其表达式(4-25)，可以看出势能等于保守力对路径的线积分。反过来，我们也可以从势能对路径的导数求解保守力。

将式(4-25)用于一微小过程，得

$$\boldsymbol{F} \cdot d\boldsymbol{r} = -dE_p(x, y, z) \tag{4-29}$$

由于势能为态函数，因而有

$$-dE_p = -\frac{\partial E_p}{\partial x}dx - \frac{\partial E_p}{\partial y}dy - \frac{\partial E_p}{\partial z}dz$$

而

$$\boldsymbol{F} \cdot d\boldsymbol{r} = F_x dx + F_y dy + F_z dz$$

故

$$F_x = -\frac{\partial E_p}{\partial x}, F_y = -\frac{\partial E_p}{\partial y}, F_z = -\frac{\partial E_p}{\partial z} \tag{4-30}$$

即

$$\boldsymbol{F} = -\frac{\partial E_p}{\partial x}\boldsymbol{i} - \frac{\partial E_p}{\partial y}\boldsymbol{j} - \frac{\partial E_p}{\partial z}\boldsymbol{k} = -\nabla E_p \tag{4-31}$$

式(4-31)即保守力与势能的关系式。式中，$\nabla = \frac{\partial}{\partial x}\boldsymbol{i} + \frac{\partial}{\partial y}\boldsymbol{j} + \frac{\partial}{\partial z}\boldsymbol{k}$，$\nabla E_p$ 称为**势能梯度**。

上式说明，保守力等于势能梯度的负值，我们既可以通过保守力的功来求势能的增量,也可通过势能来计算保守力。此式说明,保守力沿某一给定方向的分量等于与此保守力相应的势能函数沿该方向的空间变化率(即经过单位距离时的变化)的负值。

例如通过引力势能计算引力,根据引力势能公式计算其在 r 方向的变化率有

$$F_r = -\frac{\mathrm{d}}{\mathrm{d}r}\left(-\frac{Gm_1m_2}{r}\right) = -\frac{Gm_1m_2}{r^2} \tag{4-32}$$

这实际上就是引力公式。

对于弹簧的弹性势能,根据弹性势能公式计算其在 x 方向的变化率有

$$F_x = -\frac{\mathrm{d}}{\mathrm{d}x}\left(\frac{1}{2}kx^2\right) = -kx \tag{4-33}$$

这就是关于弹簧弹力的胡克定律公式。

例 4-7　在地球万有引力场中,质量为 m 的质点,其万有引力势能 $E_p = -\dfrac{mgR^2}{\sqrt{x^2+y^2+z^2}}$,式中 R 为地球半径。x,y,z 为在以地心为坐标原点选定的直角坐标系中质点的坐标,试求质点所受的万有引力。

解:根据式(4-30),有

$$F_x = -\frac{\partial E_p}{\partial x} = \frac{mgR^2 x}{(x^2+y^2+z^2)^{3/2}}$$

$$F_y = -\frac{\partial E_p}{\partial y} = \frac{mgR^2 y}{(x^2+y^2+z^2)^{3/2}}$$

$$F_z = -\frac{\partial E_p}{\partial z} = \frac{mgR^2 z}{(x^2+y^2+z^2)^{3/2}}$$

质点所受万有引力的大小为

$$F = \sqrt{F_x^2 + F_y^2 + F_z^2} = \frac{mgR^2}{x^2+y^2+z^2}$$

§4-3　质点系的动能定理和机械能守恒定律

一、质点系的动能定理

由多个相互关联的质点所构成的系统称为**质点系**。对于连续的物体可以看成

由无限个质点所构成的系统。下面我们通过质点的动能定理推导质点系的动能定理,以最简单的两个质点所构成的质点系为例,如图 4-6 所示。

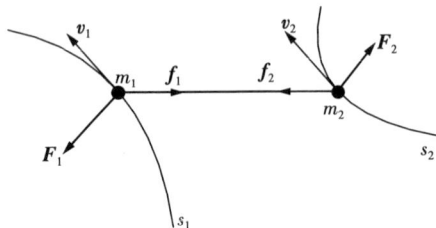

图 4-6　质点系力做功

设该质点系由两个质量分别 m_1、m_2 的质点所构成,系统外的作用力(外力)F_1、F_2 分别作用在质点 m_1、m_2 上,质点之间的相互作用力(内力)分别为 f_1、f_2,在这些力的作用下,两质点分别沿各自的路径 s_1、s_2 运动,v_{a1}、v_{a2} 和 v_{b1}、v_{b2} 分别表示两质点始末状态的速度的大小,对质点 1 应用质点动能定理有

$$A_1 = \int_{a_1}^{b_1} (F_1 + f_1) \cdot dr_1 = \int_{a_1}^{b_1} F_1 \cdot dr_1 + \int_{a_1}^{b_1} f_1 \cdot dr_1 = \frac{1}{2} m_1 v_{b1}^2 - \frac{1}{2} m_1 v_{a1}^2 \quad (4-34)$$

同理对质点 2 有

$$A_2 = \int_{a_2}^{b_2} (F_2 + f_2) \cdot dr_2 = \frac{1}{2} m_2 v_{b2}^2 - \frac{1}{2} m_2 v_{a2}^2 \quad (4-35)$$

上面两式相加,可得

$$\left(\int_{a_1}^{b_1} F_1 \cdot dr_1 + \int_{a_1}^{b_1} F_2 \cdot dr_2 \right) + \left(\int_{a_1}^{b_1} f_1 \cdot dr_1 + \int_{a_1}^{b_1} f_2 \cdot dr_2 \right) =$$

$$\left(\frac{1}{2} m_1 v_{b1}^2 + \frac{1}{2} m_2 v_{b2}^2 \right) - \left(\frac{1}{2} m_1 v_{a1}^2 + \frac{1}{2} m_2 v_{a2}^2 \right) \quad (4-36)$$

$\left(\int_{a_1}^{b_1} F_1 \cdot dr_1 + \int_{a_1}^{b_1} F_2 \cdot dr_2 \right)$ 表示质点系所有外力做的功,用 A_e 表示;$\left(\int_{a_1}^{b_1} f_1 \cdot dr_1 + \int_{a_1}^{b_1} f_2 \cdot dr_2 \right)$ 表示质点系所有内力做的功,用 A_i 表示。$\left(\frac{1}{2} m_1 v_{b1}^2 + \frac{1}{2} m_2 v_{b2}^2 \right)$ 表示质点系末状态的总动能,用 E_{kb} 表示;$\left(\frac{1}{2} m_1 v_{a1}^2 + \frac{1}{2} m_2 v_{a2}^2 \right)$ 表示质点系初状态的总动能,用 E_{ka} 表示。则上式可写为

$$A_e + A_i = E_{kb} - E_{ka} = \Delta E_k \quad (4-37)$$

即系统的外力和内力作的总功等于系统动能的增量。这个结论尽管是由两个质点

所构成的质点系推导得出,但对于任意多个质点组成的质点系都适用,所以该结论是**质点系动能定理**。

对质点系的内力而言,有保守力和非保守力之分,所以内力 A_i 所做的功应写为保守内力的功 A_{ic} 和非保守内力的功 A_{id} 之和,即

$$A_i = A_{ic} + A_{id} \qquad (4-38)$$

其中保守力所做的功可以用相应的势能的负值表示

$$A_{ic} = -\Delta E_p \qquad (4-39)$$

所以质点的动能定理式(4-37)可写为

$$A_e + A_{id} = \Delta E_k + \Delta E_p = \Delta E \qquad (4-40)$$

式中 ΔE 为系统的机械能的增量。上式表明质点系所受外力和非保守内力所做的功之和等于系统机械能的增量,这就是**质点系的功能原理**。

例4-8　如图所示质量为 m 的物体从静止开始,在竖直平面内沿着固定的1/4圆周从 M 滑到 N,在 N 处时,物体速度大小为 v_N,已知圆的半径为 R,求物体从 M 滑到 N 的过程中摩擦力做的功。

解:物体从 M 到 N 的下滑过程中,其受力情况如图所示,物体受到重力 G、正压力 N 和摩擦力 f 的作用。由于正压力 N 处处和物体的速度方向垂直,所以正压力不做功。物体下降过程中,摩擦力的大小和方向在不断发生变化,所以直接利用功的定义计算非常复杂。可采用功能原理来简化计算过程。

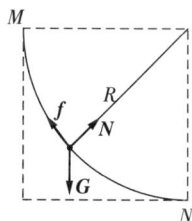

若把地球和物体视为一个系统,取 N 点为重力势能零点,则物体在 M 点重力势能 $E_p = mgR$,由于在 M 点物体速度为零,$E_k = 0$。所以在 M 点系统的机械能

$$E_M = E_p + E_k = mgR$$

在 N 点时,物体的重力势能为零,物体速度大小为 v_N,$E_k = \frac{1}{2}mv_N^2$。所以在 N 点系统的机械能

$$E_N = E_p + E_k = \frac{1}{2}mv_N^2$$

当把地球和物体视为一个系统,物体所受重力为保守内力,摩擦力为非保守内力。根据质点系的功能原理可知摩擦力所做的功等于系统机械能的增量即

$$A_f = E_N - E_M = \frac{1}{2} m v_N^2 - mgR$$

二、机械能守恒定律

根据质点系的功能原理可知，系统机械能的增量等于系统所受外力和非保守内力做功之和。若质点系在运动过程中，只有保守内力做功或者其外力以及非保守内力做功之和为零，则根据质点系的功能原理有

$$A_e + A_{id} = \Delta E_k + \Delta E_p = \Delta E - 0 \tag{4-41}$$

即

$$E_{kb} + E_{pb} = E_{ka} + E_{pa}（常量） \tag{4-42}$$

也就是说一个系统内只有保守内力做功，非保守内力和其他一切外力都不做功，则系统内部物体的动能和势能可以互相转换，系统的机械能保持不变。这就是**机械能守恒定律**。

需要指出的是对上述两种条件下的机械能守恒，系统与外界的能量交换并不相同。对于系统只有保守力做功情况下的系统机械能守恒，这种情况下没有系统机械能和外界其他形式的能量转化交换。

下面用机械能守恒定律讨论三种宇宙速度。一般而言，三种宇宙速度指的是从地球上发射不同的人造星体所需要的相对于地球的最小速度。

1. 第一宇宙速度

第一宇宙速度 v_1 又叫**环绕速度**，是指由地面发射物体在地面附近环绕地球飞行所需要的最小速度。设飞行器沿圆轨道以速度 v 绕地球做匀速率圆周运动。以地球和飞行器系统作为研究对象，若飞行器的重量为 mg，发射时的初速度为 v_1，地球的质量为 M_e，半径为 R，则飞行器发射时，系统的机械能为

$$E_1 = \frac{1}{2} m v_1^2 - G \frac{M_e m}{R}$$

设飞行器在半径为 r 的轨道上以速率 v 绕地心做圆周运动，该位置的机械能为

$$E_2 = \frac{1}{2} m v^2 - G \frac{M_e m}{r}$$

不计大气阻力，飞行器发射后的运动过程中，仅有保守力做功，所以机械能守恒 $E_1 = E_2$，即

$$\frac{1}{2} m v_1^2 - G \frac{M_e m}{R} = \frac{1}{2} m v^2 - G \frac{M_e m}{r}$$

飞行器环绕地球飞行所需的向心力由万有引力提供,即

$$G\frac{M_e m}{r^2}=m\frac{v^2}{r}$$

代入上式可得

$$v_1=\sqrt{\frac{2GM_e}{R}\left(1-\frac{R}{2r}\right)}$$

若飞行器在地面附近飞行,则有 $r \approx R$,由此可得第一宇宙速度为

$$v_1=\sqrt{gR}=7.91\times10^3(\text{m/s}) \qquad (4-43)$$

2. 第二宇宙速度

第二宇宙速度也叫**逃逸速度**,用 v_2 表示,是使物体挣脱地球引力所需的最小速度。当飞行器发射速度从第一宇宙速度逐渐增大时,飞行器的运行轨道由椭圆逐渐拉长变大,当速度达到一定程度时,飞行器的运行轨道将不再闭合而成为抛物线,飞行器也就挣脱了地球的束缚一去不返。考虑地球和飞行器所构成的系统,当物体脱离地球引力时,即飞行器能达到无穷远处(无穷远处引力势能为零),动能最小也可以为零,所以总机械能最小可以取零。由于飞行器在飞行过程中只受到万有引力(保守内力)作用,系统的机械能守恒,故

$$\frac{1}{2}mv_2^2-G\frac{M_e m}{R}=0$$

由此可得第二宇宙速度为

$$v_2=\sqrt{\frac{2GM_e}{R}}=\sqrt{2gR}=11.2\times10^3(\text{m/s}) \qquad (4-44)$$

3. 第三宇宙速度

第三宇宙速度是使物体脱离太阳系所需的最小速度。首先只考虑太阳的引力作用,如用 M_s 表示太阳的质量,用 r' 表示地球和太阳的距离,则飞行器挣脱太阳引力所需的速度 v_3' 应满足

$$\frac{1}{2}mv_3'^2-G\frac{M_s m}{r'}=0$$

由此可得

$$v_3'=\sqrt{\frac{2GM_s}{r'}}=4.21\times10^4(\text{m/s})$$

需要说明的是，v_3' 是飞行器相对于太阳的速度。因地球相对太阳已具有 $2.98 \times 10^4\,\mathrm{m/s}$ 的公转速度，若飞行器在地球发射速度方向与地球公转的方向一致，则飞行器相对于地球的发射速度 v''_3 只需

$$v''_3 = 4.21 \times 10^4\,\mathrm{m/s} - 2.98 \times 10^4\,\mathrm{m/s} = 1.23 \times 10^4\,\mathrm{m/s}$$

同时需要考虑地球的引力作用，即物体在脱离太阳引力的同时还需要脱离地球的引力作用，所以飞行器的发射能量应满足

$$\frac{1}{2}mv_3^2 = \frac{1}{2}mv_2^2 + \frac{1}{2}mv''_3{}^2$$

由此可得第三宇宙速度

$$v_3 = \sqrt{v_2^2 + v''_3{}^2} = 1.67 \times 10^4\,\mathrm{m/s} \qquad (4-45)$$

现在回答一下开篇提出的问题，三峡大坝为什么能提供很多的电能。三峡大坝的坝高 185m，最高蓄水位 175m，平均流量 $1.4 \times 10^4\,\mathrm{m^3/s}$，考察最高水位时泄洪，水从高处落下时把势能转变为动能，推动水轮机做功。

由 $A = mgh = \rho_{水} V_{水} gh = 1.0 \times 10^3 \times 1.4 \times 10^4 \times 10 \times 175 \approx 2.5 \times 10^{10}\,(\mathrm{J})$，可知从最高蓄水位每秒下落的水量可以产生很大的能量。

§4-4　能量守恒定律

前面我们介绍了能量的两种形式 —— 势能和动能，在只有保守内力做功，非保守内力和其他一切外力都不做功，系统内部物体的动能和势能可以互相转换，但系统的机械能保持不变。事实上，由于物质运动的多样性，能量存在多种形式，如热能、电磁能、原子能等。研究表明系统机械能增加或减少的同时，一定伴随着等值的其他形式能量的减少或增加，而使得机械能与其他形式能量的总和保持不变。

即一个与外界没有能量交换的孤立系统，无论经历怎么样的变化，该系统的所有能量的总和保持不变，能量只能从一种形式转化为另一种形式，或从系统内一个物体转移给另外一个物体，这就是**能量守恒定律**。

例如一物体沿粗糙的斜面下滑，下滑中除了重力做功以外，物体与斜面之间的摩擦力也做功。因摩擦力做功消耗了一部分机械能，因此物体的机械能减少（不守恒）。但由实验发现，在物体机械能减少的同时，物体和斜面的温度均有所升高，即摩擦生热，这说明通过摩擦力做功，把物体的一部分机械能转换成热能，并且两种

能量转化是等值的。

需要指出的是能量和功不可以看成等同的。能量描述的是系统在一定状态时的特性,它的量值只取决于系统的状态,是系统状态的单值函数。而功是和系统的能量改变以及转换过程联系的,它是能量交换或转移的量度。

例 4-9　用一根弹簧将质量为 m_1 和 m_2 的上下两个水平木板连接如图所示,下板放在地面上。(1)如以上板在弹簧上的平衡静止位置为重力势能和弹性势能零点,试写出上板、弹簧以及地球整个系统的总势能。(2)对上板加多大的向下压力 F,才能因突然撤去,使上板向上跳而把下板拉起来?

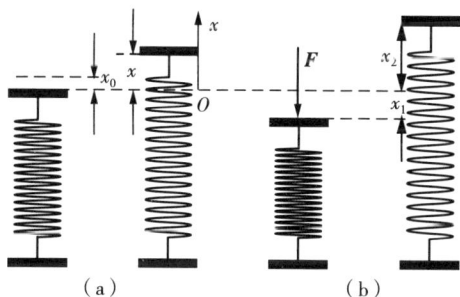

例 4-9 图

解:(1)如图中(a)所示,取上板的平衡位置为 Ox 轴的原点,并设弹簧为原长时上板处在 x_0 位置。系统的弹性势能

$$E_{pe} = -\int_{x_0}^{x-x_0} -kx \cdot \mathrm{d}x = \frac{1}{2}kx^2 \Big|_{x_0}^{x-x_0} = \frac{1}{2}k(x-x_0)^2 - \frac{1}{2}kx_0^2 = \frac{1}{2}kx^2 - kxx_0$$

系统的重力势能

$$E_{pg} = m_1 gx$$

考虑到上板在弹簧上的平衡条件,得 $kx_0 = m_1 g$,代入上式得

$$E_p = E_{pe} + E_{pg} = \frac{1}{2}kx^2$$

(2)如图中(b)所示,以加力 F 时为初态,撤去力 F 而弹簧伸长最大时为末态,则

初态:　　　　　　　$E_{k1} = 0, E_{p1} = \frac{1}{2}kx_1^2$

末态:　　　　　　　$E_{k2} = 0, E_{p2} = \frac{1}{2}kx_2^2$

根据机械能守恒定律,有

$$\frac{1}{2}kx_1^2 = \frac{1}{2}kx_2^2$$

又因刚好提起 $k(x_2 - x_0) = m_2 g$ 时,而 $kx_1 = F, kx_0 = m_1 g$,代入解得

$$F = (m_1 + m_2)g$$

即,当 $F \geqslant (m_1 + m_2)g$ 时,下板能被拉起。

§4-5 碰 撞

一、碰撞

两个或两个以上的物体相遇,物体之间的相互作用仅维持了一个极为短暂的时间,这种现象就是**碰撞**。碰撞是一个含义比较广泛的概念,除了日常生活中常见的现象,像打桩、锻压、击球外,分子、原子、原子核等微观粒子的相互作用过程等也都是碰撞过程。例如 α 粒子的散射实验中,当 α 粒子与靶原子核相互靠近时,它们之间强大的相互排斥力迫使 α 粒子在与靶原子接触前就偏离原来的路径并分开。所以通过对微观粒子散射的研究可以获得研究物质的内部结构信息。例如卢瑟福提出的原子内在结构模型,查德威克发现中子等重大物理发现都是由碰撞得来,可见碰撞是物理学研究的重要对象。

宏观物体的接触碰撞中,相互碰撞的物体在接触前和分离后都不再具有相互作用。且在碰撞过程中,碰撞时间极短,相互作用力强。若将参与碰撞的所有物体视为系统,由于碰撞过程中系统的内力很大,其外力可以忽略不计。因此,在处理碰撞问题时,这一系统应遵从动量守恒定律。下面以两个物体的碰撞为例,研究物体之间的碰撞。

二、质点间的对心碰撞

如果两球在碰撞前的速度在两球的中心连线上,那么,碰撞后的速度也都在这一连线上,这类碰撞称为**正碰**(或**对心碰撞**)。若质量为 m_1、m_2 的两个小球作对心碰撞,设碰撞前的速度分别为 v_1 和 v_2,碰撞后的速度为 v'_1 和 v'_2,如图 4-7 所示。

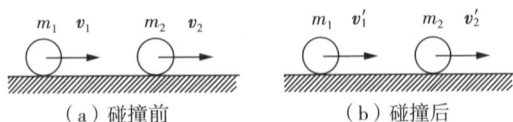

(a)碰撞前　　　　　　　　(b)碰撞后

图 4-7　对心碰撞

由动量守恒定律得

$$m_1 v_1 + m_2 v_2 = m_1 v_1' + m_2 v_2' \qquad (4-46)$$

在上式中,假定碰撞前后各个速度都沿着同一方向。

牛顿在研究球的正碰撞时,通过实验结果总结出一个碰撞定律:碰撞后两球的分离速度 $v_2' - v_1'$,与碰撞前两球的接近速度 $v_1 - v_2$ 成正比,比值由两球的材料性质决定,即

$$e = \frac{v_2' - v_1'}{v_1 - v_2} \qquad (4-47)$$

通常把这个比值 e 叫作恢复系数。如果 $e=0$,则 $v_2' = v_1'$,即两球发生碰撞后以同一速度共同运动,这叫作**完全非弹性碰撞**。如果 $e=1$,则 $v_2' - v_1' = v_1 - v_2$,即分离速度等于接近速度,它叫作**完全弹性碰撞**。如果 $0 < e < 1$,这类碰撞称为**非弹性碰撞**。

由式(4-46)和式(4-47)可得

$$v_1' = v_1 - \frac{m_2}{m_1 + m_2}(1+e)(v_1 - v_2) \qquad (4-48)$$

$$v_2' = v_2 + \frac{m_1}{m_1 + m_2}(1+e)(v_1 - v_2) \qquad (4-49)$$

1. 完全弹性碰撞

碰撞过程满足 $e=1$ 的碰撞为**完全弹性碰撞**,由式(4-48)、式(4-49)得

$$v_1' = v_1 - \frac{2m_2}{m_1 + m_2}(v_1 - v_2)$$

$$v_2' = v_2 + \frac{2m_1}{m_1 + m_2}(v_1 - v_2)$$

若两物体的质量相等,即 $m_1 = m_2$,则有 $v_1' = v_2$,$v_2' = v_1$,因此两质量相等的小球在完全弹性碰撞后彼此交换速度。在原子反应堆中,经常使用的石墨减速剂使快中子变成慢中子,其原理就是因为中子与这些轻原子碰撞后彼此交换速度,使中子的速度迅速减小。

若 $m_1 \neq m_2$,且质量为 m_2 的小球在碰撞前静止不动,即 $v_2 = 0$,则由式(4-48)、式(4-49)得

$$v_1' = \frac{(m_1 - m_2)v_1}{m_1 + m_2}, v_2' = \frac{2m_1 v_1}{m_1 + m_2}$$

若 $m_2 \gg m_1$,那么

$$\frac{m_1 - m_2}{m_1 + m_2} \approx -1, \frac{2m_1}{m_1 + m_2} \approx 0$$

所以

$$v_1' = -v_1, v_2' = 0$$

即质量极大并且静止的物体,经碰撞后,几乎保持不动,而质量极小的物体,在碰撞前后的速度方向相反,大小几乎保持不变。

在完全弹性碰撞中,恢复系数 $e = 1$,代入式(4-47),并移项可得

$$v_1 + v_1' = v_2 + v_2'$$

对式(4-46)移项并合并可得

$$-m_1 (v_1' - v_1) = m_2 (v_2' - v_2)$$

两式相乘可得

$$\frac{1}{2} m_1 v_1^2 + \frac{1}{2} m_2 v_2^2 = \frac{1}{2} m_1 (v_1')^2 + \frac{1}{2} m_2 (v_2')^2 \qquad (4-50)$$

即碰撞前后质点系动能不变。碰撞过程中,其中球的一部分动能转变为球的形变势能,随后又全部转为动能,整个过程中无机械能损失。

2. 完全非弹性碰撞

碰撞过程满足 $e = 0$ 的碰撞为**完全非弹性碰撞**,由式(4-48)、式(4-49)得

$$v_1' = v_2' = \frac{m_1 v_1 + m_2 v_2}{m_1 + m_2}$$

通过公式(4-48)、式(4-49)计算碰撞过程中的机械能损失可得

$$\Delta E = \frac{1}{2} (1 - e^2) \frac{m_1 m_2}{m_1 + m_2} (v_1 - v_2)^2 \qquad (4-51)$$

由此可以看出,在完全非弹性碰撞中,损失的机械能最多。这是由于完全非弹性碰撞中的形变完全不能恢复。

3. 非完全弹性碰撞

碰撞过程满足 $0 < e < 1$ 的碰撞为**非完全弹性碰撞**,此种情况碰撞机械能损失介于完全弹性碰撞和完全非弹性碰撞之间,形变只能部分恢复。

例 4-10   如图所示,A 球的质量为 m 以速度 $\boldsymbol{u}$ 飞行,与一静止、质量为 $5m$ 的小球 B 碰撞后,A 球的速度变为 $\boldsymbol{v}_1$,其方向与 $\boldsymbol{u}$ 方向成 $90°$,B 球被撞后以速度 $\boldsymbol{v}_2$ 飞行,$\boldsymbol{v}_2$ 的方向与 $\boldsymbol{u}$ 的夹角为 $\theta = \arcsin \dfrac{3}{5}$,求:

(1)两小球相撞后速度 $\boldsymbol{v}_1$、$\boldsymbol{v}_2$ 的大小;

（2）碰撞前后两小球动能的变化。

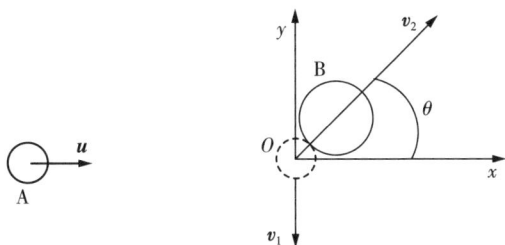

例 4 - 10 图

解:本题为斜碰撞问题,注意动量守恒的分量方程。

（1）选坐标系,如图所示。动量守恒的分量式为

x 方向：$\qquad mu = 5mv_2\cos\theta$

y 方向：$\qquad 0 = -mv_1 + 5mv_2\sin\theta$

两式联立解得

$$v_1 = \frac{3}{4}u, v_2 = \frac{u}{5\cos\theta} = \frac{u}{5\sqrt{1-\sin^2\theta}} = \frac{u}{4}$$

（2）A 球碰撞前后,机械能的变化为

$$\Delta E_k = \frac{1}{2}mv_1^2 - \frac{1}{2}mu^2 = -\frac{7}{32}mu^2$$

B 球碰撞前后,机械能的变化为

$$\Delta E_k = \frac{5}{2}mv_2^2 - 0 = \frac{5}{32}mu^2$$

可见碰撞过程中机械能不守恒。碰撞后 A 球失去动能 $\frac{7}{32}mu^2$,B 球增加动能 $\frac{5}{32}mu^2$,有 $\frac{1}{16}mu^2$ 的机械能因碰撞而转化为其他形式的能量。

本章小结

1. 恒力的功：$\qquad A = F\Delta r\cos\theta = \boldsymbol{F} \cdot \Delta \boldsymbol{r}$

2. 变力的功：$\qquad A = \int_{a(L)}^{b} F\cos\theta ds$

3. 质点的动能定理:作用在质点的合力在某一路程中对质点所做的功,等于质

点在同一路程的始末状态的动能的增加量。

$$A = \int_a^b \boldsymbol{F} \cdot \mathrm{d}\boldsymbol{r} = \int_a^b mv\mathrm{d}v = \frac{1}{2}mv_b^2 - \frac{1}{2}mv_a^2$$

4. 保守力:如果力作用在物体上,当物体沿闭合路径移动一周时,力做的功为零,这样的力就称为保守力。其数学表达式为

$$\oint_L \boldsymbol{F} \cdot \mathrm{d}\boldsymbol{r} = 0$$

5. 势能:蕴藏在保守力场中与位置有关的能量称为势能,用 E_p 表示。

$$E_\mathrm{p} = \int_a^{b(\text{势能零点})} \boldsymbol{F} \cdot \mathrm{d}\boldsymbol{r}$$

6. 保守力与势能关系:保守力沿某一给定方向的分量等于与此保守力相应的势能函数沿该方向的空间变化率(即经过单位距离时的变化)的负值。

$$\boldsymbol{F} = -\frac{\partial E_\mathrm{p}}{\partial x}\boldsymbol{i} - \frac{\partial E_\mathrm{p}}{\partial y}\boldsymbol{j} - \frac{\partial E_\mathrm{p}}{\partial z}\boldsymbol{k} = -\nabla E_\mathrm{p}$$

7. 质点系的动能定理:系统的外力和内力做的总功等于系统动能的增量。

$$A_\mathrm{e} + A_\mathrm{i} = E_{kb} - E_{ka} = \Delta E_\mathrm{k}$$

8. 质点系的功能原理:质点系所受外力和非保守内力所做的功之和等于系统机械能的增量。

$$A_\mathrm{e} + A_\mathrm{id} = \Delta E_\mathrm{k} + \Delta E_\mathrm{p} = \Delta E$$

9. 机械能守恒定律:一系统内只有保守内力做功,非保守内力和其他一切外力都不做功,则系统内部物体的动能和势能可以互相转换,系统的机械能保持不变。

$$E_{kb} + E_{pb} = E_{ka} + E_{pa}(\text{常量})$$

10. 能量守恒定律:一个孤立系统经历任何变化时,该系统的所有能量的总和是不变的,能量只能从一种形式变化为另一种形式,或从系统内一个物体传给另一个物体,这就是能量守恒定律。

11. 碰撞:根据碰撞过程机械能损失情况分为完全弹性碰撞、非完全弹性碰撞、完全非弹性碰撞。这三种碰撞过程都满足动量守恒。

思 考 题

4-1 质点运动过程中,作用于质点上的某一力一直没有做功,这是否表明该力在整个过程中对质点的运动没有任何影响?

4-2　甲、乙两物体相互作用过程中,若甲对乙做正功,则乙对甲做负功,作用力的功在数值上恒等于反作用力的功,因而这一对力的功之和恒为零。你认为这种说法对吗? 试举例加以说明。

4-3　弹性力、重力、万有引力做功具有什么样的共同特征?

4-4　由于作用于质点系内所有质点上的一切内力的矢量和恒等于零,所以内力不能改变质点系的总动能。这句话对吗?

4-5　试判断在以下各过程中系统的机械能是否一定守恒:

(1) 忽略空气阻力和其他星体的作用力,卫星绕地球沿椭圆轨道运动;

(2) 弹簧上端固定,下端悬一重物,重物在其平衡位置附近振动、空气阻力忽略不计。

习　　题

、选择题

4-1　用铁锤把质量很小的钉子敲入木板,设木板对钉子的阻力与钉子进入木板的深度成正比。在铁锤敲打第一次时,能把钉子敲入1.00cm。如果铁锤第二次敲打的速度与第一次完全相同,那么第二次敲入多深(　　)。

(A)0.41cm　　　　　(B)0.50cm　　　　　(C)0.73cm　　　　　(D)1.00cm

4-2　有两个倾角不同、高度相同、质量一样的斜面放在光滑的水平面上,斜面是光滑的,有两个一样的物块分别从这两个斜面的顶点由静止开始滑下,则(　　)。

(A) 物块到达斜面底端时的动量相等

(B) 物块到达斜面底端时的动能相等

(C) 物块和斜面(以及地球)组成的系统,机械能不守恒

(D) 物块和斜面组成的系统水平方向上动量守恒

4-3　如图所示,子弹射入放在水平光滑地面上静止的木块后穿出,以地面为参考系,下列说法正确的是(　　)。

(A) 子弹减少的动能转变为木块的动能

(B) 子弹 — 木块系统的机械能守恒

(C) 子弹动能的减少等于子弹克服木块阻力所做的功

(D) 子弹克服木块阻力所做的功等于这一过程中产生的热

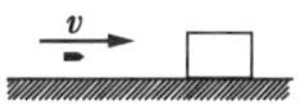

习题 4-3 图

4-4　A、B两木块质量分别为 m_A 和 m_B,且 $m_B = 2m_A$,两者用一个轻弹簧连接后静止于光滑水平桌面上,若用外力将两木块压紧使弹簧被压缩,然后将外力撤去,则此后两木块运动动能之比 E_{k_A}/E_{k_B} 为(　　)。

(A)0.5　　　　　(B)0.707　　　　　(C)1.414　　　　　(D)2

4-5　质量为 m 的物体,从距地球中心距离为 R 处自由下落,且 R 比地球半径 R_0 大得多。若不计空气阻力,则落到地球表面时的速度大小为(　　)。

(A) $\sqrt{2g(R-R_0)}$　　　　　　　　(B) $\sqrt{2gR_0^2\left(\dfrac{1}{R}-\dfrac{1}{R_0}\right)}$

(C) $\sqrt{2gR_0^2\left(\dfrac{1}{R_0}-\dfrac{1}{R}\right)}$　　　　　　　　(D) $\sqrt{2gR_0^2\dfrac{1}{R^2}}$

二、填空题

4-6 人从10m深的井中匀速提水,桶离开水面时装有水10kg。若每升高1m要漏掉0.2kg的水,则把这桶水从水面提高到井口的过程中,人力所做的功为_____。

4-7 一物体在介质中按规律 $x = ct^3$ 做直线运动,c 为常量。设介质对物体的阻力 $f = -kv^2$,k 为正常量,则物体由原点运动到 $x = l$ 位置时,阻力所做的功为_____。

4-8 质量为 m 的子弹,以水平速率 v_0 射入置于光滑水平面上的质量为 M 的静止砂箱,子弹在砂箱中前进距离 l 后停在砂箱中,同时砂箱向前运动的距离为 s,此后子弹与砂箱一起以共同速率匀速运动,则子弹受到的平均阻力 $\bar{F} =$ _____,砂箱与子弹系统损失的机械能 ΔE = _____。

三、计算题

4-9 一砖块在一定力的作用下沿30°的斜面向上运动,三个力如图所示。已知 F_1 沿水平方向且大小为40N,F_2 垂直于斜面且大小为20N,F_3 平行于斜面大小为30N。求砖块(以及砖块上力的作用点)沿斜面向上移动80cm各力所做的功。

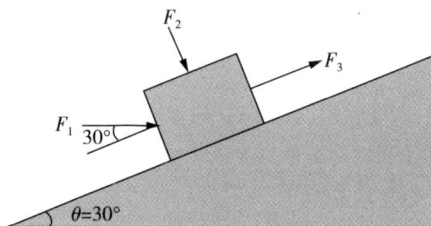

习题 4-9 图

4-10 质量为50kg的箱子沿倾角为30°的斜面滑下。箱子的加速度为 2.0m/s²,斜面长10m。(1)箱子到达斜面底部的动能为多大?(2)克服摩擦做了多少功?(3)求箱子在下滑过程中受到摩擦力的大小。

4-11 质量为2kg的物体,在沿 x 方向的变力作用下,在 $x = 0$ 处由静止开始运动,设变力与 x 的关系如图所示,试由动能定理求物体在 $x = 5\text{m},10\text{m},15\text{m}$ 处的速率。

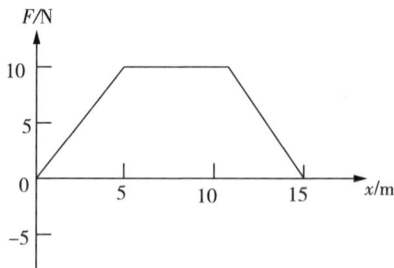

习题 4-11 图

4-12 有一保守力 $\boldsymbol{F} = (-Ax + Bx^2)\boldsymbol{i}$,沿 Ox 轴作用于质点上,式中 A、B 为常量,x 以 m 计,F 以 N 计:(1)取 $x = 0$m 处 $E_p = 0$,试计算与此力相应的势能;(2)求质点从 $x = 0$m 运动到 x

= 3m 时势能的变化。

4-13　小球做竖直上抛运动,当它回到抛出点时,速率为抛出时的 3/4,设小球运动中受到空气的阻力为恒力。试求:(1)小球受到的空气阻力与重力之比;(2)小球上升的最大高度与真空情况下最大高度之比(g 取 10m/s^2)。

4-14　在倾角 $\theta = 60°$ 的斜面上,放置着质量分别为 $m_1 = 0.40\text{kg}$ 和 $m_2 = 0.20\text{kg}$ 的两物块,两物块由一劲度系数 $k = 0.57\text{N/m}$ 弹簧相连,如图所示,两物体与斜面间的摩擦因数均为 $\mu = 0.10$。开始时,m_1 的速度大小 $v_1 = 0.50\text{m/s}$,m_2 的速度大小 $v_2 = 2.0\text{m/s}$,方向均沿斜面向下,弹簧处于原长,求两物块再次回到弹簧原长时的相对速度大小。

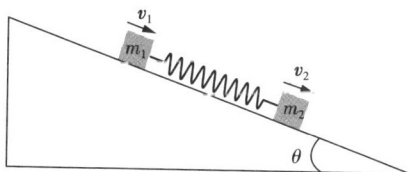

习题 4-14 图

4-15　双原子分子相互作用势能为 $E_\text{p}(x) = \dfrac{a}{x^{12}} - \dfrac{b}{x^6}$,求势能零点位置、平衡位置,并讨论该平衡位置是否稳定及各处的保守力。

4-16　两个质量分别为 m_1 和 m_2 的木块 A 和 B,用一个质量忽略不计、弹性系数为 k 的弹簧连接起来,放置在光滑水平面上,使 A 紧靠墙壁,如图所示,用力推木块 B 使弹簧压缩 x_0,然后释放,已知 $m_1 = m, m_2 = 3m$,求:

(1) 释放后,A,B 两木块速度第一次相等时速度的大小;

(2) 释放后,弹簧的最大伸长量。

4-17　如图所示,质量为 m 的小球从光滑轨道的顶端A 点,由静止开始沿斜道滑下,在半径为 R 的圆环部分的最低点 B 与另　质量为 M 的静止小球发生弹性碰撞,碰撞后质量为 M 的小球沿圆环上升,并在高度为 h_0 处脱离圆环,而质量为 m 的小球则沿斜道上升后又滑下,并在质量为 M 的小球脱离点脱离圆环。试求:(1)m 与 M 之比;(2)A 点的高度 h。

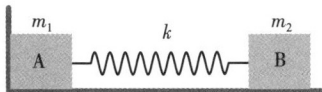

习题 4-16 图

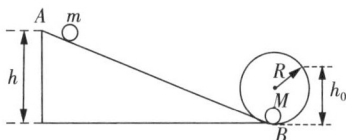

习题 4-17 图

4-18　质量为 $m = 3\text{kg}$ 的滑块沿半径为 1.6m 的四分之一圆周从静止滑下。(1)若曲面光滑,滑块在底部的速度大小为多少?(2)若在底部的速度大小为 4m/s,在下滑过程中由于摩擦而损耗的能量为多少?(3)当滑块到达水平区域时的速度大小为 4m/s,又滑行了 3m 后停止,求水平面上摩擦力的大小。

4-19　一链条总长为 l,质量为 m,放在桌面上使其下垂,下垂的长度为 a,如图所示。设链条与桌面的滑动摩擦系数为 μ，令链条从静止开始运动，问：

（1）在链条离开桌面的过程中，摩擦力对链条做了多少功？

（2）链条刚刚离开桌面时的速率是多少？

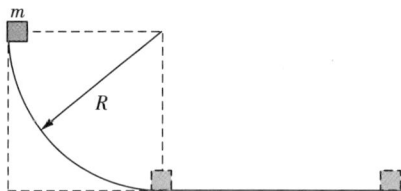

习题 4-18 图

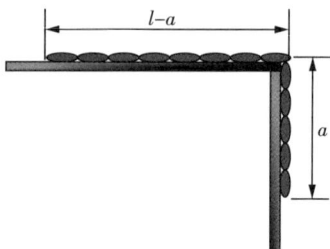

习题 4-19 图

阅读材料

引力弹弓效应

我们先看一个火车与球体的弹性碰撞，图 4-8 中，火车运行速度 50km/h，球体速度是 30km/h，那么其碰撞离开的瞬间速度能达到 130km/h，显然碰撞后球体获得了更大的速度。这种速度放大效应，可以用在航天器与天体之间的碰撞研究，只不过航天器和天体之间是通过引力维系相互碰撞的效应。

第四章思考题习题详解

图 4-8　球体与火车的碰撞

引力弹弓就是利用行星的重力场来给太空探测船加速，将它甩向下一个目标，也就是把行星当作"引力助推器"，如图 4-9 所示。利用引力弹弓使我们能探测冥王星以内的所有行星。在航天动力学和宇宙空间动力学中，所谓的引力助推（也被称为引力弹弓效应或绕行星变轨）是利用行星或其他天体的相对运动和引力改变飞行器的轨道和速度，以此来节省燃料、时间和计划成本引力助推既可用于加速飞行器，也能用于降低飞行器速度。

1930 年人类第一次观测到冥王星，2006 年 1 月 19 日"新视野号"探测器发射升空，之后仅 9

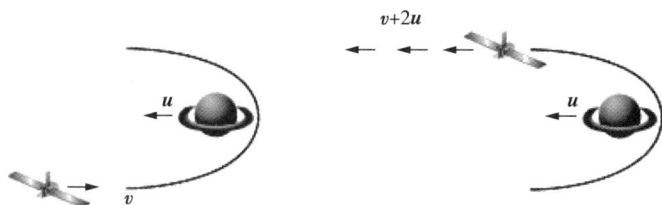

图 4-9　引力弹弓效应

个小时就横穿月球轨道,又很快在 2007 年 2 月 28 日到达木星,在木星成功实现了引力弹弓效应(绕行星变轨),还对木星和木星的卫星进行了观测,如图 4-10 所示。

　　由核动力驱动,飞过木星后开始休眠,为了延长寿命,探测器还进行了数次休眠和重启,每年仅唤醒一次。时隔 85 年,2015 年 7 月 14 日"新视野号"完成飞掠冥王星的任务,之后,转而深入柯伊伯带。预计新视野号的寿命将终结在 2029 年。那时探测器将离开太阳系,届时将无法获得来自太阳光的能源补充,成为一个星际航天器。

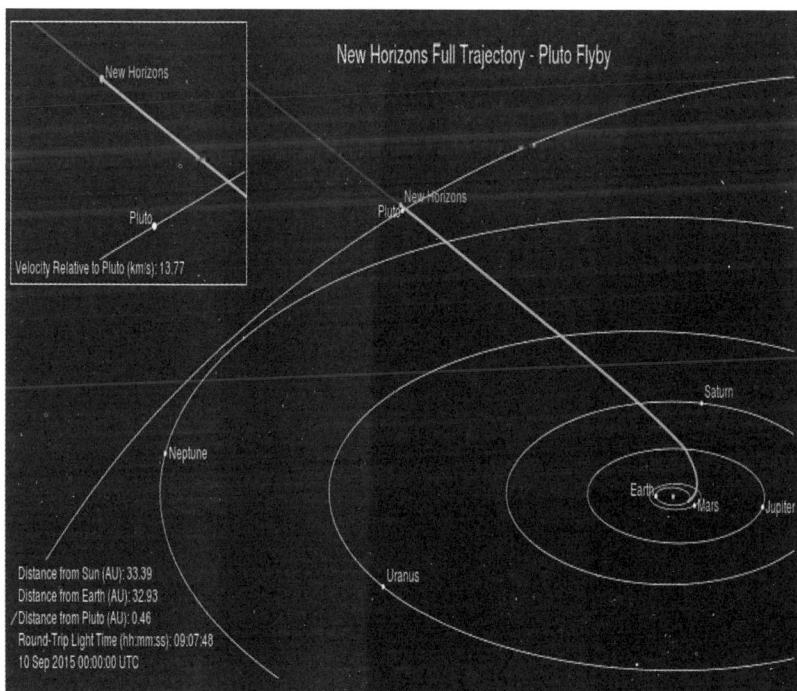

图 4-10　"新视野号"利用引力弹弓效应完成飞掠冥王星任务

直升机的尾旋翼在飞行中起什么作用？

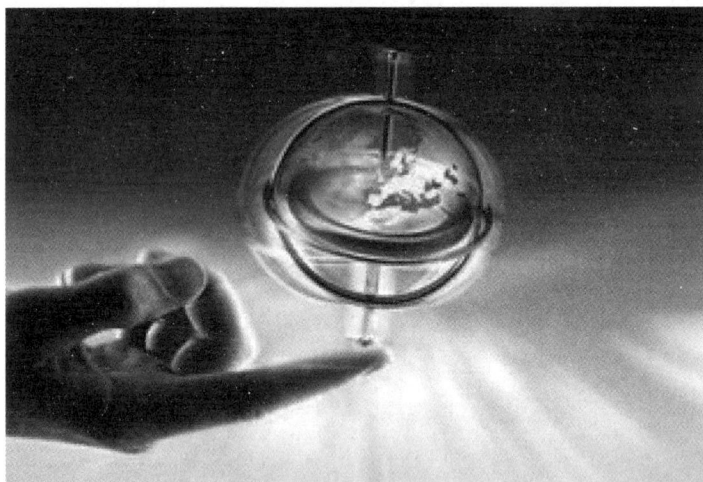

陀螺为什么旋转时不容易倒地？

第五章　刚体的运动

前几章,我们介绍了质点的运动规律。事实上,质点的运动只代表物体的平动,而实际物体都是有形状大小的,它可以做平动、转动,甚至更复杂的运动,而且在外力作用下,物体的形状和大小是要发生变化的。一般固体在外力作用下形变并不显著,但是形状大小都一定会发生变化,所以,研究物体运动的初步方法是把物体看成在外力作用下保持其大小和形状都不变,即物体内任何两质点之间的距离不因外力而改变,这样的物体叫作**刚体**,刚体是固体的理想化模型。本章以刚体为研究对象,重点研究它的转动问题,为进一步研究更复杂的机械运动奠定基础。

§5-1　刚体运动的分类　　刚体的定轴转动

本节讨论如何描述刚体的运动,刚体可以看成是由无数相对位置固定不变的质元(质点)所组成,因而对刚体的描述就有两个方面,即把刚体作为整体对其运动的描述以及对组成刚体各质元的运动的描述,按照由简单到复杂、由特殊到一般的顺序来讨论刚体的平动、定轴转动,对每种运动都从上述两个方面进行分析,并研究两个方面各种量之间的关系。

刚体的一般运动可以看作是平动和转动这两种基本运动的合成。

一、平动

刚体在运动过程中,刚体上任意两点的连线始终彼此平行,这种运动称为**平动**。刚体平动时刚体上所有点的速度、加速度相同,刚体上任意一点的运动都可以代表整个刚体的运动,其自由度为3。所谓某一物体的**自由度**,就是决定这一物体在空间的位置所需要的独立坐标数目。所以,自由度指的是力学系统的独立坐标的个数。力学系统由一组坐标来描述。比如一个质点在三维空间中的运动,在笛卡尔坐标系中,由 x,y,z 三个坐标来描述;或者用矢量描述,需要知道矢量大小和其与两个坐标的夹角,也是三个坐标,所以自由质点的自由度是3。一般而言,N 个质点组成的力学系统由 $3N$ 个坐标来描述。但力学系统中常常存在着各种约束,使

得这 $3N$ 个坐标并不都是独立的。对于 N 个质点组成的力学系统,若存在 m 个完整约束,则系统的自由度减为 $s=3N-m$。比如,运动于平面的一个质点,其自由度为 2。自由刚体的自由度是 $s=3\times3-3=6$,又或是,在空间中的两个质点,中间以线连接形成刚性杆,其自由度 $s=3\times2-1=5$。

如图 5-1 所示,描述质点运动的物理量及运动规律,都适用于刚体的平动,也就是说,刚体平动的运动学问题可以用质点运动学来处理。

二、刚体的转动和定轴转动

刚体运动时,如果刚体上各个点都绕同一直线做圆周运动,则这种运动称为刚体的转动,这条直线叫作**转轴**。如果转轴是固定不动的,这种运动叫作刚体的**定轴转动**,自由度为 1,如图 5-2 所示。

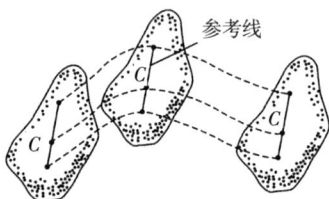

图 5-1　刚体的平动　　　　　图 5-2　刚体的定轴转动

刚体绕定轴转动时,转轴上的质点保持不动,垂直于轴的同一截面上各点的线位移、线速度和线加速度各不相同,显然,用这些物理量来描述刚体的转动很不方便,但是我们注意到,刚体上各质点的矢径在同一时间内转过的角度是相同的。因此,我们用角位移、角速度、角加速度等物理量来描述刚体的定轴转动比较方便。

三、刚体的定轴转动

如图 5-3 所示,有一刚体绕固定轴 Oz 转动,刚体上各点都绕固定轴 Oz 做圆周运动。在刚体内选取一个垂直于 Oz 轴的平面作为参考平面,并取 Ox 轴作为此平面的参考线,这样,刚体的方位可以由原点 O 到参考平面上的任意点 P 的矢径 r 与 Ox 轴的夹角 θ 确定,角 θ 叫作角坐标。当刚体绕 Oz 轴转动时,角位置 θ 要随时间 t 改变。我们规定:当矢径 r 从 Ox 轴开始沿逆时针方向转动时(从上向下

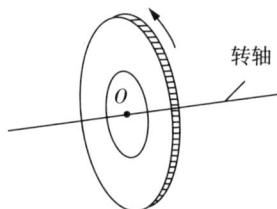

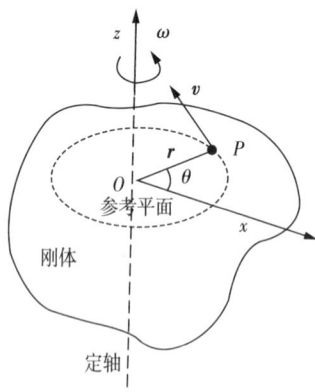

图 5-3　用角量来描述刚体的定轴转动

看),角位置 θ 为正;反之为负。

　　设在时刻 t,P 点的矢径 $\boldsymbol{r}$ 与 Ox 轴的夹角为 θ,经过时间 $\mathrm{d}t$,P 点的角坐标为 $\theta+\mathrm{d}\theta$,$\mathrm{d}\theta$ 为刚体在 $\mathrm{d}t$ 时间内的角位移。则刚体的角速度大小可以表示为

$$\omega=\frac{\mathrm{d}\theta}{\mathrm{d}t} \tag{5-1}$$

　　按照上面关于角位置 θ 正、负的规定,若 $\mathrm{d}\theta>0$,有 $\omega>0$,这时刚体绕定轴做逆时针转动;若 $\mathrm{d}\theta<0$,有 $\omega<0$,则刚体绕定轴做顺时针转动。角速度为矢量,它的方向可由右手法则确定,把右手的拇指伸直,其余四指弯曲,使弯曲的方向与刚体转动方向一致,这时拇指所指的方向就是角速度 $\boldsymbol{\omega}$ 的方向,角速度的单位为 rad/s(弧度每秒)。**应当指出,只有在绕定轴转动的情况下,其转动方向才可用角速度的正负来表示。**

　　刚体绕定轴转动时,如果其角速度发生了变化,刚体就具有了角加速度,刚体的角加速度为

$$\boldsymbol{\alpha}=\lim_{\Delta t\to 0}\frac{\Delta\boldsymbol{\omega}}{\Delta t}=\frac{\mathrm{d}\boldsymbol{\omega}}{\mathrm{d}t} \tag{5-2}$$

　　角加速度是矢量,对于绕定轴转动的刚体,角加速度也有正负,当角加速度的符号与角速度相同,刚体做加速转动;若符号相反,则刚体做减速转动。角加速度的单位为 rad/s^2(弧度每秒平方)。

　　在刚体定轴转动中,角量与线量之间的关系可以用第一章中所讲的圆周运动中角量和线量之间的关系来描述。设刚体内有一点 P,距离转轴的垂直距离为 r,则点 P 的线速度和角速度大小之间的关系为

$$\boldsymbol{v}=\boldsymbol{\omega}\times\boldsymbol{r} \tag{5-3}$$

　　点 P 的法向加速度和切向加速度分别为

$$a_n=r\omega^2,a_\tau=\frac{\mathrm{d}v}{\mathrm{d}t}=r\alpha \tag{5-4}$$

　　由式(5-1)和式(5-2),我们可以得出,当刚体做匀角速转动(即角速度 $\omega=$ 常量)时,角坐标与时间的关系为

$$\theta=\theta_0+\omega t \tag{5-5}$$

刚体做匀变速转动(即角加速度 $\alpha=$ 常量)时,角坐标与时间的关系为

$$\theta=\theta_0+\omega t+\frac{1}{2}\alpha t^2 \tag{5-6}$$

角速度与时间的关系为

$$\omega = \omega_0 + \alpha t \tag{5-7}$$

角速度与角位移的关系为

$$\omega^2 - \omega_0^2 = 2\alpha(\theta - \theta_0) \tag{5-8}$$

式中,θ_0、ω_0 分别为 $t=0$ 时刚体的角坐标和角速度;θ、ω 分别为 t 时刻刚体的角坐标和角速度。

例 5-1 一飞轮半径为 0.2m、转速为 150r/min,因受到制动而均匀减速,经 30s 停止转动。试求:

(1) 角加速度和在此时间内飞轮所转的圈数;

(2) 制动开始后 $t=6$s 时飞轮的角速度;

(3) $t=6$s 时飞轮边缘上一点的线速度、切向加速度和法向加速度大小。

解: (1) 由题意知

$$\omega_0 = \frac{2\pi \times 150}{60} = 5\pi (\text{rad/s})$$

$t=30$s 时,$\omega=0$。设 $t=0$ 时,$\theta_0=0$。因飞轮做匀减速运动,得

$$\alpha = \frac{\omega - \omega_0}{t} = \frac{0 - 5\pi}{30} = -\frac{\pi}{6} (\text{rad/s}^2)$$

式中,负号表示 α 的方向与 ω_0 的方向相反。而飞轮在 30s 内转过的角度为

$$\theta = \frac{\omega^2 - \omega_0^2}{2\alpha} = \frac{-(5\pi)^2}{2 \times \left(-\frac{\pi}{6}\right)} = 75\pi (\text{rad})$$

于是,飞轮的转数为

$$N = \frac{\theta}{2\pi} = 37.5 (\text{r})$$

(2) 制动开始后 $t=6$s 时飞轮的角速度为

$$\omega = \omega_0 + \alpha t = 5\pi - \frac{\pi}{6} \times 6 = 4\pi (\text{rad/s})$$

(3) $t=6$s 时飞轮边缘上一点的线速度为

$$v = r\omega = 0.2 \times 4\pi = 2.5 (\text{m/s})$$

该点的切向加速度和法向加速度由式(5-4)得

$$a_\tau = \frac{\mathrm{d}v}{\mathrm{d}t} = r\alpha = 0.2 \times \left(-\frac{\pi}{6}\right) = -0.105(\mathrm{m/s^2})$$

$$a_n = r\omega^2 = 0.2 \times (4\pi)^2 = 31.6(\mathrm{m/s^2})$$

§5-2 力矩 刚体定轴转动的动能 转动惯量

一、力矩

一个具有固定轴的静止刚体,在外力作用下,可能会发生转动,也有可能不发生转动。刚体转动与否,与力的方向、大小有关还与力的作用点和作用线有关。如图5-4所示,将刚体在垂直转轴方向截得一平面,作用于刚体内点 P 上的力 F 亦在此平面内。从转轴与截面的交点 O 到力 F 的作用线的垂直距离 d 叫作力对转轴的力臂,力的大小 F 和力臂 d 的乘积叫作力 F 对转轴力矩的大小,即

$$M = Fd \qquad\qquad (5-9)$$

从图5-4(a)还可以看出, r 为由点 O 到力 F 的作用点 P 的矢径, φ 为矢径 r 与力 F 之间的夹角。由于 $d = r\sin\varphi$,故力矩的大小可表示为

$$M = Fr\sin\varphi \qquad\qquad (5-10)$$

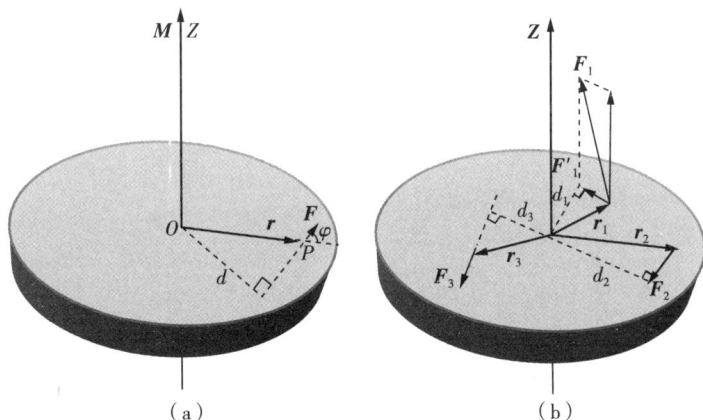

图5-4 力对定轴转动的刚体的力矩

力矩是一个矢量,由图5-4(a)可以看出,当有另外一个力作用于 P 点,与力 F 在一条直线上且反向时,这两个力所产生的转动效果是不同的。由矢量的矢积定

义,力矩 M 可用矢径 r 与力 F 的矢积表示,即

$$M = r \times F \qquad (5-11)$$

力矩 M 的方向垂直于空间位矢 r 与力 F 组成的平面,且与 r、F 满足右手螺旋法则:把右手拇指伸直,其余四指弯曲,弯曲的方向是由位矢 r 通过小于 $180°$ 的角 φ 转向力 F 的方向,这时拇指所指的方向就是力矩的方向。力矩的单位为 N·m(牛顿·米)。

如果有几个外力同时作用在刚体上如图 5-4(b),三个力的合力矩的量值等于这几个力的力矩的代数和。

$$M_z = F_1'd_1 + F_3d_3 - F_2d_2 \qquad (5-12)$$

其中 F_1 与 F_1' 相对转轴 Oz 的力矩一样,式中正负号是根据右手螺旋法则规定的,在力矩使刚体转动的转向与右手螺旋的转向一致时,螺旋前进的方向如果沿转轴 Oz,它就被定为力矩的正方向。这样,M_z 为正值时,总力矩的方向沿转轴 Oz 方向,为负值时则相反。

二、力矩的功

当质点在外力作用下发生位移时,力就对质点做了功。与之相似,刚体在外力矩作用下转动时,力矩就对刚体做了功。下面来计算力矩的功。对于刚体,因各质点间的相对位置不变,所以内力不做功,只需考虑外力的功。而对于定轴转动的情况,外力可分解为垂直于转轴平面内的分力和平行于转轴的分力。而平行于转轴的分力是不做功的,故我们只研究在垂直于转轴平面内外力的做功情况。

如图5-5所示,在刚体上建立 $O-xyz$,z 轴与纸面垂直,力 F 作用点 P,沿半径为 r 的圆周经过弧长 ds,对应的角位移 $d\theta$,dr 与 F 的夹角为 α,r 与 F 的夹角为 φ,则根据变力沿曲线做功的公式,得元功为

图 5-5 力矩的功

$$dA = F \cdot dr = Fds\cos\alpha = Frd\theta\cos\alpha = Fr\sin\varphi d\theta = Md\theta$$

式中,$M = Fr\sin\varphi$ 为外力 F 对转轴的力矩。可见,外力 F 的元功用力矩表示出来了,因此称为力矩的元功,即力矩的元功等于力矩 M 与角位移 $d\theta$ 的乘积。设刚体从 θ_0 转到 θ,力矩的总功为

$$A = \int_{\theta_0}^{\theta} M \cdot d\theta \qquad (5-13)$$

力矩的(瞬时)功率为

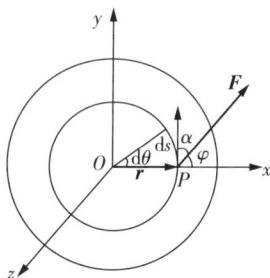

$$P = \frac{\mathrm{d}A}{\mathrm{d}t} = \frac{M\mathrm{d}\theta}{\mathrm{d}t} = M\omega \qquad (5-14)$$

即力矩的功率等于力矩和角速度的乘积。

　　由上可见,刚体转动时力矩的功和功率的表达式,与质点运动时力的功和功率的表达式在形式上是类似的,力矩和力相对应,角位移和位移相对应,角速度和速度相对应。

三、转动动能

　　刚体可以看成是由许多质点组成的质点系,刚体绕定轴(Oz 轴)转动的转动动能等于各质点动能的总和。质元 Δm_i 的动能为

$$E_i = \frac{1}{2} \Delta m_i v_i^2 = \frac{1}{2} \Delta m_i (r_i \omega)^2 = \frac{1}{2} \Delta m_i r_i^2 \omega^2$$

则整个刚体的动能为

$$E_k = \sum_i E_i = \frac{1}{2} \sum_i \Delta m_i r_i^2 \omega^2 = \frac{1}{2} \sum_i (\Delta m_i r_i^2) \omega^2$$

定义式中,$\sum_i (\Delta m_i r_i^2)$ 为刚体的转动惯量 J,故

$$J = \sum_i (\Delta m_i r_i^2) \qquad (5-15)$$

$$E_k = \frac{1}{2} J \omega^2 \qquad (5-16)$$

即刚体绕定轴转动的转动动能等于刚体的转动惯量与角速度二次方的乘积的一半,这与质点动能 $E_k = \frac{1}{2} mv^2$ 在形式上相似。角速度 ω 与线速度 v 相对应,转动惯量 J 与质量 m 相对应。

四、转动惯量

　　定义式(5-15)中的物理量 $\sum_i (\Delta m_i r_i^2)$ 为刚体绕 Oz 轴的**转动惯量** J,它是描述刚体在转动中的惯性大小的物理量。

　　对于质量连续分布的刚体,转动惯量 J 的定义式中的求和应换为积分,即

$$J = \int r^2 \mathrm{d}m \qquad (5-17)$$

转动惯量的单位是 $\mathrm{kg \cdot m^2}$(千克·米^2),转动惯量是一个由刚体对轴的质量分布所决定的量。由于刚体大小和形状不能改变,故刚体对某个轴的转动惯量为一常量。对形状规则的刚体,其转动惯量可由定义式计算;对于一般的刚体,可用实验测定它的转动惯量。

刚体的转动惯量与以下三个因素有关:

(1) 与刚体的质量有关,形状、大小相同的均匀刚体总质量越大,转动惯量越大。

(2) 与刚体的几何形状有关,总质量相同的刚体,质量分布离轴越远,转动惯量越大。

(3) 与转轴的位置有关,同一刚体,转轴位置不同,质量对轴的分布就不同,因而转动惯量就不同。

例 5 - 2 对于以下两种不同的转轴位置,求长度为 L、质量为 m 的均匀细棒 AB 的转动惯量。

(1) 对于通过棒的一端与棒垂直的轴;

(2) 对于通过棒的中点与棒垂直的轴。

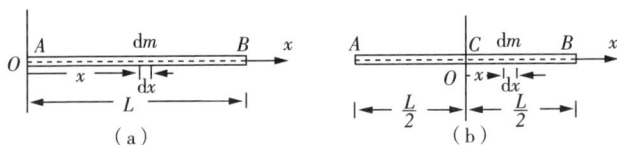

例 5 - 2 图

解:(1) 如图(a)所示,沿棒长方向取 x 轴。取任一长度元 $\mathrm{d}x$。以 ρ 表示单位长度的质量,则这一长度元的质量为 $\mathrm{d}m = \rho \mathrm{d}x$。对于在棒的一端的轴来说,有

$$J_A = \int x^2 \mathrm{d}m = \int_0^L x^2 \rho \mathrm{d}x = \frac{1}{3}\rho L^3$$

将 $\rho = m/L$ 代入,可得

$$J_A = \frac{1}{3}mL^2$$

(2) 如图(b)所示,对于通过棒的中点的轴来说,棒的转动惯量应为

$$J_C = \int x^2 \mathrm{d}m = \int_{-\frac{L}{2}}^{+\frac{L}{2}} x^2 \rho \mathrm{d}x = \frac{1}{12}\rho L^3$$

将 $\rho = m/L$ 代入,可得

$$J_C = \frac{1}{12}mL^2$$

例5-3　有一质量为 m、半径为 R 的匀质细圆环,求圆环对通过环心且与环面垂直的轴的转动惯量。

解:将匀质细圆环分成很多个小质元,每一小质元均可视为质点,其质量为 $\mathrm{d}m$,到轴的距离 R,由转动惯量的定义有

$$J = \int R^2\,\mathrm{d}m = R^2 \int \mathrm{d}m = mR^2$$

例5-4　如图所示,有一质量为 m、半径为 R、密度均匀的圆盘,求它对通过盘心且与盘面垂直的转轴的转动惯量。

解:把圆盘分成许多无限薄圆环。用 ρ 表示圆盘密度,用 h 表示其厚度,则半径为 r、宽为 $\mathrm{d}r$ 的薄圆环的质量为

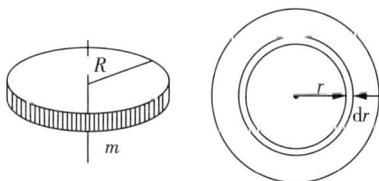

例 5-4 图

$$\mathrm{d}m = \rho 2\pi rh\,\mathrm{d}r$$

薄圆环对轴的转动惯量为

$$\mathrm{d}J = r^2\,\mathrm{d}m = 2\pi\rho h r^3\,\mathrm{d}r$$

积分得

$$J = \int_0^R 2\pi\rho h r^3\,\mathrm{d}r = 2\pi\rho h \int_0^R r^3\,\mathrm{d}r = \frac{1}{2}\pi\rho h R^4$$

其中, $h\pi R^2$ 为圆盘体积, $\rho\pi h R^2$ 为圆盘质量 m,故圆盘转动惯量为

$$J = \frac{1}{2}mR^2$$

五、平行轴定理　垂直轴定理

1. 平行轴定理

刚体转动惯量与轴的位置有关,设通过刚体质心的轴线为 C 轴,刚体相对这个轴线的转动惯量为 J_C,若另一轴线 z 与 C 轴平行,可以证明刚体对通过 z 轴的转动惯量为

$$J_z = J_C + md^2 \tag{5-18}$$

式中, m 为刚体质量, d 为两轴的距离。式(5-18)叫作**平行轴定理**。从上式可以看出,刚体对通过质心轴线的转动惯量最小,而对任何与质心轴线相平行的轴线的转动惯量都大于 J_C。

2. 垂直轴定理

设刚体为厚度无穷小的薄板,建立坐标系 $O\text{-}xyz$,z 轴与薄板垂直,Oxy 坐标面在薄板平面内,如图 5-6 所示,刚体对 z 轴的转动惯量为

$$J_z = \sum m_i r_i^2 = \sum m_i x_i^2 + \sum m_i y_i^2 \qquad (5-19)$$

等号右方两部分顺次表示刚体对 y 和 x 轴的转动惯量,即

$$J_z = J_x + J_y \qquad (5-20)$$

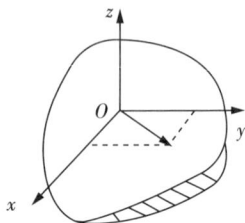

图 5-6　垂直轴定理

因此,无穷小厚度的薄板对一与它垂直的坐标轴的转动惯量,等于薄板对板面内另两个直角坐标轴的转动惯量之和,称为**垂直轴定理**。注意:本定理对于有限厚度的板不成立。

下面给出一些常用均匀刚体的转动惯量。

表 5-1　几种常见均匀刚体的转动惯量

	圆环: 转轴通过中心与环面垂直 $J = mr^2$		圆环: 转轴沿直径 $J = \frac{1}{2}mr^2$
	薄圆盘: 转轴通过中心与盘面垂直 $J = mr^2/2$		圆筒: 转轴沿几何轴 $J = m(r_1^2 + r_2^2)/2$
	圆柱体: 转轴沿几何轴 $J = \frac{1}{2}mr^2$		圆柱体: 轴承通过中心与几何轴垂直 $J = mr^2/4 + ml^2/12$
	细棒: 转轴通过中心与棒垂直 $J = ml^2/12$		细棒: 转轴通过端点与棒垂直 $J = ml^2/3$
	球体: 转轴沿直径 $J = 2mr^2/5$		球壳: 转轴沿直径 $J = 2mr^2/3$

§5-3　转动定律　定轴转动中的功能关系

一、刚体定轴转动定律

在研究质点运动时,我们知道,在外力作用下,质点会获得加速度,即 $\boldsymbol{F}=m\boldsymbol{a}$。在外力矩作用下,绕定轴转动的刚体的角速度也会发生变化,即具有角加速度。下面来讨论外力矩和角加速度之间的关系。如图 5-7 所示,刚体可看成由 n 个质点组成,此刚体可绕固定轴 Oz 转动,于是刚体上每一质点都绕轴 Oz 做圆周转动。在刚体上取质点 i,其质量为 Δm_i,绕轴 Oz 做半径为 r_i 的圆周运动,设质点 i 受两个力的作用,一个是外力 $\boldsymbol{F}_i$,另一个是刚体中其他质点作用的内力 $\boldsymbol{F}'_i$,并设外力 $\boldsymbol{F}_i$ 和内力 $\boldsymbol{F}'_i$ 均在与轴 Oz 相垂直的同一平面内,由牛顿第二定律,质点 i 的运动方程为

$$\boldsymbol{F}_i+\boldsymbol{F}'_i=\Delta m_i\boldsymbol{a}_i$$

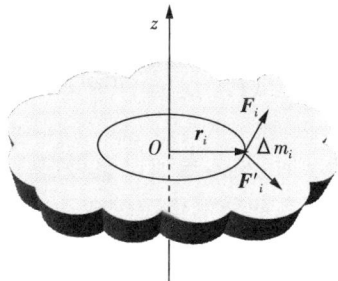

图 5-7　刚体绕定轴转动的转动定律

如以 F_{it} 和 F'_{it} 分别表示外力 $\boldsymbol{F}_i$ 和内力 $\boldsymbol{F}'_i$ 在切向的分力,那么质点 i 的切向运动方程为

$$F_{it}+F'_{it}=\Delta m_i a_{it}$$

式中,a_{it} 为质点 i 的切向加速度,由切向加速度与角加速度之间的关系 $a_t=r\alpha$。所以上式化为

$$F_{it}+F'_{it}=\Delta m_i r_i\alpha$$

上式两边各乘以 r_i,得

$$F_{it}r_i+F'_{it}r_i=\Delta m_i r_i^2\alpha$$

式中,$F_{it}r_i$ 和 $F'_{it}r_i$ 分别是外力 $\boldsymbol{F}_i$ 和内力 $\boldsymbol{F}'_i$ 切向分力对转轴 Oz 的力矩,考虑到外

力和内力在法向的分力 F_{in} 和 F'_{in} 均通过转轴 Oz，所以其力矩为零。故上式左边也可以理解为作用在质点 i 上的外力矩与内力矩的和。

若遍及所有质点，可得

$$\sum F_{it} r_i + \sum F'_{it} r_i = \sum (\Delta m_i r_i^2) \alpha$$

由于内力中的每一对作用与反作用的力矩相加为零，故刚体内各质点间的内力对转轴的合内力矩为零，即 $\sum F'_{it} r_i = 0$，故上式可以变为

$$\sum F_{it} r_i = \sum (\Delta m_i r_i^2) \alpha$$

$\sum F_{it} r_i$ 为刚体内所有质点所受的外力对转轴的力矩的代数和，即合外力矩，用 M 表示，有 $M = \sum F_{it} r_i$，这样上式为

$$M = \sum (\Delta m_i r_i^2) \alpha$$

式中，$\sum (\Delta m_i r_i^2)$ 为转动惯量，对于绕定轴转动的刚体，它为一恒量。所以

$$\boldsymbol{M} = J\boldsymbol{\alpha} = J \frac{\mathrm{d}\boldsymbol{\omega}}{\mathrm{d}t} \tag{5-21}$$

它表明刚体绕固定轴转动时，刚体角加速度与它所受的合外力矩成正比，与刚体的转动惯量成反比。这个关系叫作**刚体定轴转动的转动定律**，简称**转动定律**。

如同牛顿第二定律是解决质点运动问题的基本定律一样，转动定律是解决刚体定轴转动问题的基本定律。

例 5-5 如图所示，一个质量为 M、半径为 R 的定滑轮上面绕有细绳。绳的一端固定在滑轮边上，另一端挂一质量为 m 的物体而下垂。忽略轴处的摩擦力，求物体 m 由静止下落 h 高度时的速度和此时滑轮的角速度。

解：图中两拉力 T_1 和 T_2 大小相等，以 T 表示。由于没有摩擦所以物体加速向下运动，其角速度、角加速度和力矩方向都是垂直纸面向里。对定滑轮 M，由转动定律，对轴 O 有

$$RT = J\alpha = \frac{1}{2} MR^2 \alpha$$

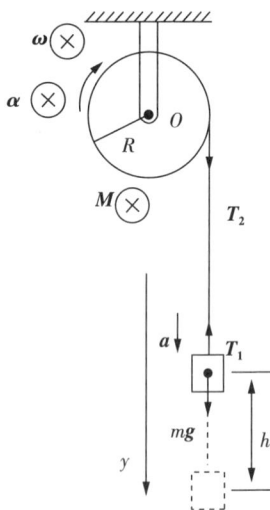

例 5-5 图

对物体 m,由牛顿第二定律,沿 y 方向,有

$$mg - T = ma$$

滑轮和物体的运动学关系为

$$a = R\alpha$$

联立以上三式,可以求得物体下落的加速度为

$$a = \frac{m}{m + M/2}g$$

物体下落高度 h 时的速度为

$$v = \sqrt{2ha} = \sqrt{\frac{4mgh}{2m + M}}$$

这时滑轮转动的角速度为

$$\omega = \frac{v}{R} = \frac{1}{R}\sqrt{\frac{4mgh}{2m + M}}$$

例 5 - 6   如图所示,一轻绳跨过一定滑轮,滑轮视为圆盘,绳的两端分别悬有质量为 m_1 和 m_2 的物体 1 和 2,$m_1 < m_2$。设滑轮的质量为 m,半径为 r,所受的摩擦阻力矩为 **Mr**。绳与滑轮之间无相对滑动。(阿特伍德机)试求物体的加速度和绳的张力。

解:因为滑轮在转动中受到阻力矩的作用,两边的张力不再相等,设物体 1 这边绳的张力为 T_1、$T_1'(T_1 = T_1')$,物体 2 这边的张力为 T_2、$T_2'(T_2 = T_2')$

因 $m_2 > m_1$,物体 1 向上运动,物体 2 向下运动,滑轮以顺时针方向旋转,**Mr** 的方向是垂直向外。可列出方程

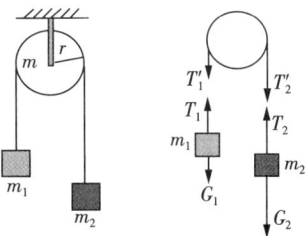

例 5 - 6 图

$$\begin{cases} T_1 - G_1 = m_1 a \\ G_2 - T_2 = m_2 a \\ T_2'r - T_1'r - M_r = J\alpha \end{cases}$$

其中 $J = \frac{1}{2}mr^2$,滑轮边缘上的切向加速度和物体的加速度相等,即 $a = r\alpha$。

从以上各式即可解得

$$a = \frac{(m_2 - m_1)g - M_r/r}{m_2 + m_1 + \dfrac{J}{r^2}} = \frac{(m_2 - m_1)g - M_r/r}{m_2 + m_1 + \dfrac{1}{2}m}, \quad \alpha = \frac{a}{r} = \frac{(m_2 - m_1)g - M_r/r}{\left(m_2 + m_1 + \dfrac{1}{2}m\right)r}$$

$$T_1 = m_1(g + a) = \frac{m_1 \left[\left(2m_2 + \dfrac{1}{2}m\right)g - M_r/r\right]}{m_2 + m_1 + \dfrac{1}{2}m}$$

$$T_2 = m_1(g - a) = \frac{m_2 \left[\left(2m_1 + \dfrac{1}{2}m\right)g + M_r/r\right]}{m_2 + m_1 + \dfrac{1}{2}m}$$

二、定轴转动中的功能关系

设在合外力矩 $\boldsymbol{M}$ 的作用下，刚体绕定轴转过的角位移为 $\mathrm{d}\boldsymbol{\theta}$，合外力矩对刚体所做的功为

$$\mathrm{d}A = \boldsymbol{M} \cdot \mathrm{d}\boldsymbol{\theta} = M\mathrm{d}\theta$$

由转动定律 $M = J\alpha = J\dfrac{\mathrm{d}\omega}{\mathrm{d}t}$，上式可以写成

$$\mathrm{d}A = J\frac{\mathrm{d}\omega}{\mathrm{d}t}\mathrm{d}\theta = J\frac{\mathrm{d}\theta}{\mathrm{d}t}\mathrm{d}\omega = J\omega\,\mathrm{d}\omega$$

绕定轴转动的刚体，其转动惯量为一常量，在 Δt 时间内，由于合外力矩对刚体做功，使得刚体的角速度从 ω_1 变到 ω_2，合外力矩对刚体所做的功为

$$A = \int \mathrm{d}A = J\int_{\omega_1}^{\omega_2} \omega\,\mathrm{d}\omega$$

即
$$A = \frac{1}{2}J\omega_2^2 - \frac{1}{2}J\omega_1^2 \qquad\qquad (5-22)$$

上式表明，合外力矩对绕定轴转动的刚体所做的功等于刚体转动动能的增量。这就是**刚体绕定轴转动的动能定理**。

刚体绕定轴转动的动能定理表达式和质点的动能定理表达式 $A = \dfrac{1}{2}mv^2 - \dfrac{1}{2}mv_0^2$ 类似。

三、刚体的重力势能

对于一个不太大的质量为 m 的物体，它的重力势能应是组成刚体的各个质点

的重力势能之和,即

$$E_p = \sum \Delta m_i g h_i = g \sum \Delta m_i h_i$$

质心高度为

$$h_c = \frac{\sum \Delta m_i h_i}{m}$$

所以

$$E_p = mgh_c$$

这表明一个不太大的刚体的重力势能与它的质量集中在质心时所具有的势能一样。

对于既有平动物体又有绕定轴转动物体组成的系统来说,上一章介绍的功能原理仍然成立。如果在运动过程中,只有保守内力做功,那么机械能守恒定律同样适用。需要注意的是,系统的动能应该包括系统内平动物体的平动动能,也包括绕定轴转动物体的转动动能,势能是平动物体和转动物体的势能之和。

例 5-7　如图所示,一根长为 l、质量为 m 的均匀细直棒,一端有一固定的光滑水平轴,因而可以在竖直平面内转动,最初棒静止在水平位置,求它由此下摆 θ 角时的角速度和角加速度。

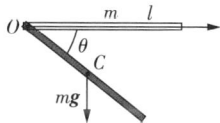

解:对棒作受力分析,重力为 mg,作用在棒的中心点 C,方向竖直向下,轴和棒之间没有摩擦力,轴对棒

例 5-7 图

的支撑力通过 O 点。在棒下摆过程中,对转轴 O 来说,支撑力的力矩等于零,重力的力矩是变力矩,大小为

$$M = \frac{1}{2}mgl\cos\theta$$

在棒从水平位置下摆 θ 角的过程中,重力矩所做的总功为

$$A = \int_0^\theta M\mathrm{d}\theta = \int_0^\theta \frac{l}{2}mg\cos\theta\mathrm{d}\theta = \frac{lmg}{2}\sin\theta$$

根据刚体绕定轴转动的动能定理,得

$$A = \frac{1}{2}J\omega^2 - 0, \text{且 } J = \frac{1}{3}ml^2$$

解得

$$\omega = \sqrt{\frac{3g\sin\theta}{l}}$$

$$\alpha = \frac{\mathrm{d}\omega}{\mathrm{d}t} = \frac{\mathrm{d}\sqrt{\frac{3g\sin\theta}{l}}}{\mathrm{d}t} = \frac{3g}{2l}\cos\theta$$

可见,在细棒从水平转到竖直状态过程中,角速度在增加,而角加速度不断减小。

§5-4　角动量和角动量守恒定律

一、质点的角动量

前面质点力学讨论中,我们从力对时间的积累作用出发,引出动量定理,进而得出动量守恒定律。现在我们将从力矩的概念出发,讨论力矩对时间的累积作用,得出质点的角动量定理和角动量守恒定律,然后推广到绕定轴转动的刚体的角动量和角动量守恒定律。

在讨论质点运动时,我们用动量来描述机械运动的状态,并讨论了在机械运动的转移过程中所遵循的动量守恒定律。同样,在讨论质点相对于空间某一定点的运动时,我们用角动量来描述物体的运动状态。如图5-8所示,质量为 m 的质点相对原点 O 的位矢为 r,速度为 v ,动量为 p,定义质点 m 对原点 O 的**角动量**为

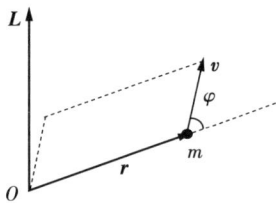

图 5-8　质点的角动量

$$L = r \times p \tag{5-23}$$

质点的角动量 L 是一个矢量,它的方向垂直 r 和 v 的平面,并服从右手法则。角动量 L 的大小为

$$L = rmv\sin\varphi \tag{5-24}$$

式中,φ 为 r 和 v 之间的夹角。质点的角动量是与位矢 r 和动量 p 有关,也就是与参考点 O 的选择有关。因此,在讲述质点的角动量时,**必须指明是对哪一点的角动量**。

二、质点的角动量定理

设质量为 m 的质点,对惯性系中参考点 O 的位矢为 r,受到合力 F 的作用,由牛顿第二定律可知

$$F = m\frac{\mathrm{d}v}{\mathrm{d}t} = \frac{\mathrm{d}(mv)}{\mathrm{d}t} = \frac{\mathrm{d}p}{\mathrm{d}t}$$

用 r 叉乘上式,可以得到

$$r \times F = r \times \frac{\mathrm{d}p}{\mathrm{d}t}$$

由于 $\dfrac{\mathrm{d}}{\mathrm{d}t}(\boldsymbol{r}\times\boldsymbol{p})=\dfrac{\mathrm{d}\boldsymbol{r}}{\mathrm{d}t}\times\boldsymbol{p}+\boldsymbol{r}\times\dfrac{\mathrm{d}\boldsymbol{p}}{\mathrm{d}t}$,且 $\dfrac{\mathrm{d}\boldsymbol{r}}{\mathrm{d}t}\times\boldsymbol{p}=0$,故得

$$\boldsymbol{r}\times\boldsymbol{F}=\frac{\mathrm{d}}{\mathrm{d}t}(\boldsymbol{r}\times\boldsymbol{p})=\frac{\mathrm{d}\boldsymbol{L}}{\mathrm{d}t}$$

即

$$\boldsymbol{M}=\frac{\mathrm{d}\boldsymbol{L}}{\mathrm{d}t} \tag{5-25}$$

上式左边为作用于质点的力 $\boldsymbol{F}$ 的力矩,右边为角动量对时间的导数。式(5-25)表示质点参考点 O 的角动量随时间的变化率等于作用于质点的合外力对 O 的力矩。这即为质点的**角动量定理**。

若将(5-25)式两边分别乘上 $\mathrm{d}t$ 后积分,可得

$$\boldsymbol{L}_2-\boldsymbol{L}_1=\int_{t_1}^{t_2}\boldsymbol{M}\mathrm{d}t \tag{5-26}$$

式(5-26)为**角动量定理的积分形式**。$\int_{t_1}^{t_2}\boldsymbol{M}\mathrm{d}t$ 表示质点在时间间隔 t_2-t_1 内对参考点 O 所受的**冲量矩**,即式(5-26)的物理意义为:对同一参考点 O,质点角动量的增量等于在该段时间内质点所受的冲量矩。

三、质点的角动量守恒定律

由式 $\boldsymbol{M}=\dfrac{\mathrm{d}\boldsymbol{L}}{\mathrm{d}t}$ 看出,如果质点所受的合力矩等于零,即 $\boldsymbol{M}=0$,则有

$$\boldsymbol{L}_O=\boldsymbol{r}\times\boldsymbol{p}=\text{恒矢量} \tag{5-27}$$

上式表示,对同一参考点 O,若质点所受的合力矩为零,则质点的角动量为一个恒矢量。此为质点的**角动量守恒定律**。

一般的受向心力作用运动,$\boldsymbol{L}_O=\boldsymbol{r}\times\boldsymbol{p}=$ 恒矢量,其中角动量大小为 $|\boldsymbol{L}_O|=rmv\sin\alpha$,如图5-9,为平行四边形面积。太阳系中行星是在太阳的引力作用下,沿着椭圆轨道运动的,如图5-10,由于引力的方向在任何时刻总是与行星对于太阳的径矢方向反平行,所以行星受到的引力对太阳的力矩为零。因此,行星在运动过程中,对太阳的角动量将保持不变,这个不变意味着行星对太阳的径矢在单位时间内扫过的面积保持不变。这就是**开普勒第二定律**。

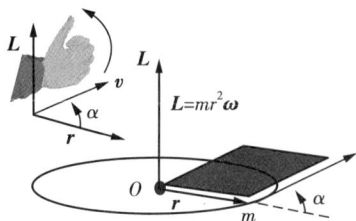

图 5 9 向心力作用下质点的角动量守恒

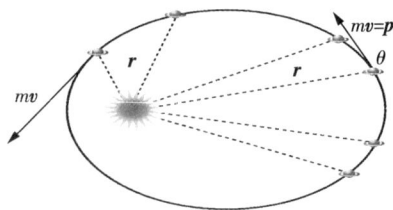

图 5-10 开普勒第二定律

例 5-8 如图所示,卫星在以地心为焦点的椭圆轨道上运行。已知卫星近地点高度为 $h_1 = 266 \mathrm{km}$,远地点高度为 $h_2 = 1826 \mathrm{km}$,卫星经过近地点时速率为 $v_1 = 8.13 \mathrm{km/s}$。求卫星通过远地点时的速率。(地球半径 $R = 6370 \mathrm{km}$)

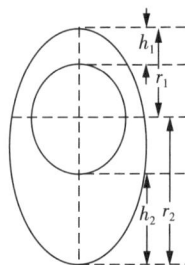

例 5-8 图

解:

$$r_1 = R + h_1 = 6.64 \times 10^3 (\mathrm{km})$$

$$r_2 = R + h_2 = 8.20 \times 10^3 (\mathrm{km})$$

由于卫星受到的万有引力的作用线总是通过地心,故万有引力对地心的力矩恒为零,因此卫星对于地心的角动量守恒:

$$r_1 m v_1 = r_2 m v_2$$

$$v_2 = \frac{r_1}{r_2} v_1 = 6.58 (\mathrm{km/s})$$

四、定轴转动刚体对转轴的角动量

上面我们介绍了质点的角动量,这个概念在刚体转动的研究中是非常重要的,现在,我们把质点的角动量推广为刚体的角动量。质点的角动量是对一定点而言的,在刚体的定轴转动中,其角动量却是对固定轴而言的。图 5-11 所示为刚体的一个横截平面,它可绕通过点 O 且垂直于该平面的 Oz 轴以角速度 ω 旋转。由于刚体绕定轴转动,刚体上每一个质点都以相同的角速度绕轴做圆周运动。设其中第 i 个小

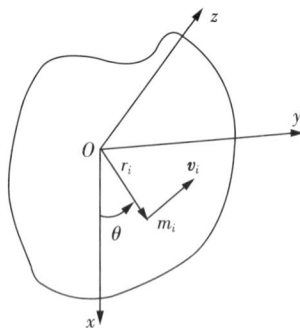

图 5-11 刚体对转轴的角动量

质元质量为 m_i ,到 Oz 轴的距离为 r_i ,则 m_i 对 z 轴的角动量大小为

$$L_{iz} = m_i v_i r_i = m_i r_i^2 \omega \tag{5-28}$$

于是刚体上所有质点对 Oz 轴的角动量,即刚体对定轴 Oz 的角动量为

$$L_z = \sum_i m_i r_i^2 \omega = (\sum_i m_i r_i^2)\omega = J\omega \tag{5-29}$$

五、刚体定轴转动的角动量守恒定律

如图 $5-12$ 所示,设有一刚体绕定轴转动,从式 $\boldsymbol{M} = \dfrac{\mathrm{d}\boldsymbol{L}}{\mathrm{d}t}$ 可知,作用在质点 m_i 上的合力矩 $\boldsymbol{M}_i$ 应等于质点的角动量随时间的变化率,即

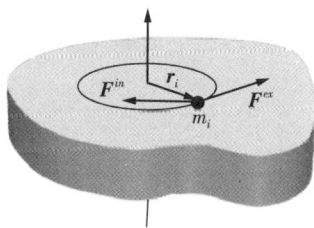

图 $5-12$　刚体定轴转动的角动量定理

$$\boldsymbol{M}_i = \dfrac{\mathrm{d}\boldsymbol{L}_i}{\mathrm{d}t}$$

合力矩 $\boldsymbol{M}_i$ 中含有质点 m_i 所受的合外力 $\boldsymbol{F}^{ex}$ 对转轴的力矩 $\boldsymbol{M}_i^{ex}$ 和质点 m_i 所受的合内力 $\boldsymbol{F}^{in}$ 对转轴的力矩 $\boldsymbol{M}_i^{in}$ 。由于内力中的每一对作用与反作用的力矩相加为零,有 $\sum_i \boldsymbol{M}_i^{in} = 0$,因此,可得刚体所受对定轴的合外力矩 $\boldsymbol{M}$ 为

$$\boldsymbol{M} = \sum_i \boldsymbol{M}_i^{ex} = \dfrac{\mathrm{d}}{\mathrm{d}t}(\sum_i \boldsymbol{L}_i) = \dfrac{\mathrm{d}\boldsymbol{L}}{\mathrm{d}t}$$

式中, $\boldsymbol{L}$ 是刚体对定轴的角动量,将式 $(5-29)$ 代入,得

$$\boldsymbol{M} = \dfrac{\mathrm{d}\boldsymbol{L}}{\mathrm{d}t} = \dfrac{\mathrm{d}}{\mathrm{d}t}(J\boldsymbol{\omega}) \tag{5-30}$$

上式表示,刚体绕定轴转动时,作用于刚体的合外力矩等于刚体绕此定轴的角动量随时间的变化率。这一结论叫作**刚体绕定轴转动的角动量定理**。

将上式变形可得

$$\boldsymbol{M}\mathrm{d}t = \mathrm{d}\boldsymbol{L}$$

上式积分得

$$\int_{t_1}^{t_2} \boldsymbol{M}\mathrm{d}t = \int_{L_1}^{L_2} \mathrm{d}\boldsymbol{L} = \boldsymbol{L}_2 - \boldsymbol{L}_1 = J\boldsymbol{\omega}_2 - J\boldsymbol{\omega}_1 \tag{5-31}$$

式中,$\int_{t_1}^{t_2} \boldsymbol{M} dt$ 表示从 t_1 到 t_2 时间内对轴的力矩的冲量和或冲量矩之和。上式表示定轴转动刚体对轴的角动量的增量等于外力对该轴的力矩的冲量之和。式(5-31)为**刚体绕定轴转动的角动量定理的积分形式**,它与质点的角动量定理在形式上很相似。

如果刚体在转动过程中,其内部各质点相对于转轴的位置发生了变化,则刚体的转动惯量也必然随时间变化。若在 Δt 时间间隔内,转动惯量由 J_1 变为 J_2,由式(5-31)可得出下面的关系式

$$\int_{t_1}^{t_2} \boldsymbol{M} dt = J_2 \boldsymbol{\omega}_2 - J_1 \boldsymbol{\omega}_1 \qquad (5-32)$$

上式表示,当转轴给定时,作用在刚体上的冲量矩等于物体角动量的增量。

当作用在质点上的合力矩等于零时,由质点的角动量定理可以导出质点的角动量守恒定律。同样,当作用在定轴转动的刚体上的合外力矩等于零时,由角动量定理也可导出角动量守恒定律。由式(5-32)可以看出,当合外力矩为零时,得

$$\boldsymbol{J\omega} = 恒量 \qquad (5-33)$$

上式表示,当刚体所受的合外力矩等于零,或者不受外力矩的作用,物体的角动量保持不变。此结论称为**绕定轴转动的角动量守恒定律**。

此定律对非刚体(物体转动惯量可以改变)也是成立的。若所受合外力矩为零时,角动量 $\boldsymbol{L} = J\boldsymbol{\omega} =$ 常量,虽然 J 变化,但是 $\boldsymbol{\omega}$ 也变化,其乘积 $J\boldsymbol{\omega} = \boldsymbol{L}$ 不变。

例如舞蹈演员、溜冰运动员等旋转的时候,往往先把两臂张开旋转,然后迅速把两臂靠拢身体,使自己的转动惯量 J 迅速减小,但因 $J\boldsymbol{\omega}$ 不变,故旋转角速度 $\boldsymbol{\omega}$ 加快。又如跳水运动员在空中翻筋斗时,将两臂伸直,并以某一角速度离开跳板,在空中、将臂和腿尽量卷缩起来以减小转动惯量,因而角速度增大,在空中迅速翻转。当快接近水面时,再伸直臂和腿以增大转动惯量减小角速度,以便竖直进入水中。

再如图 5-13 中的茹可夫斯基凳实验,这是一个可以绕固定轴转动的凳子,当忽略转动中的摩擦时,一个人坐在凳子上,两手各握一个很重的哑铃,当他手脚撑开时,在别人帮助下,使人和凳子一起以一定角速度旋转起来,然后当人把手和脚收缩起来,由于这时没有外力矩作用,凳子和人的角动量应该守恒,所以手脚收缩时转动惯量减小,导致角速度增大,此时比手脚撑开时要转的快些。但要注意此过程的机械能并不守恒。

对于由几个物体组成的转动系统,只要合外力矩为零,系统的总角动量也是守恒的,即 $\boldsymbol{L} = \sum J_i \boldsymbol{\omega}_i =$ 常量。

如图 5-14 所示,人手中拿着可转动的轮子,站在可自由转动的凳子上,原来静

止,系统角动量为零,当人转动手中所持的轮子时,则人和凳子必然同时发生反向转动,而总角动量保持为零。

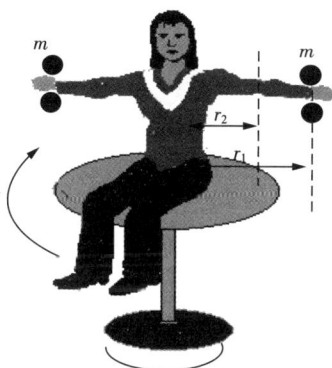

图 5-13　茹可夫斯基凳实验　　　　图 5-14　角动量守恒

本章开篇提出的直升机尾旋翼的作用问题,在这里就可以得到解答。我们把直升机的机身、主旋翼、尾旋翼作为一个系统进行分析,飞机静止时,系统的角动量为零。起飞时,系统受到的合外力矩为零,角动量不变。这时,主旋翼因旋转而产生了角动量,尾旋翼反转,抵消主旋翼的角动量,使系统的角动量保持为零。如果没有尾旋翼,机身在升空过程中会反转,无法正常飞行。所以,尾旋翼的主要作用是防止机身反转。其次,通过改变尾旋翼的转速或者方向还可以改变尾旋翼的推力,来使直升机绕轴线旋转从而改变飞行姿态。

请同学们思考:为什么飞机升空时受到的合外力矩为零?

角动量守恒定律是物理学中最普遍最基本的定律之一。在这里角动量守恒定律虽然是从刚体的转动定律导出的,但近代的科学实验和理论分析都表明:在自然界中,大到天体间的相互作用,小到质子、中子、电子等基本粒子间的相互作用都遵守角动量守恒定律,而在这些领域中,刚体的转动定律却不一定适用。因此角动量守恒定律从根本上来说是一条实验定律,它比刚体的转动定律更加基本,它与动量守恒定律、能量守恒定律一样,是自然界中最普通、最基本的定律之一。

例 5-9　如图,匀质细棒长为 L、质量为 m,可绕通过端点 O 的水平轴转动。棒从水平位置自由释放后,在竖直位置与放在地面的物体相撞。该物体的质量也为 m,与地面的

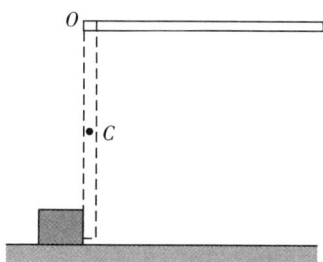

例 5-9 图

摩擦因数为μ,撞后物体沿地面滑行了s距离而停止。求:碰撞后细棒的质心C离地面的最大高度h,并说明棒在碰撞后将向左摆或向右摆的条件。

解:第一阶段是棒自由摆落过程。这时除重力外,其余内力与外力都不做功,所以机械能守恒。我们把棒在竖直位置时质心所在处取为势能零点。用ω表示棒这时的角速度,则

$$mg\,\frac{l}{2} = \frac{1}{2}J\omega^2 = \frac{1}{2}\left(\frac{1}{3}ml^2\right)\omega^2 \tag{1}$$

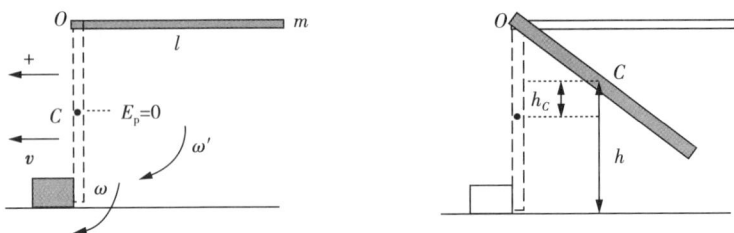

第二阶段是碰撞过程。因碰撞时间极短,自由的冲力极大,物体虽然受到地面的摩擦力但可以忽略。这样,棒与物体相撞时,它们组成的系统所受的对转轴O的外力矩为零,所以,这个系统对O轴的角动量守恒。我们用v表示物体碰撞后的速度,ω'表示棒碰撞后的角速度,取向左摆动的方向为正方向,则以棒与滑块为系统,在二者碰撞过程中,对O轴$M_{\text{外}}=0$,故系统对O轴的角动量守恒

$$J\omega = J\omega' + mvl \tag{2}$$

其中 $J = \frac{1}{3}ml^2$

第三阶段是物体在碰撞后的滑行过程。物体做匀减速直线运动,物体动能全部转为摩擦力做功,对滑块有

$$-fs = 0 - \frac{1}{2}mv^2$$

其中 $f = \mu mg$

所以有
$$v = \sqrt{2\mu gs} \tag{3}$$

由(1)、(2)、(3) 式

可得
$$\omega' = \frac{\sqrt{3gl} - 3\sqrt{2\mu gs}}{l} \tag{4}$$

当 ω' 取正值，则棒向左摆，其条件为：$\sqrt{3gl}-3\sqrt{2\mu gs}>0$ 即 $l>6\mu s$

当 ω' 取负值，则棒向右摆，其条件为：$\sqrt{3gl}-3\sqrt{2\mu gs}<0$ 即 $l<6\mu s$

第三阶段以木棒为研究对象，h_c 表示棒的质心 C 上升的最大高度，与第一阶段情况相似，可由机械能守恒定律求得

$$\frac{1}{2}J\omega'^2=mgh_c \tag{5}$$

(4) 式代入 (5) 可得　　$h_c=\frac{l}{2}+3\mu S-\sqrt{6\mu Sl}$

质心 C 离地面的最大高度　$h=\frac{l}{2}+h_c=l+3\mu S-\sqrt{6\mu Sl}$

例 5-10　如图所示，一质量为 2kg，长为 1.0m 的均匀细棒，支点在棒的上端点，开始时棒自由悬挂。以 $F=100$N 的力打击它的下端点，打击时间为 0.02s。

求：(1) 若打击前细棒是静止的，求打击后细棒的角动量；

(2) 细棒的最大偏转角 θ。(g 取 10m/s^2)

解：(1) 由刚体的角动量定理得

$$\Delta L=J\omega_0=\int M\mathrm{d}t=Fl\Delta t=100\times1\times0.02$$

$$=2.0(\text{kg}\cdot\text{m}^2/\text{s})$$

(2) 取棒和地球为一系统，并选 O 处为重力势能零点。在转动过程中除重力外，其余内力与外力都不做功，系统的机械能守恒，即

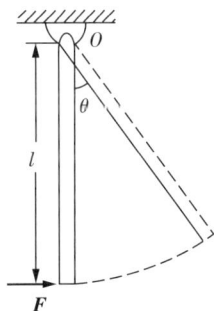

例 5-10 图

$$\frac{1}{2}J\omega_0^2=\frac{1}{2}mgl(1-\cos\theta)$$

由上面两式可得棒的偏转角度为

$$\cos\theta=1-\frac{3F^2\Delta t^2}{m^2gl}=1-\frac{3\times100^2\times0.02^2}{2^2\times10\times1}=0.7$$

$$\theta=\arccos(0.7)=45.57°$$

例 5-11　如图所示，A 与 B 两飞轮的轴杆由摩擦啮合器连接，A 轮的转动惯量 $J_1=10.0\text{kg}\cdot\text{m}^2$，开始时 B 轮静止，A 轮以 $n_1=600\text{r/min}$ 的转速转动，然后使 A 与 B 连接，因而 B 轮得到加速而 A 轮减速，直到两轮的转速都等于 $n=200\text{r/min}$ 为

止。求:(1)B 轮的转动惯量;(2)在啮合过程中损失的机械能。

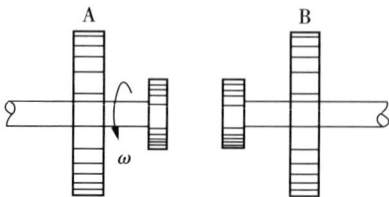

例 5-11 图

解:两飞轮在轴方向啮合时,轴向力不产生转动力矩,两飞轮系统的角动量守恒,由此可求 B 轮的转动惯量。

根据两飞轮在啮合前后转动动能的变化,可得到啮合过程中机械能的损失。

(1)取两飞轮为系统,根据系统的角动量守恒,有

$$J_1 \omega_1 = (J_1 + J_2) \omega_2$$

则 B 轮的转动惯量为

$$J_2 = \frac{\omega_1 - \omega_2}{\omega_2} J_1 = \frac{n_1 - n_2}{n_2} J_1 = 20.0 (\text{kg} \cdot \text{m}^2)$$

(2)系统在啮合过程中机械能的变化为

$$\Delta E = \frac{1}{2} (J_1 + J_2) \omega_2^2 - \frac{1}{2} J_1 \omega_1^2 = -1.32 \times 10^4 (\text{J})$$

式中负号表示啮合过程中机械能减少。

例 5-12 恒星晚期在一定条件下,会发生超新星爆发,这时星体中有大量物质喷入星际空间,同时星的内核却向内坍缩,成为体积很小的中子星。中子星是一种异常致密的星体,一汤匙中子星物体就有几亿吨质量。设某恒星绕自转轴每 45 天转一周,它的内核半径 R_0 约为 2×10^7 m,坍缩成半径 R 仅为 6×10^3 m 的中子星。试求中子星的角速度。坍缩前后的星体内核均看作是匀质圆球。

解:在星际空间中,恒星不会受到显著的外力矩,因此恒星的角动量应该守恒,则它的内核在坍缩前后的角动量 $J_0 \omega_0$ 和 $J\omega$ 应相等。

$$J_0 = \frac{2}{5} m R_0^2, J = \frac{2}{5} m R^2$$

代入 $J_0 \omega_0 = J\omega$ 中,整理后得

$$\omega = \omega_0 \left(\frac{R_0}{R}\right)^2 = \frac{1}{45} \left(\frac{2 \times 10^7}{6 \times 10^3}\right)^2 \left(\frac{1}{24 \times 60 \times 60}\right) = 3 (\text{r/s})$$

由于中子星的致密性和极快的自转角速度,在星体周围形成极强的磁场,并沿着磁轴的方向发出很强的无线电波、光或 X 射线。当这个辐射束扫过地球时,就能检测到脉冲信号,由此,中子星又叫脉冲星。被誉为"中国天眼"的 500 米口径球面射电望远镜(FAST),在 2021 年 12 月 20 日举办年终总结会上宣布其已发现 509 颗脉冲星,是世界上所有其他望远镜发现脉冲星数的 4 倍以上。同学们可以自己分析自转周期和动能的变化。

*§5-5　进　动

本章开始提出了陀螺为什么不旋转很容易倒地,而一个旋转的陀螺却能较长时间不倒的问题。要解释其中的道理我们先看下图 5-15(a)。旋转的陀螺除了绕自身轴旋转(Rotation)以外,陀螺的轴还会绕着竖直方向轴旋转。这种高速自转的物体受外力作用时,导致其自转轴绕某一中心旋转的现象称为**进动**(Precession)。

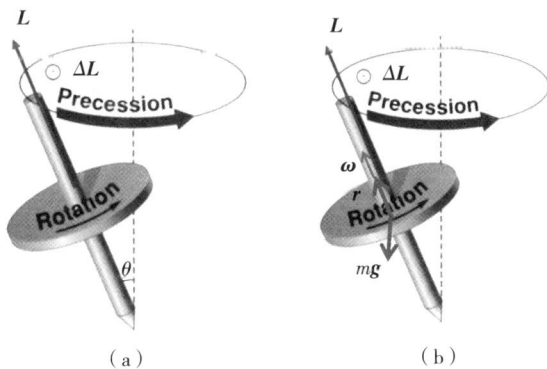

图 5-15　陀螺的进动

陀螺不旋转时一定会倒下,但是旋转起来却能在一定时间里保持旋转状态不倒下,产生这种现象的原因是重力力矩。如图 5-15(b)所示,陀螺旋转时摩擦力力矩为零,仅受重力力矩作用,由转动方向可知角动量方向是与转动平面垂直向上的方向。在图示状态时,重力力矩 $\boldsymbol{M}_G = \boldsymbol{r} \times m\boldsymbol{g}$ 的方向为垂直纸面向外,而由 $\boldsymbol{M}_G = \dfrac{\mathrm{d}\boldsymbol{L}}{\mathrm{d}t}$ 可知此时角动量的变化方向也是重力力矩的方向,角动量变化的方向与角动量的方向垂直,所以陀螺就能不停地旋转而不倒下。因此,自旋的物体在外力矩的作用下,沿外力矩方向改变其角动量矢量的结果产生了进动现象。

本章小结

本章以刚体为研究对象,重点研究了刚体的转动问题,其目的是为进一步研究更复杂的机械运动奠定基础。现简要总结本章知识点。

1. 刚体

可看成在外力作用下保持其大小和形状都不变的物体,即物体内任何两质点之间的距离不因外力而改变。

2. 刚体的定轴转动

刚体的角速度为

$$\omega = \frac{\mathrm{d}\theta}{\mathrm{d}t}$$

刚体的角加速度为

$$\alpha = \lim_{\Delta t \to 0} \frac{\Delta \omega}{\Delta t} = \frac{\mathrm{d}\omega}{\mathrm{d}t}$$

点 P 的线速度和角速度大小之间的关系为

$$v = r\omega$$

点 P 的法向加速度和切向加速度分别为

$$a_n = r\omega^2$$

$$a_t = \frac{\mathrm{d}v}{\mathrm{d}t} = r\alpha$$

刚体做匀速转动时角坐标与时间的关系为

$$\theta = \theta_0 + \omega t$$

刚体做匀变速转动(即角加速度 $\alpha =$ 常量)时角坐标与时间的关系为

$$\theta = \theta_0 + \omega t + \frac{1}{2}\alpha t^2$$

角速度与时间的关系为 $\qquad \omega = \omega_0 + \alpha t$

角速度与角位移的关系为 $\qquad \omega^2 - \omega_0^2 = 2\alpha(\theta - \theta_0)$

3. 力矩

从转轴与截面的交点 O 到力 F 的作用线的垂直距离 d 叫作力对转轴的力臂,

力的大小 F 和力臂 d 的乘积叫作力 F 对转轴力矩的大小为

$$M = Fd$$

力矩 M 用矢径 r 与力 F 的矢积表示为

$$M = r \times F$$

4. 力矩的功

力矩的总功为
$$A = \int_{\theta_0}^{\theta} M \cdot d\theta$$

力矩的（瞬时）功率为
$$P = \frac{dA}{dt} = \frac{Md\theta}{dt} = M\omega$$

5. 转动动能

$$E_k = \frac{1}{2} J \omega^2$$

6. 转动惯量

转动惯量
$$J = \sum_i m_i r_i^2$$

刚体对 z 轴的角动量可以表示为
$$L_z = J\omega$$

质量连续分布的刚体的转动惯量
$$J = \int r^2 dm$$

7. 平行轴定理和垂直轴定理

平行轴定理
$$J_z = J_c + md^2$$

垂直轴定理
$$J_z = J_x + J_y$$

8. 转动定律

对于绕定轴转动的刚体有

$$M = J\alpha = J\frac{d\omega}{dt}$$

9. 绕定轴转动刚体的动能定理

$$A = \frac{1}{2} J \omega_2^2 - \frac{1}{2} J \omega_1^2$$

10. 质点的角动量，角动量定理和角动量守恒定理

角动量

$$L = r \times p$$

角动量 **L** 的大小

$$L = rmv\sin\varphi$$

角动量定理

$$\boldsymbol{L}_2 - \boldsymbol{L}_1 = \int_{t_1}^{t_2} \boldsymbol{M} \mathrm{d}t$$

质点的角动量守恒定理

$$\boldsymbol{L} = \boldsymbol{r} \times \boldsymbol{p} = 恒矢量$$

刚体对 z 轴的角动量可以表示为

$$L_z = J\omega$$

刚体定轴转动的角动量守恒定律

$$J\omega = 恒量$$

11. 进动

高速自转的物体受外力作用时，导致其自转轴绕某一中心旋转的现象。

12. 规律对比

把质点的运动规律和刚体的定轴转动规律对比一下（见表 5 - 2），有助于从整体上系统地理解力学定律，还能了解它们之间的联系。

表 5 - 2　质点的运动规律和刚体的定轴转动规律对比

质点的直线运动	刚体的定轴转动
$\boldsymbol{v} = \dfrac{\mathrm{d}\boldsymbol{r}}{\mathrm{d}t}$　$\boldsymbol{a} = \dfrac{\mathrm{d}\boldsymbol{v}}{\mathrm{d}t} = \dfrac{\mathrm{d}^2\boldsymbol{r}}{\mathrm{d}t^2}$	$\boldsymbol{\omega} = \dfrac{\mathrm{d}\boldsymbol{\theta}}{\mathrm{d}t}$　$\boldsymbol{\alpha} = \dfrac{\mathrm{d}\boldsymbol{\omega}}{\mathrm{d}t} = \dfrac{\mathrm{d}^2\boldsymbol{\theta}}{\mathrm{d}t^2}$
$\boldsymbol{P} = m\boldsymbol{v}$　$E_k = \dfrac{1}{2}mv^2$	$\boldsymbol{L}_0 = \boldsymbol{r} \times \boldsymbol{P}$ $\boldsymbol{L} = J\boldsymbol{\omega}$　$E_k = \dfrac{1}{2}J\omega^2$
$\boldsymbol{F}$　m	$\boldsymbol{M}$　J
$\mathrm{d}A = \boldsymbol{F} \cdot \mathrm{d}\boldsymbol{r}$　$\boldsymbol{F} \cdot \mathrm{d}t$	$\mathrm{d}A = \boldsymbol{M} \cdot \mathrm{d}\boldsymbol{\theta}$　$\boldsymbol{M} \cdot \mathrm{d}t$
$\boldsymbol{F} = \dfrac{\mathrm{d}\boldsymbol{P}}{\mathrm{d}t} = m\boldsymbol{a}$	$\boldsymbol{M} = \dfrac{\mathrm{d}\boldsymbol{L}}{\mathrm{d}t} = J\boldsymbol{\alpha}$
$\int \boldsymbol{F}\mathrm{d}t = \boldsymbol{P} - \boldsymbol{P}_0$	$\int \boldsymbol{M}\mathrm{d}t = \boldsymbol{L} - \boldsymbol{L}_0$
$\boldsymbol{F} = 0, m\boldsymbol{v} = \boldsymbol{C}$	$\boldsymbol{M} = 0, J\boldsymbol{\omega} = \boldsymbol{C}$
$\int \boldsymbol{F} \cdot \mathrm{d}\boldsymbol{r} = \dfrac{1}{2}mv^2 - \dfrac{1}{2}mv_0^2$	$\int \boldsymbol{M} \cdot \mathrm{d}\boldsymbol{\theta} = \dfrac{1}{2}J\omega^2 - \dfrac{1}{2}J\omega_0^2$

思　考　题

5-1　汽车在弯曲的道路上行驶,其运动是否是平动?

5-2　"圆柱体沿光滑斜面滚下,……"这话是否有问题? 为什么?

5-3　圆柱体在沿斜面做滚动的过程中,受到摩擦作用,为什么机械能是守恒的?

5-4　伐木工人砍树时,要树向哪边倒,就先在那一边砍一个深槽。试说明理由。如果人站在槽口的反面,是否安全?

5-5　许多大的江河流向赤道,江河夹带大量泥沙沉积到海洋里,这对地球的自转带来什么影响?

5-6　两极冰山的融化是地球自转时间发生变化的原因之一。试说明之。

5-7　如果一个刚体的重量超过一个弹簧秤的最大读数,问怎样用这弹簧秤称出该刚体的重量?

5-8　如果一个刚体所受合外力为零,其合力矩是否也一定为零? 如果刚体所受合外力矩为零,其合外力是否也一定为零?

习　　　题

一、选择题

5-1　有两个力作用在一个有固定转轴的刚体上:

(1) 这两个力都平行于轴作用时,它们对轴的合力矩一定是零;

(2) 这两个力都垂直于轴作用时,它们对轴的合力矩可能是零;

(3) 当这两个力的合力为零时,它们对轴的合力矩也一定是零;

(4) 当这两个力对轴的合力矩为零时,它们的合力也一定是零。

对上述说法下述判断正确的是(　　)。

(A) 只有(1) 是正确的　　　　　　(B)(1)、(2) 正确,(3)、(4) 错误

(C)(1)、(2)、(3) 都正确,(4) 错误　(D)(1)、(2)、(3)、(4) 都正确

5-2　关于力矩有以下几种说法:

(1) 对某个定轴转动刚体而言,内力矩不会改变刚体的角加速度;

(2) 一对作用力和反作用力对同一轴的力矩之和必为零;

(3) 质量相等,形状和大小不同的两个刚体,在相同力矩的作用下,它们的运动状态一定相同。

对上述说法下述判断正确的是(　　)。

(A) 只有(2) 是正确的

(B)(1)、(2) 是正确的

(C)(2)、(3) 是正确的

(D)(1)、(2)、(3) 都是正确的

5-3　均匀细棒 OA 可绕通过其一端 O 而与棒垂直的水平固定光滑轴转动,如图所示,今使棒从水平位置由静止开始自由下落,在

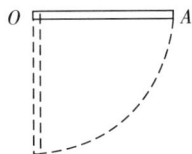

习题 5-3 图

棒摆到竖直位置的过程中,下述说法正确的是(　　)。

(A) 角速度从小到大,角加速度不变

(B) 角速度从小到大,角加速度从小到大

(C) 角速度从小到大,角加速度从大到小

(D) 角速度不变,角加速度为零

5-4　一圆盘绕通过盘心且垂直于盘面的水平轴转动,轴间摩擦不计。如图所示,两个质量相同,速度大小相同,方向相反并在一条直线上的子弹,它们同时射入圆盘并且留在盘内,则子弹射入后的瞬间,圆盘和子弹系统的角动量 L 以及圆盘的角速度 ω 的变化情况为(　　)。

(A) L 不变,ω 增大　　　　　(B) 两者均不变

(C) L 不变,ω 减小　　　　　(D) 两者均不确定

5-5　假设卫星环绕地球中心做椭圆运动,则在运动过程中,卫星对地球中心的(　　)。

(A) 角动量守恒,动能守恒

(B) 角动量守恒,机械能守恒

(C) 角动量不守恒,机械能守恒

(D) 角动量不守恒,动量也不守恒

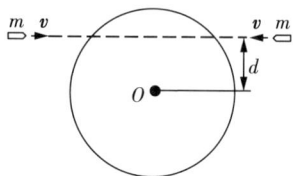

习题 5-4 图

5-6　一花样滑冰者,开始时两臂伸开,转动惯量为 J_0,自转时,其动能为 $E_0 = \frac{1}{2}J_0\omega_0^2$,然后他将手臂收回,转动惯量减少至原来的 $\frac{1}{3}$,此时他的角速度变为 ω,动能变为 E,则有关系(　　)。

(A)$\omega = 3\omega_0, E = E_0$　　　　　(B)$\omega = \frac{1}{3}\omega_0, E = 3E_0$

(C)$\omega = \sqrt{3}\omega_0, E = E_0$　　　　　(D)$\omega = 3\omega_0, E = 3E_0$

二、填空题

5-7　绕定轴转动的飞轮均匀地减速,$t=0$ 时角速度为 $\omega_0 = 5\text{rad/s}$,$t=20\text{s}$ 时角速度为 $\omega = 0.8\omega_0$,则飞轮的角加速度 $\alpha =$ _____,$t=0$ 到 $t=100\text{s}$ 时间内飞轮所转过的角度 $\theta =$ _____。

5-8　一长为 l,质量可以忽略的直杆,可绕通过其一端的水平光滑轴在竖直平面内做定轴转动,在杆的另一端固定着一质量为 m 的小球,现将杆由水平位置无初转速地释放。则杆刚被释放时的角加速度 $\alpha_0 =$ _____,杆与水平方向夹角为 60° 时的角加速度 $\alpha =$ _____。

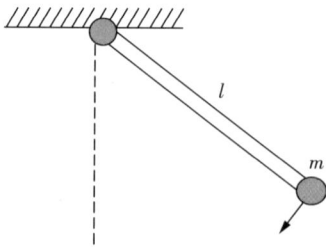

习题 5-8 图

5-9　如图所示,滑块 A、重物 B 和滑轮 C 的质量分别为 m_A、m_B 和 m_C,滑轮的半径为 R,滑轮对轴的转动惯量 $J = \dfrac{1}{2}m_C R^2$。滑块 A 与桌面间、滑轮与轴承之间均无摩擦,绳的质量可不计,绳与滑轮之间无相对滑动。滑块 A 的加速度为_____。

5-10　如图所示,一大一小两个匀质圆盘同轴地黏结在一起构成一个组合轮。小圆盘的半径为 r 质量为 m;大圆盘的半径为 $R = 3r$,质量 $M = 3m$。组合轮可绕通过其中心且垂直于盘面的光滑水平固定轴 O 转动,随 O 轴的转动惯量 $J = 14mr^2$。两圆盘边缘上分别绕有轻质细绳,其下端各悬挂质量为 m 的物体 A 和 B。这一系统从静止开始运动,绳与盘无相对滑动,绳的长度不变。已知 $r = 5\text{cm}$。求组合轮的角加速度 $\alpha = $_____。

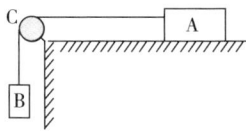
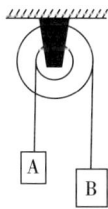

习题 5-9 图　　　　　　　　习题 5-10 图

三、判断题

5-11　刚体绕定轴转动,在每 1s 内角速度都增加 $\pi\text{rad/s}$,则刚体的运动是匀加速转动。(　　)

5-12　人骑自行车时,自行车的脚蹬子在任何位置,人施加于它的力矩都相等。(　　)

5-13　刚体做定轴转动时,如果它的角速度越大,则作用在刚体上的力矩就一定越大。(　　)

5-14　有一均匀的实心圆柱体沿着同一光滑斜面落下,则其滑下时和滚下时的末速度相等。(　　)

5-15　足球守门员要先后接住来势不同的两个球,第一个球在空中飞来(无转动);第二个球在地面滚来。设两个球的质量以及前进的速度相同,则他先后接住这两个球所需做的功相等。(　　)

四、计算题

5-16　一汽车发动机曲轴的转速在 12s 内由 $1.2 \times 10^3\text{r/min}$ 均匀地增加到 $2.7 \times 10^3\text{r/min}$。求:

(1) 曲轴转动的角加速度;(2) 在此时间内,曲轴转了多少圈?

5-17　水分子的形状如图所示,从光谱分析知水分子对 AA' 轴的转动惯量 $J_{AA'} = 1.93 \times 10^{-47}\text{kg} \cdot \text{m}^2$,对 BB' 轴转动惯量 $J_{BB'} = 1.14 \times 10^{-47}\text{kg} \cdot \text{m}^2$,试由此数据和各原子质量求出氢和氧原子的距离 d 和夹角 θ。假设各原子都可当质点处理。

5-18　在光滑的水平面上有一木杆,其质量 $m_1 = 1.0\text{kg}$,长 $l = 40\text{cm}$,可绕通过其中点并与之垂直的轴转动。一质量为 $m_2 = 10\text{g}$ 的子弹,以 $v = 200\text{m/s}$ 的速度射入杆端,其方向与杆及轴正交。若子弹陷入杆中,试求木杆的角速度。

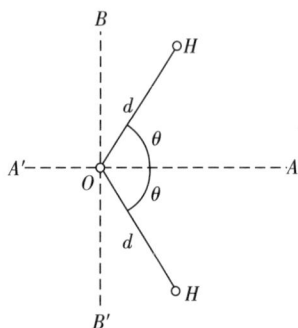

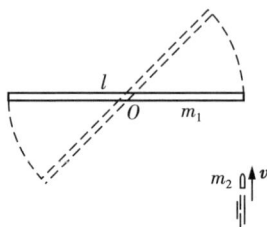

习题 5 - 17 图   习题 5 - 18 图

5 - 19   如图所示,一质量为 m 的小球由一绳索系着,以角速度 ω_0 在无摩擦的水平面上,做半径为 r_0 的圆周运动。如果在绳的另一端作用一竖直向下的拉力,使小球做半径为 $r_0/2$ 的圆周运动。求:(1) 小球新的角速度;(2) 拉力所做的功。

5 - 20   长 $l = 0.40\text{m}$、质量 $M = 1.00\text{kg}$ 的匀质木棒,可绕水平轴 O 在竖直平面内转动,开始时棒自然竖直悬垂,现有质量 $m = 8\text{g}$ 的子弹以 $v = 200\text{m/s}$ 的速率从 A 点射入棒中,A 点与 O 点的距离为 $\frac{3}{4}l$,如图所示。求:(1) 棒开始运动时的角速度;(2) 棒的最大偏转角。

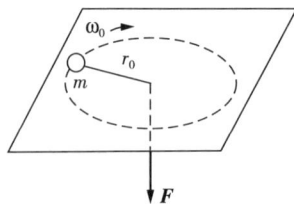

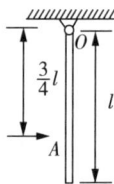

习题 5 - 19 图   习题 5 - 20 图

第五章思考题习题详解

说起死亡方程式,大家可能不知所云,但说起它的另一个名字,大部分人肯定还是知道的。没错,这就是爱因斯坦质能方程。

这个公式便是爱因斯坦相对论中最重要的奠基公式。而关于死亡方程式之名的由来,则是由于在二战中,以它为原理发明的原子弹的巨大灾难性威力。

1945年8月9日,斯威尼少校驾驶"博克之车"轰炸机向日本长崎投下了一颗名为"胖子"的原子弹。"胖子"身高3.25m,直径1.52m,重4545kg,内装20kg钚-239,释放的能量约相等于二万吨的 TNT 烈性炸药,造成长崎市23万人口中的10万余人当日伤亡和失踪,城市60%的建筑物被毁。

爱因斯坦的死亡方程式是如何得到的?答案就在本章中。

第六章 狭义相对论基础

以上各章介绍了 19 世纪末之前已经被物理学家充分理解和接受的牛顿力学的最基础内容，主要是以牛顿命名的三大定律，这个理论形成于 17 世纪，在以后的两个世纪里，推动发展了科学技术，自身也得到了很大发展，以至于物理学家认为它们好像是无可怀疑的常识，但其在应用于电磁规律时却出现了矛盾。历史踏入 20 世纪时，物理学开始深入研究微观高速领域，此时，物理学的发展要求对牛顿力学中某些长期认为是不言自明的基本概念做出根本性的改革。

从两个难以置信的简单假设出发，爱因斯坦证明了关于相对性的旧观念是错的，这使整个科学界大为震惊。爱因斯坦的相对论预言了许多效应，由于没有人体验过，初看起来非常奇怪，但后来都被证明是正确的。同时，相对论的变革推动了量子力学的建立。

§6–1 狭义相对论的两个基本假设

很多人说狭义相对论很难，其实在数学上并不难，它的难处在于必须处理好事件的测量方式和是谁在测量的问题，同时要理解它的结论和我们的经验往往是矛盾的。下面我们从爱因斯坦的两个基本假设开始，进入狭义相对论的时空观。

爱因斯坦摆脱了经典时空观的束缚，坚信相对性原理是正确的。同时，他认为麦克斯韦方程组是对所有惯性系都适用的理论。于是，这就必须承认光速的不变性；这样一来，就要求修正牛顿定律及其相应的绝对时空观。1905 年爱因斯坦在德国《物理年鉴》上发表了"论运动物体的电动力学"论文，从全新的角度提出两条基本假设，创立了狭义相对论。爱因斯坦提出的两条假设成为狭义相对论的基础。

一、光速不变原理

在任何惯性系中，光在真空中速率都等于常量 c。

这意味着对电磁波的传播来说，真空是各向同性的，光速在真空中具有绝对性。真空中光速与惯性系间的相对运动、光源与观察者之间的相对运动以及光的传播方向都无关。

假设是否正确,要看它导出的结果是否经得起实验的检验。这条原理与伽利略速度变换不相容,但与实验结果一致,能解释迈克耳孙-莫雷实验。

二、相对性假设

物理定律在所有的惯性系中都是相同的,即所有惯性系是等价的,不存在特殊的绝对的惯性系。

这样,描述物理现象的物理定律对所有惯性参考系都应取相同的数学形式。不论在哪一个惯性系中做实验,都不能确定该惯性系的绝对运动,即对运动的描述只有相对意义,绝对静止的参考系是不存在的。这条原理是力学相对性原理的推广。

§6-2 狭义相对论时空观

一、同时的相对性

按照牛顿力学,时间是绝对的,因而同时性也是绝对的。这就是说,在一个惯性系 S 系中,如果两个不同地点的事件是同时发生的,在另一个惯性系 S' 中看来也是同时发生的。但狭义相对论的时空观认为:同时是相对的。即在一个惯性系中不同地点同时发生的两个事件,在另一个惯性系中则不是同时发生的。例如:在地球上不同地方同时出生的两个婴儿,在一个相对地球高速飞行的飞船上来看,他们不是同时出生的。

以爱因斯坦列车为例,如图 6-1 所示,一辆以 v(近光速)匀速直线运动的列车,车厢中央有一闪光灯发出信号,光信号到车厢前壁为事件 1,到后壁为事件 2;地面为 S 系,列车为 S' 系。

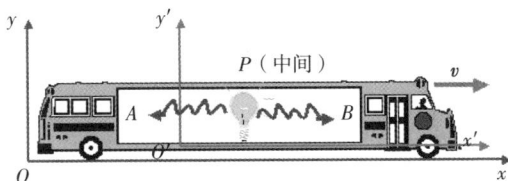

图 6-1 "同时"的相对性

在 S' 系中,A 以大小为 v 的速度向光接近;B 以大小为 v 的速度离开光,事件 1 与事件 2 同时发生。

在 S 系中，光信号相对车厢前后壁的速度大小分别为 $v_1'=c-v,v_2'=c+v$，事件 1 与事件 2 不是同时发生。即 S' 系中同时发生的两个事件，在 S 系中观察却不是同时发生的。

因此，"同时性"具有相对性。

二、运动时(钟)间变慢

当我们接受光速假设，就可以做一个讨论：假设有一光钟以恒定的速度 v（近光速）向右运动，如图 6-2 所示，某人 A 与光钟一起运动，那么当光钟里有个光信号发出，到达上面的反射器后，再返回到接受器，这个过程中光线是直上直下的，满足

$$\Delta t_0 = \frac{2l_0}{c}$$

对上述同一个过程，在地面上静止不动的 B 会看到图 6-3 中的场景，认为光走的是折线。

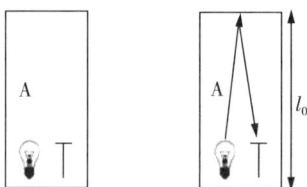

图 6-2 运动的光钟

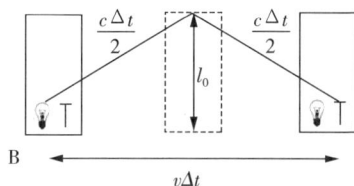

图 6-3 运动光钟光路图

考虑半个过程，即光线到达接收器这个过程，由图 6-4 我们可以得到关系

$$\left(\frac{c\Delta t}{2}\right)^2 = \left(\frac{v\Delta t}{2}\right)^2 + l_0{}^2$$

$$\Rightarrow (c^2 - v^2)(\Delta t)^2 = 4l_0{}^2$$

$$\Rightarrow \Delta t = \frac{2l_0}{\sqrt{c^2 - v^2}}$$

$$= \left(\frac{2l_0}{c}\right)\frac{1}{\sqrt{1-\frac{v^2}{c^2}}}$$

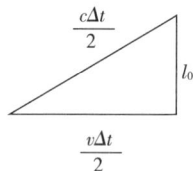

图 6-4 半个过程

的光路图

$$\Rightarrow \Delta t = \frac{\Delta t_0}{\sqrt{1-\frac{v^2}{c^2}}} \tag{6-1}$$

如果认为相对静止的参考系中测量的是原时(固有时),那么一定有 $\Delta t > \Delta t_0$,所以我们知道同样的时间间隔,从任何其他惯性系测的结果总比固有时要长。

即原"时"最短,动"时"变慢,也称为"时间延缓"效应。

三、运动的尺子变短

下面讨论物体接近光速运动时测量长度的变化。当我们测量一个"睡倒"光钟的长度,如图 6 - 5(a)所示。

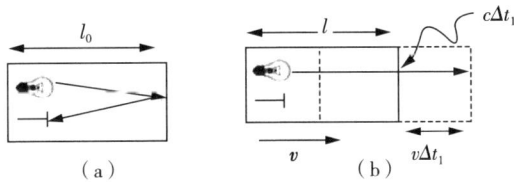

图 6 - 5　长度收缩效应

如果光钟静止时测量的长度是 l_0,一定满足

$$\Delta t_0 = \frac{2l_0}{c} \tag{6-2}$$

那么当光钟以速度 v 运动之后,如图 6 - 5(b),考察光线到达反射器的过程,应该满足

$$l + v\Delta t_1 = c\Delta t_1 \Rightarrow \Delta t_1 = \frac{l}{c - v}$$

同样,可以分析从反射器回来到达接收器过程如图 6 - 6 所示。

$$c\Delta t_2 + v\Delta t_2 = l \Rightarrow \Delta t_2 = \frac{l}{c + v}$$

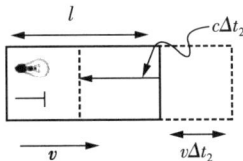

图 6 - 6　长度收缩效应回程光路图

对于整个过程分析可以得到

$$\Delta t = \Delta t_1 + \Delta t_2 = \frac{l}{c - v} + \frac{l}{c + v} = \frac{l}{c^2 - v^2}2c = \frac{2l}{c}\frac{1}{1 - \dfrac{v^2}{c^2}} \tag{6-3}$$

式(6-3)与式(6-2)相除,可得 $\dfrac{\Delta t}{\Delta t_0} = \dfrac{l}{l_0}\dfrac{1}{1-\dfrac{v^2}{c^2}}$,又由 $\Delta t = \dfrac{\Delta t_0}{\sqrt{1-\dfrac{v^2}{c^2}}}$

$$\Rightarrow \quad l = l_0\sqrt{1-\dfrac{v^2}{c^2}} \text{ 其中}(l < l_0) \tag{6-4}$$

所以当在与物体相对静止的参考系内,测得的物体长度 l_0 是它的原长(固有长度),那么在平行于该长度做相对运动的任何惯性参考系内,测得的长度都小于固有长度。

即原"长"最长,动"长"收缩,也称为"长度收缩"效应。

长度收缩只发生在相对运动的方向上,也就是当光钟竖着放,沿着水平向右或者水平向左方向运动时,测量的长度是不会发生变化的。同时测量的长度不一定是一个物体,比如一根棒子或一个圆圈,它可以是在同一个参考系内的两个物体,例如太阳和一颗邻近的恒星(近似相对静止)之间的距离。

例 6-1 固有长度为 5m 的飞船以 $v = 9\times10^3$ m/s 的速率相对于地面匀速飞行时,从地面上测量,它的长度是多少?

解:根据长度收缩公式: $l = l_0\sqrt{1-\dfrac{v^2}{c^2}}$

带入数据: $l = 5\sqrt{1-\dfrac{(9\times10^3)^2}{(3\times10^8)^2}} \approx 4.999999998\,(\text{m})$

可见宏观低速运动的物体,其原长与动长的差别是很难测出的。

例 6-2 一飞船以 $v = 9\times10^3$ m/s 的速率相对于地面匀速飞行。飞船上的钟走了 5s,地面上的钟经过了多少时间?

解:根据公式 $\Delta t = \dfrac{\Delta t_0}{\sqrt{1-\left(\dfrac{v}{c}\right)^2}} = \dfrac{5}{\sqrt{1-\left(\dfrac{9\times10^3}{3\times10^8}\right)^2}} \approx 5.000000002\,(\text{s})$

飞船的时间膨胀效应实际上也是很难测出的。

通过上面两个例题的分析,我们不难发现宏观低速运动的物体,其"时间延缓"和"长度收缩"效应都不明显,我们日常生活几乎都是在宏观低速情形下,所以很难观测到相对论效应。但是当物体运动速度可与光速相比时,这个效应是显著的。比如人们观测了以 $0.91c$ 高速飞行的 $\pi^{\pm}$ 介子经过直线路径,其固有寿命(固有时)的实验值是 $(2.603\pm0.002)\times10^{-8}$ s,根据相对论计算的理论值是 2.604×10^{-8} s。可见,理论值与实验值只相差 0.001×10^{-8} s。相对偏差在 0.4% 以内,说明相对论是对的。

§6-3　洛仑兹变换式

一、洛仑兹坐标变换

上一节中,在光速不变原理假设基础上,我们得到了两个重要结论,以下讨论两个惯性系之间的转换关系。

如图 6-7 所示,S' 系中静止一个尺子,左端与坐标原点重合,右端坐标为 x',那么尺子的长度为 $x' = l_0$,假设 S' 系沿 x 轴以速度 v 相对于 S 系运动,则换到 S 系,测量的右端坐标满足几何关系:

$$x = l + vt$$

图 6-7　相对坐标系

又由

$$l = l_0 \sqrt{1 - \frac{v^2}{c^2}}$$

所以

$$x = \sqrt{1 - \frac{v^2}{c^2}}\, x' + vt$$

可得

$$x' = \frac{1}{\sqrt{1 - \frac{v^2}{c^2}}}(x - vt) \tag{6-5}$$

这就是 x 轴上的坐标变换,考虑逆变换只要把 $x \leftrightarrow x'$, $v \leftrightarrow -v$, $t \leftrightarrow t'$ 即可,可以得到

$$x = \frac{1}{\sqrt{1 - \frac{v^2}{c^2}}}(x' + vt') \tag{6-6}$$

把 x' 的表达式代入 x,即(6-5)式代入(6-6)式可以得到

$$x = \frac{1}{\sqrt{1 - \frac{v^2}{c^2}}}\left[\frac{1}{\sqrt{1 - \frac{v^2}{c^2}}}(x - vt) + vt'\right]$$

所以

$$t' = \frac{1}{\sqrt{1 - \frac{v^2}{c^2}}}\left(t - \frac{v}{c^2}x\right) \tag{6-7}$$

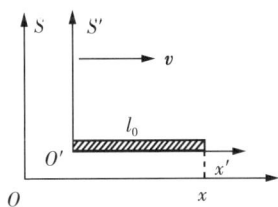

定义 $\gamma = \dfrac{1}{\sqrt{1-\beta^2}}$ 为**相对论因子**,其中 $\beta = v/c$。

由此可以得到洛伦兹坐标变换式

$$\begin{cases} x' = \gamma(x - vt) \\ y' = y \\ z' = z \\ t' = \gamma\left(t - \dfrac{v}{c^2}x\right) \end{cases} \qquad (6-8)$$

洛伦兹是一位非常受人尊敬的理论物理学家,是经典电子论的创始人。洛伦兹变换最初是由洛伦兹为弥合经典理论中所暴露的缺陷而建立起来的,当时洛伦兹并不具有相对论思想,对时空的理解也并不正确,爱因斯坦则是给予正确解释的第一人。由于洛伦兹在研究电磁场理论时也推导出同样的公式,故以**洛伦兹变换**命名。

我们将正变换中的速度反号,并将带撇的与不带撇的量相互交换,即得到逆变换。以下分析洛伦兹逆变换。

假设 S' 系沿 x 轴以速度 v 相对于 S 系运动,则

由正变换 $\begin{cases} x' = \gamma(x - vt) \\ y' = y \\ z' = z \\ t' = \gamma\left(t - \dfrac{v}{c^2}x\right) \end{cases}$ 可得逆变换 $\begin{cases} x = \gamma(x' + vt') \\ y = y' \\ z = z' \\ t = \gamma\left(t' + \dfrac{v}{c^2}x'\right) \end{cases}$

从上面的变换中可以看出,两个参照系的相对运动对于垂直于运动方向的空间尺寸没有影响。运动方向上距离和时间测量结果在变换中"混合起来",这是对绝对空间和绝对时间的否定,导致了时间和空间的相互依存。空间和时间的测量结果将因为参考系的选择而改变;同时,当物体的速度远小于光速时,洛伦兹变换式就变为伽利略变换式。

以下讨论在 S' 系中,不同地点 x'_1 与 x'_2,$\Delta x' = x'_1 - x'_2$,同时发生的两个事件 $t'_1 = t'_2$,$\Delta t' = t'_1 - t'_2 = 0$,由洛伦兹逆变换的时间关系可知,在 S 系中有

$$\Delta t = \frac{\Delta t' + \dfrac{v}{c^2}\Delta x'}{\sqrt{1-(v/c)^2}}$$

由于 $\Delta t' = 0$,$\Delta x' = x'_1 - x'_2 \neq 0$,故 $\Delta t \neq 0$。

可见,两个彼此间做匀速运动的惯性系中测得的时间间隔,一般来说是不相等的。**即不同地点发生的两件事,对 S' 来说是同时发生,在 S 系中一定不是同时发生。**

若 $\Delta x' = x'_1 - x'_2 = 0$,且 $\Delta t = 0$,**即同一地点同时发生的两件事,在不同的惯性中也一定是同时发生的。**

然而对于一个参考系中,不是同时发生的两个事件,若 $t'_1 < t'_2$,S' 系中,事件 1 早于事件 2;但是随着 $x'_1 - x'_2$ 的取值不同,$t_1 - t_2$ 可能小于零、大于零或等于零,那么在另一个惯性系中,事件 1 可能早于事件 2,也可能晚于事件 2,或同时发生,两事件的先后次序在不同的惯性系中可能发生颠倒。

所以,通过洛仑兹坐标变换,我们也能得到同时性具有相对性的结论。

例 6-3　地球上,甲出生于:x_1, t_1;乙出生于:x_2, t_2,若 $x_2 - x_1 = 3000 \text{km}$,$t_2 - t_1 = 0.006 \text{s}$。试分析在以 $v = 0.6c$ 和 $v = 0.8c$ 速度飞行的飞船上看谁是哥哥谁是弟弟。

解: 地球上是:甲 —— 哥哥,乙 —— 弟弟。

若飞船上看:当 $v = 0.6c$,$t'_2 - t'_1 = 0$,甲乙同时出生。

当 $v = 0.8c$,$t'_2 < t'_1$,甲 —— 弟弟,乙 —— 哥哥。

可见,尽管同时性的相对性否定了各个惯性系具有统一时间的可能性,否定了牛顿的绝对时空观。但是,关联事件的时序是具有绝对性的,因果关系不会颠倒,如开枪打靶事件。

假设在 S 系(地面)中,t 时刻在 x 处开枪,经过 Δt 时间后,子弹到达 $x + \Delta x$ 靶处,在 S 系中我们先看到开枪后看到子弹打中靶子。

当 S' 系沿 x 轴以速度 v 相对于 S 系运动,那么在 S' 系中由

$$t' = \frac{t - \dfrac{xv}{c^2}}{\sqrt{1 - (v/c)^2}}$$

得到

$$\Delta t' = \frac{\Delta t - \dfrac{v}{c^2}\Delta x}{\sqrt{1 - (v/c)^2}} = \frac{\Delta t \left(1 - \dfrac{uv}{c^2}\right)}{\sqrt{1 - (v/c)^2}}, \text{其中}\left(u = \frac{\Delta x}{\Delta t}\right)$$

因为 $v < c$,$u < c$,所以 $\Delta t'$ 与 Δt 同号,在 S' 系看到的也是先开枪,子弹后打中靶子。所以,**有因果关系的事件,相互顺序不会颠倒。**

例 6-4　甲乙两人所乘飞行器沿 x 轴做相对运动。甲测得两个事件的时空坐标为 $x_1 = 6 \times 10^4 \text{m}$,$y_1 = z_1 = 0$,$t_1 = 2 \times 10^{-4} \text{s}$;$x_2 = 12 \times 10^4 \text{m}$,$y_2 = z_2 = 0$,$t_2 = 1 \times 10^{-4} \text{s}$,若乙测得这两个事件同时发生于 t' 时刻,问:

(1) 乙对于甲的运动速度是多少?

(2) 乙所测得的两个事件的空间间隔是多少?

解:(1) 设乙对甲的运动速度为 v,由洛仑兹变换 $t' = \dfrac{1}{\sqrt{1-\left(\dfrac{v}{c}\right)^2}}\left(t-\dfrac{v}{c^2}x\right)$

即

$$t'_1 = \frac{1}{\sqrt{1-\left(\dfrac{v}{c}\right)^2}}\left(t_1-\frac{v}{c^2}x_1\right), t'_2 = \frac{1}{\sqrt{1-\left(\dfrac{v}{c}\right)^2}}\left(t_2-\frac{v}{c^2}x_2\right)$$

可知,乙所测得的这两个事件的时间间隔是 $t'_2 - t'_1 = \dfrac{(t_2-t_1)-\dfrac{v}{c^2}(x_2-x_1)}{\sqrt{1-\left(\dfrac{v}{c}\right)^2}}$

按题意 $t'_2 - t'_1 = 0$

所以

$$0 = \frac{(1\times10^{-4}-2\times10^{-4})-\dfrac{v}{c^2}(12\times10^4-6\times10^4)}{\sqrt{1-\dfrac{v^2}{c^2}}}$$

则

$$v = -\frac{c}{2}$$

(2) 根据洛仑兹变换 $x' = \dfrac{1}{\sqrt{1-\left(\dfrac{v}{c}\right)^2}}(x-vt)$

即

$$x'_1 = \frac{1}{\sqrt{1-\left(\dfrac{v}{c}\right)^2}}(x_1-vt_1), x'_2 = \frac{1}{\sqrt{1-\left(\dfrac{v}{c}\right)^2}}(x_2-vt_2)$$

可知,乙所测得的两个事件的空间间隔是

$$x'_2 - x'_1 = \frac{(x_2-x_1)-v(t_2-t_1)}{\sqrt{1-\left(\dfrac{v}{c}\right)^2}} = 5.20\times10^4(\text{m})$$

二、洛仑兹速度变换

1. 速度变换式

若令 S 系静止,S' 系以速度 v 相对 S 沿 xx' 轴运动,考虑质点 P 的运动。

在 S 系中,其速度为 $\qquad u_x = \dfrac{\mathrm{d}x}{\mathrm{d}t}, u_y = \dfrac{\mathrm{d}y}{\mathrm{d}t}, u_z = \dfrac{\mathrm{d}z}{\mathrm{d}t}$

在 S' 系中,其速度为 $\qquad u'_x = \dfrac{\mathrm{d}x'}{\mathrm{d}t'}, u'_y = \dfrac{\mathrm{d}y'}{\mathrm{d}t'}, u'_z = \dfrac{\mathrm{d}z'}{\mathrm{d}t'}$

$$\mathrm{d}x' = \gamma(\mathrm{d}x - v\mathrm{d}t)$$

$$\mathrm{d}y' = \mathrm{d}y$$

由洛伦兹变换式 $\qquad \mathrm{d}z' = \mathrm{d}z$

$$\mathrm{d}t' = \gamma\left(\mathrm{d}t - \frac{v}{c^2}\mathrm{d}x\right)$$

故有 $\qquad u'_x = \dfrac{\mathrm{d}x'}{\mathrm{d}t'} = \dfrac{\gamma(\mathrm{d}x - v\mathrm{d}t)}{\gamma\left(\mathrm{d}t - \dfrac{v}{c^2}\mathrm{d}x\right)} = \dfrac{\dfrac{\mathrm{d}x}{\mathrm{d}t} - v}{1 - \dfrac{v}{c^2}\dfrac{\mathrm{d}x}{\mathrm{d}t}} = \dfrac{u_x - v}{1 - \dfrac{v}{c^2}u_x}$ $\qquad (6-9)$

$$u'_y = \dfrac{\mathrm{d}y'}{\mathrm{d}t'} = \dfrac{\mathrm{d}y}{\gamma\left(\mathrm{d}t - \dfrac{v}{c^2}\mathrm{d}x\right)} = \dfrac{\dfrac{\mathrm{d}y}{\mathrm{d}t}}{\gamma\left(1 - \dfrac{v}{c^2}\dfrac{\mathrm{d}x}{\mathrm{d}t}\right)} = \dfrac{u_y}{\gamma\left(1 - \dfrac{v}{c^2}u_x\right)} \qquad (6-10)$$

$$u'_z = \dfrac{\mathrm{d}z'}{\mathrm{d}t'} = \dfrac{\mathrm{d}z}{\gamma\left(\mathrm{d}t - \dfrac{v}{c^2}\mathrm{d}x\right)} = \dfrac{\dfrac{\mathrm{d}z}{\mathrm{d}t}}{\gamma\left(1 - \dfrac{v}{c^2}\dfrac{\mathrm{d}x}{\mathrm{d}t}\right)} = \dfrac{u_z}{\gamma\left(1 - \dfrac{v}{c^2}u_x\right)} \qquad (6-11)$$

2. 速度逆变换

若令 S' 系静止,则 S 系相对 S' 系以速度 $-v$ 相对沿 xx' 轴运动,则有

$$u_x = \dfrac{u'_x + v}{1 + \dfrac{v}{c^2}u'_x}$$

$$u_y = \dfrac{u'_y}{\gamma\left(1 + \dfrac{v}{c^2}u'_x\right)} \qquad (6-12)$$

$$u_z = \dfrac{u'_z}{\gamma\left(1 + \dfrac{v}{c^2}u'_x\right)}$$

说明:洛伦兹速度变换式中,是求某质点相对于某参考系的速度,不可能超过光速。而在同一参考系中,两质点的相对速度仍然按矢量合成来计算。

例 6-5　在地面上测到有两个飞船 a、b 分别以 $+0.9c$ 和 $-0.9c$ 的速度沿相反的方向飞行,如图所示。求飞船 a 相对于飞船 b 的速度有多大。

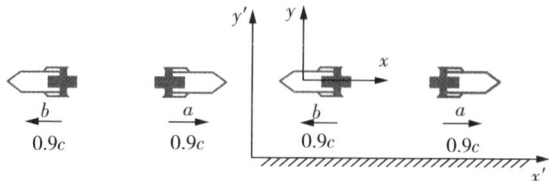

例 6-5 图

解:如用伽利略速度变换进行计算,结果为

$$u_x = u'_x = 0.9c + 0.9c = 1.8c > c$$

如用洛伦兹速度变换进行计算,设 S 系被固定在飞船 b 上,则飞船 b 在其中为静止,而地面对此参考系以 $v = 0.9c$ 的速度运动。以地面为参考系 S',则飞船 a 相对于 S' 系的速度按题意为 $u'_x = 0.9c$,可求得飞船 a 对 S 系的速度,亦即相对于飞船 b 的速度

$$u_x = \frac{u'_x + v}{1 + \dfrac{vu'_x}{c^2}} = \frac{0.9c + 0.9c}{1 + 0.9 \times 0.9} = \frac{1.80c}{1.81} = 0.994c$$

两者大相径庭。相对论给出 $u_x < c$。一般地说,按相对论速度变换,在 v 和 u' 都小于 c 的情况下,u 不可能大于 c。

§6-4　狭义相对论动力学基础

前面讨论了狭义相对论的时空观和洛伦兹变换,建立了狭义相对论的运动学,通过前面的讨论,我们知道不同惯性系内,时空坐标遵守洛伦兹变换关系,物理规律符合相对性原理,也就是要求他们在洛伦兹变换下保持不变,而牛顿定律、动量守恒定律等都不满足这个要求,因此,建立狭义相对论动力学就需要对这些动力学规律进行修改,使之成为相对论规律,并要求它们在低速情况下回归到牛顿力学的形式。

一、相对论力学的基本方程

牛顿力学的基本方程即牛顿第二定律,其微分形式是 $\boldsymbol{F} = \dfrac{\mathrm{d}(m\boldsymbol{v})}{\mathrm{d}t} = \dfrac{\mathrm{d}\boldsymbol{p}}{\mathrm{d}t}$,其中 m 是物体的质量,在牛顿力学中 $m = $ 恒量;$\boldsymbol{v} = \mathrm{d}\boldsymbol{r}/\mathrm{d}t$ 是物体相对于某惯性参照系 S 的速度;$\boldsymbol{p} = m\boldsymbol{v}$ 是物体的动量;$\boldsymbol{F}$ 是物体所受的合外力。

在研究物体的高速运动理论的过程中,人们发现,物体的质量并非恒量,而是与物体的运动速度有关,具体关系为

$$m = \frac{m_0}{\sqrt{1-(v/c)^2}} \tag{6-13}$$

其中 $v = |\boldsymbol{v}|$,而 $\boldsymbol{v} = \mathrm{d}\boldsymbol{r}/\mathrm{d}t$ 是物体相对于某惯性参照系的速度;m 是当物体的运动速度为 v 时所具有的质量。当 $v=0$(静止)时,$m=m_0$,因而 m_0 是当物体处于静止状态时所具有的质量,称为物体的**静止质量**,m 称为**运动质量**。$m = \frac{m_0}{\sqrt{1-(v/c)^2}}$ 式称为**运动物体的质量公式**。(例如:$v=0.98c$ 时,$m=5m_0$)。此外,人们发现,在高速运动情形下,运动质点所遵从的动力学方程为

$$\boldsymbol{F} = \frac{\mathrm{d}\boldsymbol{p}}{\mathrm{d}t} = \frac{\mathrm{d}(m\boldsymbol{v})}{\mathrm{d}t} = \frac{\mathrm{d}}{\mathrm{d}t}\left(\frac{m_0\boldsymbol{v}}{\sqrt{1-(v/c)^2}}\right) \tag{6-14}$$

其中

$$\boldsymbol{p} = m\boldsymbol{v} = \frac{m_0}{\sqrt{1-(v/c)^2}}\boldsymbol{v} = \frac{m_0\boldsymbol{v}}{\sqrt{1-(v/c)^2}} \tag{6-15}$$

称为物体的**相对论动量**。方程

$$\boldsymbol{F} = \frac{\mathrm{d}\boldsymbol{p}}{\mathrm{d}t} = \frac{\mathrm{d}(m\boldsymbol{v})}{\mathrm{d}t} = \frac{\mathrm{d}}{\mathrm{d}t}\left(\frac{m_0\boldsymbol{v}}{\sqrt{1-(v/c)^2}}\right)$$

在洛伦兹变换下保持数学形式不变。

此外,在 $\dfrac{v}{c} \to 0$ 的极限条件下,此方程还原为牛顿第二定律

$$\boldsymbol{F} = \frac{\mathrm{d}(m_0\boldsymbol{v})}{\mathrm{d}t} = m_0\frac{\mathrm{d}\boldsymbol{v}}{\mathrm{d}t} = m_0\boldsymbol{a}$$

方程 $\boldsymbol{F} = \dfrac{\mathrm{d}\boldsymbol{p}}{\mathrm{d}t} = \dfrac{\mathrm{d}(m\boldsymbol{v})}{\mathrm{d}t} = \dfrac{\mathrm{d}}{\mathrm{d}t}\left(\dfrac{m_0\boldsymbol{v}}{\sqrt{1-(v/c)^2}}\right)$ 符合相对性原理的。

二、质量和能量的关系

1. 动能定理

由基本方程可得

$$\boldsymbol{F} = \frac{\mathrm{d}(m\boldsymbol{v})}{\mathrm{d}t} \Rightarrow \boldsymbol{F} \cdot \mathrm{d}\boldsymbol{r} = \frac{\mathrm{d}(m\boldsymbol{v})}{\mathrm{d}t} \cdot \mathrm{d}\boldsymbol{r} = \mathrm{d}(m\boldsymbol{v}) \cdot \frac{\mathrm{d}\boldsymbol{r}}{\mathrm{d}t} = \boldsymbol{v} \cdot \mathrm{d}(m\boldsymbol{v}) \tag{6-16}$$

利用

$$v\mathrm{d}v = \sqrt{v_x^2 + v_y^2 + v_z^2}\,\mathrm{d}\left(\sqrt{v_x^2 + v_y^2 + v_z^2}\right) = v_x\mathrm{d}v_x + v_y\mathrm{d}v_y + v_z\mathrm{d}v_z = \boldsymbol{v} \cdot \mathrm{d}\boldsymbol{v} \quad (6-17)$$

$$\boldsymbol{v} \cdot \mathrm{d}(m\boldsymbol{v}) = \boldsymbol{v} \cdot \left[(\mathrm{d}m)\,\boldsymbol{v} + m\mathrm{d}\boldsymbol{v}\right] = (\mathrm{d}m)\,\boldsymbol{v} \cdot \boldsymbol{v} + m\boldsymbol{v} \cdot \mathrm{d}\boldsymbol{v} = v^2\mathrm{d}m + mv\mathrm{d}v \quad (6-18)$$

并注意到

$$\mathrm{d}m = m_0\mathrm{d}\left(\frac{1}{\sqrt{1-(v/c)^2}}\right) = m_0\,\frac{\mathrm{d}}{\mathrm{d}v}\left(\frac{1}{\sqrt{1-(v/c)^2}}\right)\mathrm{d}v = \frac{mv\mathrm{d}v}{c^2-v^2} \quad (6-19)$$

可得 $\boldsymbol{F} \cdot \mathrm{d}\boldsymbol{r} = v^2\mathrm{d}m + mv\mathrm{d}v = v^2\,\dfrac{mv\mathrm{d}v}{c^2-v^2} + mv\mathrm{d}v = \dfrac{c^2\,mv\mathrm{d}v}{c^2-v^2} = c^2\mathrm{d}m$

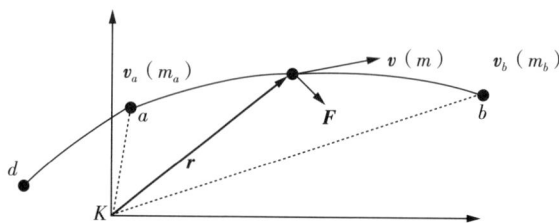

图 6-8　动能定理参考图

上式两边取由 a 点到 b 点的积分，如图 6-8 得

$$A_{ab} = \int_a^b \boldsymbol{F} \cdot \mathrm{d}\boldsymbol{r} = \int_a^b c^2\mathrm{d}m = m_b c^2 - m_a c^2 \quad (6-20)$$

其中

$$m_a = \frac{m_0}{\sqrt{1-(v_a/c)^2}},\ m_b = \frac{m_0}{\sqrt{1-(v_b/c)^2}}$$

上式左边是质点由 a 点运动到 b 点的过程中，力 $\boldsymbol{F}$ 所做的功 $A_{ab} = \int_a^b \boldsymbol{F} \cdot \mathrm{d}\boldsymbol{r}$（与牛顿力学相同），右边是质点的动能的增量。此式即相对论力学中质点的动能定理。

2. 动能

在相对论力学中，物理量 $\dfrac{1}{2}mv^2$ 不再表示物体的动能。相对论力学中物体的动能是由动能定理来定义的。将动能定理写成

$$A_{ab} = m_b c^2 - m_a c^2 = E_{kb} - E_{ka} \quad (6-21)$$

则 E_{kb} 和 E_{ka} 分别定义为质点在状态 $b(v=v_b,m=m_b)$ 和状态 $a(v=v_a,m=m_a)$ 的动能，同时规定：当质点处于静止状态$(v=0,m=m_0)$ 时，其动能等于零（与牛顿力学一致）。按此定义，可以确定 E_{kb} 和 E_{ka} 的表达式。设质点在某位置 d 处时的速度为

零,如图(6-8)所示,即有 $v_d = 0$, $m_d = m_0$,相应地 $E_{kd} = 0$,则由 $A_{ab} = m_b c^2 - m_a c^2 = E_{kb} - E_{ka}$ 式可得

$$A_{db} = m_b c^2 - m_d c^2 = E_{kb} - E_{kd} = E_{kb} - 0 = E_{kb} \qquad (6-22)$$

即

$$E_{kb} = m_b c^2 - m_d c^2 = m_b c^2 - m_0 c^2 = \frac{m_0 c^2}{\sqrt{1 - (v_b/c)^2}} - m_0 c^2 \qquad (6-23)$$

同理

$$E_{ka} = m_a c^2 - m_d c^2 = m_a c^2 - m_0 c^2 = \frac{m_0}{\sqrt{1 - (v_a/c)^2}} - m_0 c^2 \qquad (6-24)$$

一般地,当质点的运动速率为 v,相应的质量为 $m = \dfrac{m_0}{\sqrt{1 - (v/c)^2}}$ 时,质点的动能为

$$E_k = m c^2 - m_0 c^2 = \frac{m_0 c^2}{\sqrt{1 - (v/c)^2}} - m_0 c^2 = m_0 c^2 \left[\frac{1}{\sqrt{1 - (v/c)^2}} - 1 \right] \qquad (6-25)$$

利用 $\dfrac{1}{\sqrt{1-x}} = 1 + \dfrac{1}{2} x + \dfrac{3}{8} x^2 + \cdots$,可以将上式写成

$$E_k = m_0 c^2 \left[1 + \frac{1}{2} (v/c)^2 + \frac{3}{8} (v/c)^4 + \cdots - 1 \right] = \frac{1}{2} m_0 v^2 + \frac{3}{8} m_0 v^2 (v/c)^2 + \cdots$$

在 $\dfrac{v}{c} \to 0$ 的极限条件下,$E_k = \dfrac{1}{2} m_0 v^2$,还原为牛顿力学中的动能表达式。

3. 质能关系

由动能的表达式 $E_k = m c^2 - m_0 c^2$ 可知:$m_0 c^2$ 和 $m c^2$ 都具有能量的含义。在相对论力学中,将 $m_0 c^2$ 称为物体的**静能**(固有内能),用 E_0 表示

$$E_0 = m_0 c^2 \qquad (6-26)$$

$m c^2$ 可以表示为物体的动能与静能之和 $m c^2 = E_k + E_0$。在相对论力学中,将 $m c^2$ 称为物体的总能量,用 E 表示

$$E = m c^2 = E_k + E_0 \qquad (6-27)$$

$E = m c^2$ 称为物体的**质能关系**。它表明物体的质量和总能量这两个重要的物理量之间有着密切的联系。如果一个物体的质量发生量值为 Δm 的变化,则由 $E = m c^2$

可知,物体的总能量也一定发生相应的变化

$$\Delta E = \Delta m c^2 \qquad (6-28)$$

实际上,物体的静能是物体的内能。通常所能利用的物体的动能仅仅是物体的总能量与物体的静能之差 $E_k = E - E_0$。而原子能的开发和利用,则是利用静能的例子。

例 6-6 氦核是由两个质子和两个中子结合而成的,一个氦核的质量为 $m_a = 4.00150u$,一个质子的质量为 $m_p = 1.00728u$,一个中子的质量为 $m_n - 1.00866u$。试计算结合成 1mol 氦核的过程中所放出的能量为多少?($1u = 1.66 \times 10^{-27} Kg$)

解: 由于 $2m_p + 2m_n = 4.003188u > m_a$,即两个质子和两个中子结合成一个氦核的过程中,总能量发生了改变: $\Delta m = (2m_p + 2m_n) - m_a = 0.03038u$。

按照质能关系,这个系统的能量有相应的改变: $\Delta E = \Delta m c^2 = 0.4539 \times 10^{-11} J$。

这部分能量(称为核的结合能)在两个质子和两个中子结合成一个氦核的过程中以热能的形式放出。

所以,结合成 1mol 氦核的过程中所放出的能量为

$$N_0 \Delta E = 6.022 \times 10^{23} \times 0.4539 \times 10^{-11} = 2.733 \times 10^{12} (J)$$

这差不多相当于燃烧 100 吨煤所放出的热量。

例 6-7 设有两个静止质量都是 m_0 的粒子,以大小相同、方向相反的速度相撞,反应合成一个复合粒子。试求这个复合粒子的静止质量和运动速度。

解: 设两个粒子初速率都是 v,则

动量守恒: $$mv - mv = MV \Rightarrow M = M_0$$

能量守恒: $$2mc^2 = Mc^2 \Rightarrow M_0 c^2 = \frac{2m_0 c^2}{\sqrt{1-\beta^2}} \Rightarrow M_0 = \frac{2m_0}{\sqrt{1-\beta^2}}$$

式中 M 和 V 分别是复合粒子的质量和速度。

显然 $V = 0$。这表明复合粒子的静止质量 M_0 大于 $2m_0$,两者的差值:

$$M_0 - 2m_0 = \frac{2m_0}{\sqrt{1-\beta^2}} - 2m_0 = \frac{2E_k}{c^2}$$

式中 E_k 为两粒子碰撞前的动能。由此可见,与动能相应的这部分质量转化为静止质量,从而使碰撞后复合粒子的静止质量增大了。

4. 动量和能量的关系

物体的动量为 $\boldsymbol{p} = m\boldsymbol{v} = \dfrac{m_0 \boldsymbol{v}}{\sqrt{1-(v/c)^2}}$,总能量为 $E = mc^2 = \dfrac{m_0 c^2}{\sqrt{1-(v/c)^2}}$,下面导

出它们之间的关系。由 $E=\dfrac{m_0c^2}{\sqrt{1-(v/c)^2}}$ 可得 $\left(\dfrac{E}{c}\right)^2=\dfrac{(m_0c)^2}{1-(v/c)^2}$，两边减去 p^2 得

$$\left(\frac{E}{c}\right)^2-p^2=\frac{(m_0c)^2}{1-(v/c)^2}-\frac{(m_0v)^2}{1-(v/c)^2}=\frac{m_0^2(c^2-v^2)}{1-(v/c)^2}=m_0^2c^2 \quad (6-29)$$

即

$$E^2=p^2c^2+(m_0c^2)^2 \quad\quad (6-30)$$

这就是相对论力学中动量和能量的关系。这一关系也可以用图 6-9 所示的三角形来表示。

注意：

（1）当一个粒子的运动速度接近光速，即 $v\rightarrow c$ 时，若 $m_0\neq 0$，则有

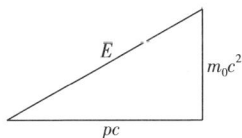

图 6-9　动量和能量的关系

$$m=\frac{m_0}{\sqrt{1-(v/c)^2}}\rightarrow\infty \quad\quad (6-31)$$

因此，对于静止质量 $m_0\neq 0$ 的粒子，其运动速度不可能达到光速。光速是 $m_0\neq 0$ 的粒子的极限速度。但是，若 $m_0=0$，当 $v\rightarrow c$ 时，

$$m=\frac{m_0}{\sqrt{1-(v/c)^2}}\rightarrow\frac{0}{0}\rightarrow\begin{cases}0\\\infty\\ \text{常数}\end{cases} \quad\quad (6-32)$$

因此，$m_0=0$ 的粒子以光速运动是可能的。对于这种粒子，其运动质量为 $m=\dfrac{E}{c^2}$，动量为 $p=\dfrac{E}{c}$。

（2）近代物理实验研究已发现了一些 $m_0=0$ 的微观粒子，光子属于这些粒子之一。

（3）由量子理论所导出的光子的能量为 $E=h\nu$，其中 ν 是光的频率。因此，

光子的运动质量为 $\qquad m=\dfrac{E}{c^2}=\dfrac{h\nu}{c^2}=\dfrac{h}{c\lambda}$

光子的动量为 $\qquad p=\dfrac{E}{c}=\dfrac{h\nu}{c}=\dfrac{h}{\lambda}$

狭义相对论揭露了空间和时间之间,以及时空和运动物质之间的深刻联系,把牛顿力学中认为互不相关的绝对空间和绝对时间,结合成为一种统一的运动物质的存在形式。与经典力学相比较,狭义相对论更客观、更真实地反映了自然的规律。狭义相对论已经被大量的实验事实所证实,而且成为研究宇宙星体、粒子物理以及一系列工程物理等问题的基础。当然,对于宏观、低速物体的运动,牛顿力学仍然是十分精确的理论。

本章小结

1. 同时性的相对性

时间延缓: $\Delta t = \dfrac{\Delta t_0}{\sqrt{1 - \dfrac{v^2}{c^2}}}$ $\qquad \Delta t_0$ 为固有时间

长度收缩: $l = l_0 \sqrt{1 - \dfrac{v^2}{c^2}}$ $\qquad l_0$ 为固有长度

2. 狭义相对论基本假设

相对性原理

光速不变原理

3. 伽利略变换与洛伦兹变换

假设 S' 系沿 x 轴相对于 S 系运动,则

伽利略坐标变换及其逆变换

正变换 $\begin{cases} x' = x - vt \\ y' = y \\ z' = z \\ t' = t \end{cases}$ $\qquad$ 逆变换 $\begin{cases} x = x' + vt' \\ y = y' \\ z = z' \\ t = t' \end{cases}$

洛伦兹坐标变换及其逆变换

正变换 $\begin{cases} x' = \gamma(x - vt) \\ y' = y \\ z' = z \\ t' = \gamma\left(t - \dfrac{v}{c^2}x\right) \end{cases}$ $\qquad$ 逆变换 $\begin{cases} x = \gamma(x' + vt') \\ y = y' \\ z = z' \\ t = \gamma\left(t' + \dfrac{v}{c^2}x'\right) \end{cases}$

伽利略速度变换及其逆变换

正变换　　$v'_x = v_x - u$　　　　　　逆变换　　$v_x = v'_x + u$

洛伦兹速度变换及其逆变换

正变换 $\begin{cases} u'_x = \dfrac{u_x - v}{1 - \dfrac{v}{c^2} u_x} \\[3mm] u'_y = \dfrac{u_y}{\gamma\left(1 - \dfrac{v}{c^2} u_x\right)} \\[3mm] u'_z = \dfrac{u_z}{\gamma\left(1 - \dfrac{v}{c^2} u_x\right)} \end{cases}$　　　　逆变换 $\begin{cases} u_x = \dfrac{u'_x + v}{1 + \dfrac{v}{c^2} u'_x} \\[3mm] u_y = \dfrac{u'_y}{\gamma\left(1 + \dfrac{v}{c^2} u'_x\right)} \\[3mm] u_z = \dfrac{u'_z}{\gamma\left(1 + \dfrac{v}{c^2} u'_x\right)} \end{cases}$

4. 相对论质量

$$m = \frac{m_0}{\sqrt{1 - (v/c)^2}} \quad (m_0 \text{ 为静质量})$$

5. 相对论动量

$$\boldsymbol{p} = m\boldsymbol{v} = \frac{m_0 \boldsymbol{v}}{\sqrt{1 - (v/c)^2}}$$

6. 相对论能量

相对论总能：　　　　　$E = mc^2$

相对论动能：　　　　　$E_k = mc^2 - m_0 c^2$

相对论动量能量关系式：　$E^2 = p^2 c^2 + (m_0 c^2)^2$

思　考　题

6-1　两飞船 A、B 均沿静止参照系的 x 轴方向运动，速度分别为 v_1 和 v_2。由飞船 A 向飞船 B 发射一束光，相对于飞船 A 的速度为 c，则该光束相对于飞船 B 的速度为多少？

6-2　一列以速度 v 行驶的火车，当中点 C' 与站台中点 C 对准时，从站台首尾两端同时发出闪光。从点 C' 看来，这两次闪光是否同时？首尾两端何处先到？

6-3　一高速列车穿过一山底隧道，列车和隧道静止时有相同的长度 l_0，山顶上有人看到当列车完全进入隧道中时，在隧道的进口和出口处同时发生了雷击，但并未击中列车。试按相对论理论定性分析列车上的旅客应观察到什么现象。

6-4　相对论中运动物体长度的收缩与物体热胀冷缩引起的长度变化是否一回事？

6-5　一飞船相对地球高速飞行，在地球上观测飞船上的物体长度收缩，时间流逝变慢。有人说,在飞船上观测,地球上物体的长度变长,时间流逝变快。这种说法对吗?

6-6 什么是静长? 什么是原时?

6-7 一个光子在一个惯性系中的速度为 c,在另一个以速度 v 相对上述惯性系运动的惯性系中,这个光子的速度是多少? 能否找到一个惯性系,光子在其中是静止的?

6-8 相对论中的高速和低速的区分是相对什么而言的? 通常提到的高速列车达到正常行驶速度时,其质量的变化是否显著? 为什么?

6-9 什么是静止质量? 一个物体的质量在两个相互做匀速直线运动的惯性系中是否相同? 为什么? 在哪一个惯性系中这个物体的质量最小?

6-10 光子的静止质量多大? 光子的能量、动量、质量之间的关系如何?

习 题

一、选择题

6-1 在狭义相对论中,有下列四种说法:

① 一切运动物体相对于观察者的速度都不能大于真空中的光速。

② 质量、长度、时间的测量结果都是随物体与观察者的相对运动状态而改变的。

③ 在某一惯性系中发生于同一时刻、不同地点的两个事件,在其他一切惯性系中也是同时发生的。

④ 在某一惯性系中的观察者,观察一个相对于他做匀速直线运动的时钟时,会看到这时钟比与他相对静止的相同的时钟走得慢些。

上述说法正确的是(   )。

(A)①、②、④ (B)①、③、④

(C)①、②、③ (D)①、②、③、④

6-2 在某地有两事件发生,静止于该地的甲测得这两事件的时间间隔为 4 秒。乙相对甲做匀速直线运动,而乙测得的时间间隔为 5 秒。若真空中的光速为 c,则乙相对甲的运动速度是(   )。

(A) $\frac{4}{5}c$ (B) $\frac{3}{5}c$ (C) $\frac{2}{5}c$ (D) $\frac{1}{5}c$

6-3 有一宇宙飞船,相对于地球以 $0.8c$(c 为真空中的光速)的速度飞行。在飞船上的观察者测得飞船长 90m,且在飞船上有一光脉冲从船尾传到船首。则在地球上的观察者测得光脉冲从船尾发出到到达船首这两个事件的空间间隔为(   )。

(A)54m (B)90m (C)150m (D)270m

6-4 有一微观粒子,它的总能量是其静止能量的 n 倍。若真空中的光速为 c,则该粒子的运动速度大小为(   )。

(A) $\frac{c}{n-1}$ (B) $\frac{c}{n}\sqrt{1-n^2}$

(C) $\frac{c}{n}\sqrt{n^2-1}$ (D) $\frac{\sqrt{n(n+2)}c}{n+1}$

6-5 已知电子的静能 $E_0 = m_0c^2 = 0.51\text{MeV}$,真空中的光速为 c。根据相对论力学,动能为 0.25MeV 的电子,其运动速度接近于(   )。

(A)0.25c　　　　(B)0.50c　　　　(C)0.75c　　　　(D)0.90c

二、填空题

6-6　两个惯性系中的观察者 S 和 S'，它们以 $0.6c$（c 为真空中光速）的相对速度互相接近。现 S 测得它们两者的初始距离是 200m，则 S' 测得两者经过时间 $\Delta t' = $ _____ s 后，将会相遇。

6-7　π^+ 介子的固有平均寿命是 2.60×10^{-8} s，若它相对于实验室以 $0.8c$（c 为真空中光速）的速度运动。则在实验室坐标系中测得的 π^+ 介子的寿命是_____ s。

6-8　设电子的静止质量为 m_0，若将一个电子从静止加速到速率为 $0.8c$，外界必须对电子做功_____。

6-9　一静止质量为 m_0 的粒子，其固有寿命为实验室中测得的寿命的 $\dfrac{1}{K}$，则此粒子的动能是_____。

6-10　有一列火车以速度 u 驶过车站，在站台上有一静止的观察者，他观察到固定在站台上相距为 1m 的两只机械手在车厢上同时划出两条刻痕。则在火车上的观察者测得这两条刻痕之间的距离为_____。

三、计算题

6-11　设固有长度 $l_0 = 2.50$m 的汽车，以 $v = 30.0$m/s 的速度沿直线行驶，问站在路旁的观察者按相对论计算该汽车长度缩短了多少？

6-12　长度 $l_0 = 1$m 的米尺静止于 S' 系中，与 x' 轴的夹角 $\theta' = 30°$，S' 系相对 S 系沿 x 轴运动，在 S 系中观测者测得米尺与 x 轴夹角为 $\theta = 45°$。试求：(1)S' 系和 S 系的相对运动速度；(2)S 系中测得的米尺长度。

6-13　一宇航员要到离地球为 5 光年的星球去旅行。如果宇航员希望把这路程缩短为 3 光年，则他所乘的火箭相对于地球的速度是多少？

6-14　从 S 系观察到有一粒子在 $t_1 = 0$ 时由 $x_1 = 100$m 处以速度 $v_x = 0.98c$ 沿 x 方向运动，10s 后到达 x_2 点，如在 S' 系（相对 S 系以速度 $v = 0.96c$ 沿 x 方向运动）观察，粒子出发和到达的时空坐标 t_1', x_1', t_2', x_2' 各为多少？（$t = t' = 0$ 时，S' 与 S 的原点重合），并算出粒子相对 S' 系的速度。

6-15　一个电子从静止开始加速到 $0.1c$，需对它做多少功？若速度从 $0.9c$ 增加到 $0.99c$ 又要做多少功？

6-16　一静止电子（静止能量为 0.51MeV）被 1.3MeV 的电势差加速，然后以恒定速度运动。求：(1)电子在达到最终速度后飞越 8.4m 的距离需要多少时间？(2)在电子的静止系中测量，此段距离是多少？

6-17　有两个中子 A 和 B，沿同一直线相向运动，在实验室中测得每个中子的速率为 βc。试证明：相对中子 A 静止的参考系中测得的中子 B 的总能量为：$E = \dfrac{1+\beta^2}{1-\beta^2}m_0c^2$，其中 m_0 为中子的静质量。

6-18　一电子在电场中从静止开始加速，电子的静止质量为 9.11×10^{-31}kg。问：

(1)电子应通过多大的电势差才能使其质量增加 0.4%？

(2)此时电子的速率是多少？

6-19 已知一粒子的动能等于其静止能量的 n 倍,求:(1) 粒子的速率;(2) 粒子的动量。

6-20 太阳的辐射能来源于内部一系列核反应,其中之一是氢核($_1^1\text{H}$)和氘核($_1^2\text{H}$)聚变为氦核($_2^3\text{He}$),同时放出 γ 光子,反应方程为

$$_1^1\text{H} + _1^2\text{H} \rightarrow _2^3\text{He} + \gamma$$

已知氢、氘和 ^3He 的原子质量依次为 1.007825u、2.014102u 和 3.016029u。原子质量单位 $1\text{u} = 1.66 \times 10^{-27}\text{kg}$。试估算 γ 光子的能量。

第六章思考题习题详解

科学家介绍

阿尔伯特·爱因斯坦(Albert Einstein,1879 年 3 月 14 日 —1955 年 4 月 18 日)1879 年出生于德国乌尔姆市的一个犹太人家庭(父母均为犹太人),1900 年毕业于苏黎世联邦理工学院,入瑞士国籍。1905 年,获苏黎世大学哲学博士学位,创立了狭义相对论、广义相对论、光电效应、能量守恒理论、现代物理学的两大支柱之一(另一个是量子力学)。虽然爱因斯坦以质能方程 $E = mc^2$ 著称于世,但是他是因为对"理论物理"的贡献,特别是发现了光电效应而获得 1921 年诺贝尔物理学奖。爱因斯坦于 1955 年 4 月 18 日去世,享年 76 岁。

爱因斯坦为核能开发奠定了理论基础,开创了现代科学技术新纪元,被公认为是继伽利略、牛顿以来最伟大的物理学家。1999 年 12 月 26 日,爱因斯坦被美国《时代周刊》评选为"世纪伟人"。

图 6-10 阿尔伯特·爱因斯坦

爱因斯坦经典语录:

1. $A = x + y + z$:成功 = 艰苦的劳动 + 正确的方法 + 少说空话。

2. 一个人的价值，应该看他贡献什么，而不应当看他取得什么。

3. 人只有献身于社会，才能找出那短暂而有风险的生命的意义。

4. 生命会给你所要的东西，只要你不断地向它要，只要你在要的时候讲得清楚。

5. 凡在小事上对真理持轻率态度的人，在大事上也是不足信的。

6. 没有侥幸这回事，最偶然的意外，似乎也都是有必然性的。

阅读材料

* 弯曲的时空 —— 广义相对论简介

广义相对论是爱因斯坦于1915年发表的用几何语言描述的引力理论，它代表了现代物理学中引力广义相对论理论研究的最高水平。广义相对论将经典的牛顿万有引力定律包含在狭义相对论的框架中，并在此基础上应用等效原理而建立的。在广义相对论中，引力被描述为时空的一种几何属性（曲率）；而这种时空曲率与处于时空中的物质与辐射的能量-动量张量直接相关系，其关系方式即是爱因斯坦的引力场方程（一个二阶非线性偏微分方程组）。从广义相对论得到的有关预言和经典物理中的对应预言非常不相同，尤其是有关时间流逝、空间几何、自由落体的运动以及光的传播等问题，例如引力场内的时间膨胀、光的引力红移和引力时间延迟效应。广义相对论的预言至今为止已经通过了所有观测和实验的验证——虽说广义相对论并非当今描述引力的唯一理论，它却是能够与实验数据相符合的最简洁的理论。不过，仍然有一些问题至今未能解决，典型的即是如何将广义相对论和量子物理的定律统一起来，从而建立一个完备并且自洽的量子引力理论。

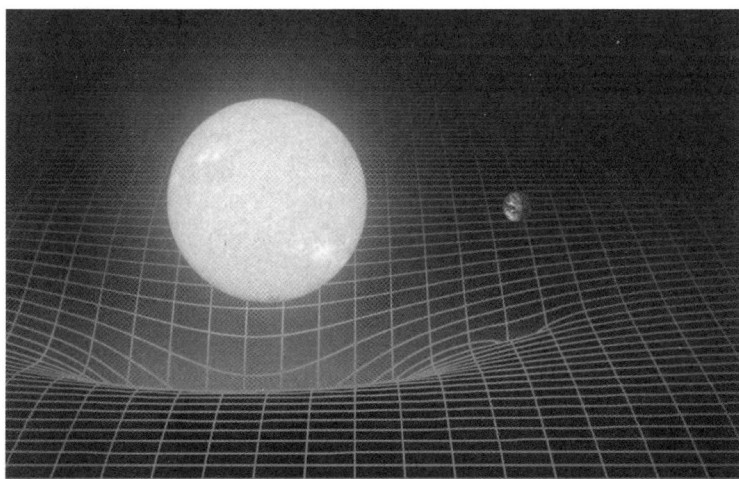

图 6-11 大质量天体使空间发生弯曲

　　爱因斯坦的广义相对论理论在天体物理学中有着非常重要的应用:它直接推导出某些大质量恒星会终结为一个黑洞 —— 时空中的某些区域发生极度的扭曲以至于连光都无法逸出。有证据表明恒星、黑洞以及超大质量黑洞是某些天体例如活动星系核和微类星体发射高强度辐射的直接成因。光线在引力场中的偏折会形成引力透镜现象,这使得人们能够观察到处于遥远位置的同一个天体的多个成像。

　　广义相对论还预言了引力波的存在。北京时间2015年9月14日17点50分45秒,激光干涉仪引力波天文台(以下简称LIGO)分别位于美国路易斯安那州的利文斯顿(Livingston)和华盛顿州的汉福德(Hanford)的两个探测器(如图6-12),观测到了一次置信度高达5.1倍标准差的引力波事件:GW150914。根据LIGO的数据,该引力波事件发生于距离地球十几亿光年之外的一个遥远星系中。两个分别为36和29太阳质量的黑洞,并合为62太阳质量黑洞,双黑洞并合最后时刻所辐射的引力波的峰值强度比整个可观测宇宙的电磁辐射强度还要高十倍以上。详细结果已经发表于物理评论快报[$Phys. Rev. Lett.$,116,061102(2016)]。这项非凡的发现标志着天文学已经进入新的时代,人类从此打开了一扇观测宇宙的全新窗口。

图6-12　激光干涉仪引力波天文台

　　《物理世界》编辑Hamish Johnston表示:"LIGO在较短的时间内取得如此成就是非常不可思议的。这一发现也是证明黑洞存在的第一个直接证据,因此LIGO其实是改变了我们对宇宙的认知。"然而,LIGO探测到引力波只是故事的开始,自首次发现,人类"触波"的频率明显加快。2015年12月、2017年1月和8月,人类又先后探测到 3 次由双黑洞合并触发的引力波。特别是最新的一次，编号为 GW170814 的双黑洞引力波被两台位于美国的 LIGO 设备和一台欧洲"处女座"(Virgo) 引力波探测器同时找到。3 台设备联手发现，大大精确了引力波在太空中的方位，引力波探索又向前迈进了一大步。

第五次引力波信号也是第一次中子星合并引力波，更是引起了全球天文界的一波狂欢。在 2017 年 8 月 17 日的事件中，全球约 70 个地面及空间望远镜从伽马射线、X 光、紫外、光学、红外和射电等波段开展后续观测，确认引力波信号来自地球约 1.3 亿光年的长蛇座内 NGC4993 星系，两颗中子星的质量均不超过太阳的两倍。它真正的贡献是开启了一个新的天文学时代，为基础研究提供了许多可能性。比如通过 LIGO 可以验证为什么时间旅行也许是不可行的，或检验爱因斯坦的广义相对论的有效性等。2017 年的诺贝尔物理学奖，颁给了 3 名为引力波探测作出重要贡献的美国科学家。

引力波天文学的时代正在到来！

第二篇 热 学

　　物质的运动形式是多种多样的。在力学部分我们研究了物质最简单的运动形态——机械运动。在本部分我们将研究物质的热运动。

　　通常的固体、液体和气体都是宏观物体。实验和理论都已指出,宏观物体具有微观结构,是由大量的微观粒子(分子、原子等)所组成的。而这些微观粒子在不停地做无规则的运动。微观粒子的无规则的运动,称为热运动。宏观物体的物理特征正是建立在微观粒子热运动的基础上的。

　　热学是研究热运动的规律及其对物质宏观性质的影响,以及与物质其他运动形态之间的转化规律的一个重要的物理学分支。

　　对热现象及其变化规律的研究有两种理论。宏观理论称为热力学,以观察和实验为基础,运用归纳和分析总结的方法总结热现象的宏观规律,所得结论具有高度的普遍性和可靠性,但是对问题的本质缺乏深入了解。微观理论称为统计物理学,它从物质的微观结构和分子运动论出发,利用统计方法导出,研究大量分子集合热运动的规律。统计物理由于从物质的微观结构出发,所以更深刻地揭露了热现象和热力学定律的本质,但是由于对物质的微观结构所做的只是简化的模型假设,因而所得到的理论结果往往只是近似的。两种方法从不同角度来研究热运动,相辅相成,彼此联系又互相补充,热力学对热现象给出普遍而可靠的结果,可以用来验证微观理论的正确性;统计物理学则可以深入了解热现象的本质,使热力学的理论获得更深刻的意义。在统计物理学中最早建立起来的是气体分子动理论,它最重要的贡献就是阐明了气体分子运动和系统内能直接的内在联系,使我们能够更深入地理解系统的热力学性质。

　　本篇共两章,第七章主要从微观方面介绍气体分子动理论的基本知识,第八章主要从宏观上介绍热力学的基本内容。

　　我们知道分子始终在做无规则的热运动,并且运动的速率很快。在标准状态下(0℃,1atm),气体分子的速率可达500m/s左右。但是当你打开一瓶香水后,不光几米外的人要经过几分钟的时间才能闻到,甚至远一点的人根本闻不到香水味。这是什么原因呢? 答案就在本章中。

第七章　　气体动理论

由于气体的性质最为简单,因此统计物理学往往从研究气体开始。这部分内容称为气体动理论,从物质的微观结构出发,以气体为研究对象,运用统计的方法,研究大量气体分子热运动的规律,并对气体的某些性质给予微观本质的说明。

本章先从宏观角度介绍状态参量、状态方程、平衡态等基本概念,然后在气体的微观特征 —— 大量分子的无规则运动的基础上介绍平衡态统计理论的基本知识,包括理想气体的压强、温度微观意义,理想气体的内能和气体分子的麦克斯韦速率分布等规律。

本章的重点内容在于介绍统计物理学中处理问题的统计方法,它是整个物理学的基础理论之一,同时揭示气体的一些宏观性质的微观实质。

§7-1　　热运动的描述　　理想气体模型和状态方程

一、状态参量

在热学中,我们把要研究的一个物体或一组物体称为**热力学系统**,简称**系统**。系统以外的物体称为**外界**,系统与外界可以发生相互作用。例如,推动活塞压缩气体做功、对物体进行加热等等。与外界既没有能量交换,也没有质量传递的系统称为**孤立系统**。

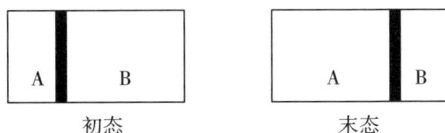

图 7-1　系统状态发生变化

如图 7-1 所示,设有一容器,用隔板分成 A、B 两部分,A 部分贮有气体,B 部分为真空。当把隔板向右移动时,气体随之向右膨胀,在这一过程中,气体的有关物理量在各个阶段是不同的,我们说气体处于不同的状态。为了定量地描述气体在各状态下的性质,需要引入一些能够直接用实验测定的参数,来表示物体有关的特性,例如体积、温度、压强等,称为**状态参量**。对于一定质量 m 的气体,它的状态一般可以用这三个量来表征

(1)体积 V,通常指气体分子的活动范围,即容器的体积。在国际单位制中,体积的单位是立方米,用符号 m^3 表示。常用的单位还有升,用符号 L 表示,$1L = 10^{-3} m^3$。

(2)压强 p,表示为气体作用在容器壁单位面积上的垂直作用力,是气体分子与容器壁碰撞的结果。在国际单位制中,压强的单位是帕斯卡(Pa),有时也用标准大气压(atm)和厘米汞柱(cmHg)。$1atm = 76cmHg = 1.013 \times 10^5 Pa$。

(3)温度 T,是物体冷热程度的反映。温度的数值表示称为**温标**。常用的有两种:一种是摄氏温标 t,单位是摄氏度,符号是 ℃;一种是热力学温标 T,单位是开(开尔文),符号是 K。在数值上,两种温标之间的关系为:$T = t + 273.15$。

二、平衡态 准静态过程

处在没有外界影响条件下的系统,经过一段时间,它的各种性质不随时间改变的状态叫作平衡态。对处于平衡态的系统,其状态可以用状态参量来描述。

平衡态是指宏观上的寂静状态,从微观上看,系统并不是静止不动的,气体分子仍在不停地运动着。正是由于气体分子的热运动,使原来处于非平衡态(密度、压强、温度等不均匀)下的气体最终达到平衡态,表现为各处的密度均匀、压强均匀、温度均匀,并保持在这一状态,因此这种平衡态是微观上的动态平衡,称为**热动平衡**。

当有外界影响时,气体将从一个平衡态不断地变化到另一个平衡态,期间可经历不同的变化过程。如果过程中的所有中间状态都无限地接近平衡态,那么这个过程称为**准静态过程**(例如无限缓慢的膨胀过程);反之,称为非静态过程。准静态过程是一种理想化的过程,是实际过程无限缓慢进行的极限情形。

三、理想气体状态方程

表示平衡态的三个参量 p,V,T 之间存在一定的关系,我们把反映气体 p,V,T 之间关系的方程叫作气体的**状态方程**。一般的气体在压强不太大(与大气压相比),温度不太低(与室温相比)的条件下,近似遵从

玻-马定律:当 m,T 保持不变时,$pV = C_1$(恒量)。

盖-吕萨克定律:当 m,p 保持不变时,$V/T = C_2$(恒量)。

查理定律:当 m,V 保持不变时,$p/T = C_3$(恒量)。

实际上,在任何条件下都服从上述三条实验定律的气体是没有的。为了简化

气体模型,寻求气体的基本规律,我们把实际气体抽象化,宏观上引入理想气体的概念:任何条件下绝对遵从上述基本实验定律的气体称为**理想气体**。在平衡状态下,质量为 m 的理想气体的三个基本状态参量 p,V,T 之间存在如下关系

$$\frac{pV}{T}=C(\text{恒量}) \qquad \text{或} \qquad pV=\frac{m}{M}RT \qquad (7-1)$$

这一关系称为理想气体的状态方程。R 称为普适气体常量,m 是气体的质量,M 是气体的摩尔质量。各种实际气体在压强不太大、温度不太低时,即它们的分子相距足够远以至于各分子不发生相互作用的情况下,都趋向理想状态,都近似遵守这个状态方程,而且压强越低,近似程度越高。在国际单位制中 $R=8.31\mathrm{J/(mol \cdot K)}$。

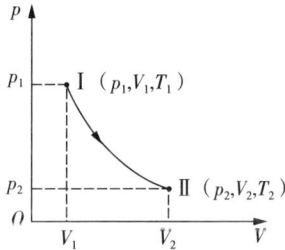

图 7-2　平衡态和准静态过程示意图

由状态方程可知,对一定质量的气体,已知其中两个状态参量,可求出另一个。通常以 p,V 为参量,将不同状态下的 p,V 值在图中表示,称为 p-V 图。

当 T 给定时,p,V 成反比,在 p-V 图上 p 与 V 的关系成一条双曲线,称为理想气体的等温线。对于不同的 T,可作出不同的等温线。

此外,理想气体经过任何平衡态过程均可用 p-V 图上的一条或几条曲线来表示。

例7-1 一定量的理想气体按如图过程变化,其中 $a \to b$ 和 $c \to d$ 是等压过程,$b \to c$ 和 $d \to a$ 是等体过程,$a \to c$ 是等温过程,已知 $\frac{m}{M}=100\mathrm{mol}$,$p_1=4.0 \times 10^4 \mathrm{Pa}$,$p_2=2.0 \times 10^5 \mathrm{Pa}$,$V_1=2.5\mathrm{m^3}$。求:(1) $T_a=?$ (2) $T_b=?$ (3) $T_d=?$

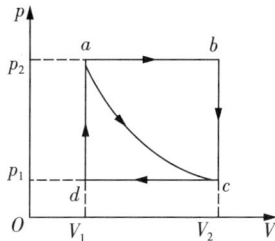

例 7-1 图

解：（1）$p_aV_a=\dfrac{m}{M}RT_a\Rightarrow T_a=\dfrac{M}{m}\dfrac{p_aV_a}{R}=\dfrac{M}{m}\dfrac{p_2V_1}{R}=\dfrac{2.0\times10^5\times2.5}{100\times8.31}=601.7(\text{K})$

（2）$\dfrac{p_c}{T_c}=\dfrac{p_b}{T_b}\Rightarrow T_b=\dfrac{p_b}{p_c}T_c=\dfrac{p_2}{p_1}T_a=\dfrac{2.0\times10^5\times601.7}{4.0\times10^4}=3008.5(\text{K})$

（3）$\dfrac{p_a}{T_a}=\dfrac{p_d}{T_d}\Rightarrow T_d=\dfrac{p_d}{p_a}T_a=\dfrac{p_1}{p_2}T_a=\dfrac{4.0\times10^4\times601.7}{2.0\times10^5}=120.3(\text{K})$

例 7-2 容器内装有氧气，质量为 0.10kg，压强为 $10\times10^5\,\text{Pa}$，温度为 47℃。因为容器漏气，经过若干时间后，压强降到原来的 5/8，温度降到 27℃。

问：（1）容器的容积有多大？（2）漏去了多少氧气？

解：（1）
$$pV=\dfrac{m}{M}RT$$

根据理想气体状态方程可求得体积

$$V=\dfrac{mRT}{Mp}=\dfrac{0.10\times8.31\times(273+47)}{0.032\times10\times10^5}=8.31\times10^{-3}(\text{m}^3)$$

（2）若漏气若干时间之后，压强减小到 p'，温度降到 T'。如果用 m' 表示容器中剩余的氧气的质量，由状态方程得

$$m'=\dfrac{Mp'V}{RT'}=\dfrac{0.032\times\frac{5}{8}\times10\times10^5\times8.31\times10^{-3}}{8.31\times(273+27)}=6.67\times10^{-2}(\text{kg})$$

漏去氧气的质量为

$$\Delta m=m-m'=3.33\times10^{-2}(\text{kg})$$

§7-2 分子热运动和统计规律

本节从物质微观结构的观点出发，阐明分子运动的一些基本理论，并说明统计物理学的一些基本特点和方法。

一、分子的热运动

在长期观察和大量实验的基础上，人们总结出物质结构的微观模型有如下特点：

（1）宏观物体（气体、液体、固体等）都是由大量微观粒子——分子（或原子）组成的，同种物质分子的大小形状质量都相等。实验证明，1mol 任何物质所包含的分子或原子都是相同的，都等于 $N_A=6.0221367\times10^{23}\,\text{mol}^{-1}$，称为**阿伏伽德罗常数**。

（2）分子之间存在一定的缝隙。气体很容易被压缩,水和酒精混合后体积小于原两者体积之和,说明气体和液体的分子之间有空隙。用两万标准大气压以上的压强压缩储于钢筒中的油,会发现油能透过筒壁渗出筒外,这说明固体分子间也有缝隙。实验表明,在标准状态下,气体分子之间的距离大约是分子本身线度的 10 倍左右。所以,气体可以看成是彼此相距很大间隔的分子集合。

在室内打开一瓶香水,香气会很快在房间里弥漫,这是分子无规则运动的结果。所有物体的分子和原子都在永不停息地做无规则运动。

物质的分子很小,我们无法直接用肉眼观察它们的运动情况。1927 年,布朗 (R. Brown) 用显微镜观察悬浮在水中的植物颗粒(如花粉) 的运动,发现它们在液体中做杂乱的无定向的运动,这种运动被称为**布朗运动**(图 7 - 3)。布朗运动是由杂乱运动的分子碰撞植物颗粒引起的。应该指出,在布朗运动中,小颗粒本身的运动并不是分子的运动,但是却反映出了流体分子无规则运动的情况。

图 7 - 3 布朗运动

实验表明,温度越高,布朗运动越激烈,这说明分子无规则运动的剧烈程度与温度有关,因此,物质中大量分子无规则运动称为**分子的热运动**。

分子之间存在相互作用力。既然物质的分子永不停息地做无规则运动,那么为什么液体能有自由表面,固体能保持一定的体积和形状呢? 这是因为分子之间具有相互吸引力。由于气体分子的分布相当稀疏,分子与分子间的相互作用力,除了在碰撞的瞬间,其他时候极为微小。1s 内,一个分子大概要遭到 10^{10} 次碰撞,而分子的碰撞瞬间,大约只有 10^{-13} s,这一时间远比分子自由运动所经历的平均时间 10^{-10} s 短,因此在分子的连续两次碰撞之间,分子的运动可看作其惯性支配的自由运动。

这些观点就是气体动理论的基本出发点,已经被近代科学完全证实。

从上述物质分子运动论的基本观点出发,研究和说明宏观物体的各种现象和性质是统计物理学的任务。

二、分布函数和平均值

上面分子热运动的说明告诉我们:**分子热运动的基本特征是分子的永恒运动和频繁的相互碰撞**。每个分子在运动过程中,不停地与其他分子或器壁发生碰撞,而单个分子的运动情况千变万化,非常复杂,偶然性占主导地位,要想追踪每一个分子,对它们列出牛顿运动方程并去进行求解是不可能的(虽然可假定分子之间的相互作用力,但各个分子的初始条件均是未知的),因此不能用单纯的力学方法去研究气体分子的热运动。这说明单个分子的运动具有**混乱性**或**无序性**。对组成气体的大量气体分子的整体来看,却又存在一定的统计规律,这是分子热运动**统计性**的表现。当气体处于平衡状态时,气体分子的空间分布,按照密度来说是均匀的。据此,我们可以假设:在任一时刻,分子沿各个方向运动的概率是相等的,不存在任何一个特殊方向比其他方向更具优势,或者说平均来看,沿各个方向运动的分子数都相同,分子速度在各个方向上的分量的各种平均值也相同。气体分子数目越多,这种假设准确度就越高。当然,这并不意味着我们假设的分子数目精确度能达到一个分子。但由于运动的分子数目非常巨大,例如,一个篮球中所充的空气,约含 10^{23} 个分子(1 亿 $=10^{8}$),即便有几百个或者几万个分子的偏差,在百分比上仍是非常微小的。

描述分子特征有两种量,一种是表征单个分子性质的物理量,如分子的质量、大小、速度、动量等,称为**微观量**。一种是表征大量分子集体特征的量,如气体的温度、压强、体积等,称为**宏观量**。宏观量可以在实验室中直接测得,而微观量则不行。分子热运动的无序性和统计性,决定了在气体动理论中,必须运用统计方法,求出大量分子的某些微观量的统计平均值,去解释实验室中所测得的反映分子整体特征的宏观量。用对大量分子的平均性质的了解代替个别分子的真实性质,这是统计方法的一个特点。

所谓统计规律,是指大量偶然事件整体所遵循的规律。人们把这种支配大量粒子综合性质和集体行为的规律性称为统计规律性。

一般来说,对一定的统计范围,统计平均值与实际数值是有偏差的,这是统计方法的另一个特点,即起伏现象的存在。参与统计的事件越多,测量值对平均值的起伏越小,统计平均值也越接近于实际值。所以统计规律仅对大量事件才有意义。

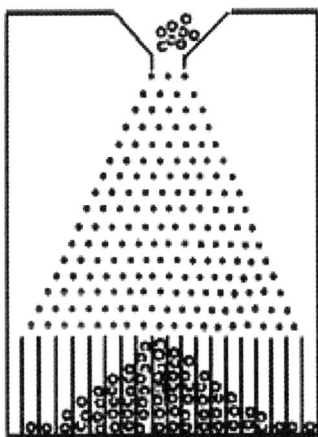

图 7 - 4 伽尔顿板实验

统计规律可以用伽尔顿板实验(图 7-4)来说明。在一块竖直木板的上部规则地钉上铁钉,木板的下部用竖直隔板隔成等宽的狭槽,从顶部的入口处可以投入小球,板前覆盖玻璃使小球不致落到槽外。这种装置叫作**伽尔顿板**。在演示实验中,将小球从顶部入口处投入,小球与上部的钉子相碰,最后落入到某个狭槽内,重复几次实验,小球落到狭槽的位置是随机的,这就是一个偶然事件。如果同时投入大量小球,或者多次投入单个小球,就会发现落入到每个狭槽的数目是不相等的。靠近入口的狭槽内的小球较多,远离入口的狭槽小球数目较少。如果在狭槽内沿小球顶部画一条曲线,该曲线可以描述小球数目在狭槽内的分布情况,称为小球数目按狭槽的**分布曲线**。重复多次实验,如果小球数目少,得到的曲线有明显差别,但当小球数目较多时,每次得到的曲线近似重合。这就表明单个小球落入某个槽内是偶然事件,少量小球按狭槽的分布也具有一定的偶然性,但大量小球落入槽内的分布一定遵循确定的规律,这就是它的**统计规律性**。

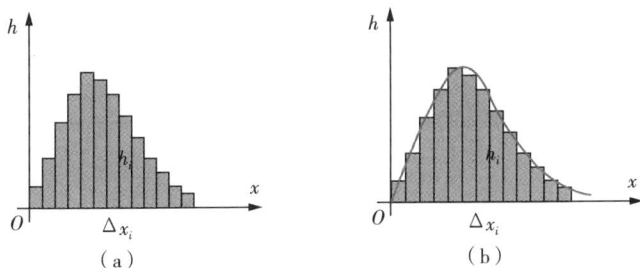

图 7 - 5 小球按狭槽分布的直方图

我们可以用数学的方法去描述出小球按照狭槽的分布情况。在坐标纸上取横坐标 x 表示狭槽的水平位置,纵坐标 h 表示狭槽内累积的小球高度,这样就得到了小球按狭槽分布的直方图。如图 7-5(a) 所示,设第 i 个狭槽的宽度为 Δx_i,其中累计小球的高度为 h_i,则在直方图中,此狭槽内小球占据的面积为 ΔA_i,另数目 ΔN_i 与面积成正比,有 $\Delta N_i = C\Delta A_i = Ch_i\Delta x_i$。设小球总数为 N,有

$$N = \sum_i \Delta N_i = C\sum_i \Delta A_i = C\sum_i h_i\Delta x_i$$

这样第 i 个狭槽内小球数占总小球数目的百分比 $\dfrac{\Delta N_i}{N}$ 可作为每个小球落入第 i 个狭槽的概率,用 ΔP_i 表示

$$\Delta P_i = \frac{\Delta N_i}{N} = \frac{\Delta A_i}{A} = \frac{h_i\Delta x_i}{\sum_j h_j\Delta x_j}$$

因为狭槽有一定宽度,实验中只是对小球的位置做了粗略统计,而实际小球在坐标上的分布是连续的。为了对小球沿 x 的分布做更细致的描述,我们可以将狭槽的宽度减小、数目加多,如图 7-5(a)。在所有狭槽宽度趋向 0 的极限下,直方图的轮廓变成连续的分布曲线,如图 7-5(b) 所示。上式中的增量变成微分,求和变成积分

$$dP_i = \frac{dN}{N} = \frac{h(x)\,dx}{\int h(x)\,dx}$$

令

$$f(x) = \frac{h(x)}{\int h(x)\,dx}$$

则

$$dP = f(x)\,dx$$

$$f(x) = \frac{dP}{dx} = \frac{1}{N}\frac{dN}{dx} \tag{7-2}$$

定义:$f(x) = \dfrac{1}{N}\dfrac{dN}{dx}$ 称为小球沿 x 的 **分布函数**,代表小球落入 x 附近单位区间的概率或小球落在 x 处的概率密度。由此,分布函数一定满足

$$\int f(x)\,dx = \int \frac{dN}{N} = 1 \tag{7-3}$$

表明小球在全空间的概率一定为 1。此式称为分布函数的归一化条件。知道了分布函数和小球总数,位置处在 x 与 $x + dx$ 之间的小球数目 dN 即可知

$$dN = Nf(x)\,dx$$

同时,我们还能计算出小球在 x 轴上的平均位置

$$\overline{x} = \frac{\int x\,dN}{N} = \frac{\int Nxf(x)\,dx}{N} = \int xf(x)\,dx \tag{7-4}$$

对具有统计规律性的事物来说,在一定的宏观条件下,总存在着确定的分布函数。因此,由上式所表示的知道分布函数求平均值的方法具有普遍意义,可以把 x 理解为要求平均值的任一物理量。本章将要研究的理想气体的压强公式和温度公式、能量均分定律、麦克斯韦速率分布律等都是统计规律。

§7-3　理想气体的压强和温度公式

由分子热运动的特征,我们知道用牛顿力学的方法求解大量分子无规则热运动,不仅是不现实的,也是不可能的。只有用统计的方法才能求出与大量分子运动有关的一些物理量的平均值,如平均平动动能、平均速率等,从而对与大量气体分子热运动相联系的宏观现象的微观本质做出解释。理想气体的压强公式是我们将要讨论的第一个问题。

一、理想气体的微观模型

理想气体是一种理想化的模型,它在一定范围内表达了各种真实气体共有的一些性质。我们首先建立起理想气体的微观模型,实际上是对真实气体进行理想化、抽象化,能在一定程度上解释宏观实验的结果。

从气体动理论的观点来看,理想气体微观假设具有以下两个部分:

1. 对每个分子的力学性质的假设

(1)分子本身的大小与分子之间的平均距离相比较,可以忽略不计,即把分子当作质点,且单个分子的运动遵循经典力学规律。

(2)分子间的平均距离很大,除碰撞瞬间外,分子之间和分子与容器壁之间无相互作用力。

(3)分子在不停地运动着,分子之间以及分子与容器壁之间的碰撞可看作完全弹性碰撞。分子碰撞只改变分子运动的方向,而不改变速度的大小,气体分子的动能不因为碰撞而有任何改变。

(4)除需特殊考虑外,不计分子所受的重力。

根据以上几条基本假设建立起来的理想气体的微观模型,总的来说可以归纳为:

理想气体是大量不停地无规则运动着的无相互作用的弹性质点组成的质点系。

2. 对大量分子集合的统计性假设

(1) 理想气体处于平衡态时,密度相等,即每个分子处在容器中任何一个位置的概率相等,换句话说,分子按照位置的分布是均匀的。以 n 表示容器内单位体积内的分子数,又称分子数密度,则有

$$n = \frac{dN}{dV} = \frac{N}{V} = C \qquad (7-5)$$

(2) 平衡态时,气体分子的运动是杂乱无章的,可以假设分子沿各个方向运动的可能性是均等的,或者说,每个分子的速度指向各个方向的概率是一样的,即分子速度按方向的分布是均匀的。因此分子速度在各个方向的分量的各种平均值应该相等。

二、理想气体压强公式的推导

最早利用气体分子运动的概念导出气体压强公式的方法是由 18 世纪伯努利提出的,后来经过克劳修斯、麦克斯韦等人的发展,导出的方法越来越科学、合理。

1. 压强的产生

根据气体动理论的观点,气体在容器中不停地运动,但单个分子碰撞器壁的作用力是不连续的,即在什么时间碰撞器壁是偶然的;同时也是不均匀的,即在何处碰撞器壁也是偶然的。但是由于器壁某一面积上有大量的分子对它不断地进行碰撞,从总的效果上来看,是有一个持续的平均作用力作用在器壁之上,就如同密集的雨点打在伞面上对伞产生一个持续性压力那样。

2. 气体压强公式的简单推导

(1) 单个分子的运动遵循牛顿力学的运动定律。

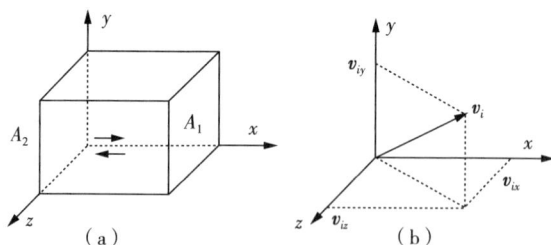

图 7 - 6　密封在容器内的气体

假设有一个边长为 x, y, z 的长方形容器如图 7-6(a),其中含有 N 个同类理想气体分子,每个分子质量均为 m_0。气体在平衡态时,容器各处的压强应当是相等的,因此只要计算容器中任何一个容器壁所受的压强就可以了。现在我们来推导与 x 轴垂直的 A_1 面所受的压强。

考虑第 i 个分子,如图 7-6(b)速度 $\boldsymbol{v}_i = v_{ix}\boldsymbol{i} + v_{iy}\boldsymbol{j} + v_{iz}\boldsymbol{k}$,它与器壁碰撞受到器壁的作用力。在此力的作用下,该分子与 A_1 面发生完全弹性碰撞,在 x 轴上的动量由 $m_0\boldsymbol{v}_{ix}$ 变为 $-m_0\boldsymbol{v}_{ix}$,x 轴上的动量的增量为

$$\Delta\boldsymbol{p} = -m_0\boldsymbol{v}_{ix} - m_0\boldsymbol{v}_{ix} = -2m_0\boldsymbol{v}_{ix}$$

按照动量定理,这个增量应等于碰撞时 A_1 面施加给 i 分子的作用力的冲量,方向沿 x 轴负方向。根据牛顿第三定律,i 分子给予 A_1 面的冲量为 $2m_0\boldsymbol{v}_{ix}$,方向沿 x 轴正方向。

第 i 分子对器壁的碰撞是间歇的,它从 A_1 面弹回,飞向 A_2 面与 A_2 面碰撞后又回到 A_1 面再做碰撞。i 分子与 A_1 面碰撞两次,在 x 轴上运动的距离为 $2x$,所需的时间为 $2x/v_{ix}$,在单位时间内,i 分子作用在 A_1 面的总冲量为 $2m_0v_{ix}/(2x/v_{ix}) = m_0v_{ix}^2/x$,这也就是容器壁对 i 分子的作用力,由牛顿第二定律知道 i 分子对容器壁的作用力为

$$f_i = \frac{m_0 v_{ix}^2}{x}$$

(2)虽然各个分子对器壁的碰撞是断续的,但由于分子数极多,因而碰撞极其频繁。它们对器壁的碰撞宏观上就成了连续地给予冲量,就是说在宏观上人量分子给予容器壁的压力也是连续的。所以在平衡态下,容器壁所受的总作用力,即等效平均力可看作是确定的。

$$\overline{F} = \sum f_i = \sum m_0 \frac{v_{ix}^2}{x}$$

根据压强的定义,有

$$p = \frac{\overline{F}}{yz} = \frac{m_0}{xyz} \sum v_{ix}^2$$

作变换,有

$$p = m_0 \frac{N}{xyz} \frac{\sum v_{ix}^2}{N} = m_0 \frac{N}{V} \frac{\sum v_{ix}^2}{N} = m_0 n \frac{\sum v_{ix}^2}{N}$$

其中 $n = \dfrac{N}{V}$ 为分子数密度。

3. 利用统计平均的概念
(1)按平均值的定义

$$\overline{v_x^2} = \frac{v_{1x}^2 + v_{2x}^2 + \cdots + v_{Nx}^2}{N} = \frac{\sum v_{ix}^2}{N}$$

则

$$p = n m_0 \overline{v_x^2} \tag{7-6}$$

（2）由分子沿各个方向运动的机会均相等的假设，可得

$$\overline{v_x^2} = \overline{v_y^2} = \overline{v_z^2}$$

又由

$$v_i^2 = v_{ix}^2 + v_{iy}^2 + v_{iz}^2$$

$$\sum v_i^2 = \sum v_{ix}^2 + \sum v_{iy}^2 + \sum v_{iz}^2$$

$$\frac{\sum v_i^2}{N} = \frac{\sum v_{ix}^2}{N} + \frac{\sum v_{iy}^2}{N} + \frac{\sum v_{iz}^2}{N}$$

即

$$\overline{v^2} = \overline{v_x^2} + \overline{v_y^2} + \overline{v_z^2}$$

因而

$$\overline{v_x^2} = \overline{v_y^2} = \overline{v_z^2} = \frac{1}{3} \overline{v^2}$$

得到

$$p = \frac{1}{3} n m_0 \overline{v^2}$$

引入分子的平均平动动能

$$\overline{\varepsilon_t} = \frac{1}{2} m_0 \overline{v^2} \tag{7-7}$$

则

$$p = \frac{2}{3} n \left(\frac{1}{2} m_0 \overline{v^2} \right) \tag{7-8}$$

有

$$p = \frac{2}{3} n \overline{\varepsilon_t} \tag{7-9}$$

上式称为**理想气体的压强公式**，是气体动理论的基本公式之一。压强公式把宏观量 p 和微观量的统计平均值 n 以及分子的平均平动动能 $\overline{\varepsilon_t}$ 联系起来，从而显示了宏观量与微观量之间的关系。它说明压强这一宏观量是大量分子对容器壁碰撞的统计平均效果，只有对大量分子的集合才有明确意义。离开"大量分子"与"统计平均"，说某个分子产生多大压强是没有意义的。

三、温度的本质和统计意义

设一个分子的质量为 m_0，质量为 m 的理想气体的分子数为 N，1 mol 气体的质量为 M，则 $m = N m_0$，$M = N_A m_0$。代入理想气体的状态方程

$$pV = \frac{m}{M}RT$$

得
$$pV = \frac{m_0 N}{m_0 N_A}RT = \frac{N}{N_A}RT$$

所以
$$p = \frac{N}{V}\frac{R}{N_A}T$$

定义 $k = \dfrac{R}{N_A} = 1.38 \times 10^{-23} \mathrm{J/K}$，称为**玻尔兹曼常量**。

则得到
$$p = nkT \qquad\qquad (7 \quad 10)$$

将上式与(7-9)式比较，得

$$\bar{\varepsilon}_t = \frac{3}{2}kT \qquad\qquad (7-11)$$

这就是**理想气体的温度公式**，是气体动理论的另一个基本公式。该公式把宏观量温度和微观量的统计平均值（分子的平均平动动能）联系起来，从而揭示了温度的微观本质。它说明各种理想气体在平衡态下，它们分子的平均平动动能只与气体的温度有关，并且气体的温度越高，分子的平均平动动能越大；分子的平均平动动能越大，分子热运动的程度越剧烈。因此，温度是表征大量分子热运动剧烈程度的宏观物理量，是大量分子热运动的集体表现，反映了温度的微观意义。对个别分子，说它有多少温度，是没有意义的。

由(7-7)式和(7-11)式可得

$$\frac{1}{2}m_0 \overline{v^2} = \frac{3}{2}kT$$

得
$$\overline{v^2} = \frac{3kT}{m_0}$$

于是，得到
$$\sqrt{\overline{v^2}} = \sqrt{\frac{3kT}{m_0}} = \sqrt{\frac{3RT}{M}} \qquad\qquad (7-12)$$

$\sqrt{\overline{v^2}}$ 称为气体分子的**方均根速率**，是气体分子速率的一种统计平均值。由(7-12)式我们可以计算任何温度下的气体分子的方均根速率，且我们能够看到，在同一温度下，质量大的分子其方均根速率小。

例 7-3　一容器内贮有氧气，压强为 $p = 1.013 \times 10^5 \mathrm{Pa}$，温度 $t = 27℃$，求：(1)单位体积内的分子数；(2)氧分子的质量；(3)分子的平均平动动能。

解:(1) 有 $p = nkT$

得 $n = \dfrac{p}{kT} = \dfrac{1.013 \times 10^5}{1.38 \times 10^{-23} \times (27 + 273)} = 2.45 \times 10^{25} \, (\text{m}^{-3})$

(2) $m_0 = \dfrac{M}{N_A} = \dfrac{32 \times 10^{-3}}{6.02 \times 10^{23}} = 5.31 \times 10^{-26} \, (\text{kg})$

(3) $\bar{\varepsilon}_t = \dfrac{3}{2} kT = \dfrac{3}{2} \times 1.38 \times 10^{-23} \times (27 + 273) = 6.21 \times 10^{-21} \, (\text{J})$

例 7-4 利用理想气体的温度公式说明 Dalton 分压定律。

解:容器内不同气体的温度相同,分子的平均平动动能也相同,即

$$\bar{\varepsilon}_{t1} = \bar{\varepsilon}_{t2} = \cdots = \bar{\varepsilon}_{tn} = \bar{\varepsilon}_t$$

而分子数密度满足 $n = \sum n_i$

故压强为

$$p = \frac{2}{3} n \bar{\varepsilon}_t = \frac{2}{3} \left(\sum n_i \right) \bar{\varepsilon}_t = \sum \left(\frac{2}{3} n_i \bar{\varepsilon}_t \right) = \sum \left(\frac{2}{3} n_i \bar{\varepsilon}_{ti} \right) = \sum p_i$$

即容器中混合气体的压强等于在同样温度、体积条件下组成混合气体的各成分单独存在时的分压强之和。这就是 Dalton 分压定律。

§7-4 能量均分定理 理想气体的内能

在前面的讨论中,我们研究大量气体分子的无规则运动时,是把分子作为质点考虑,只考虑了分子的平动,研究了分子的平均平动动能。事实上,分子是有复杂的结构的,除了平动之外,还有转动以及分子内部原子之间的振动。分子热运动的能量应当将这些运动的能量都包括在内。为了用统计的方法确定分子各种形式运动的能量,我们要借助力学中自由度的概念,并在这个基础上计算理想气体的内能。

一、分子的自由度

将理想气体模型稍做修改,即将气体分为单原子分子气体、双原子分子气体、多原子分子气体。对于单原子分子,可直接将其当作质点看待,要确定一个自由运动质点的空间位置需要 3 个独立坐标,因此单原子分子的自由度是 3,即它有 3 个平移自由度,计算其分子运动动能时,只需计算平动动能。对于刚性双原子分子气体,其分子可看作两个原子(质点) 被一条几何线连接,需要用 3 个坐标确定其中一个原子的位

置,再用 2 个坐标确定两原子间的相对方位,因此刚性双原子分子气体的自由度为 5。如果考虑更高的能量时,分子的振动自由度也可以激发,这时原子间能发生相对振动,双原子分子变成非刚性的,分子振动自由度不能忽略,总自由度为 7。对于刚性多原子分子,具有 3 个平移自由度和 3 个转动自由度,其总自由度为 6。

但事实上,经典物理并不能对分子振动能量做正确的说明,这需要量子力学知识。但是在常温下用经典方法认为分子是刚性的,给出的结果基本上与实验结果相符合。所以从统计概念的初步认识来说,下面将不考虑分子内部的振动而把气体分子认为是刚性的,分子自由度如表 7-1 所示。

表 7-1 气体分子的自由度

分子种类	平动自由度(t)	转动自由度(r)	总自由度(i)
单原子分子	3	0	3
刚性双原子分子	3	2	5
刚性多原子分子	3	3	6

二、能量按自由度均分定理

考虑理想气体分子的平均平动动能

$$\bar{\varepsilon}_t = \frac{1}{2} m_0 \overline{v^2} = \frac{3}{2} kT$$

$$\bar{\varepsilon}_t = \frac{1}{2} m_0 \overline{v^2} = \frac{1}{2} m_0 \overline{v_x^2} + \frac{1}{2} m_0 \overline{v_y^2} + \frac{1}{2} m_0 \overline{v_z^2}$$

同时考虑大量分子做杂乱无章的运动所遵循的统计规律性,分子沿各个方向运动的机会均等,有

$$\overline{v_x^2} = \overline{v_y^2} = \overline{v_z^2} = \frac{1}{3} \overline{v^2}$$

则可得

$$\frac{1}{2} m_0 \overline{v_x^2} = \frac{1}{2} m_0 \overline{v_y^2} = \frac{1}{2} m_0 \overline{v_z^2} = \frac{1}{2} kT \qquad (7-13)$$

即分子每一个平动自由度上的平均平动动能都相等,都等于 $kT/2$,或者说分子的平均平动动能 $3kT/2$ 是均匀地分配在分子的每一个平动自由度上。

这条规律是关于分子无规则热运动的统计规律,只适用于大量分子的集合。对单个分子而言,分子的能量并不是均分的。平均平动动能在三个平动自由度上

平均分配,是气体分子在无规则运动中不断发生碰撞的结果,在碰撞中,动能不仅可以在分子间进行交换,还可以从一个平动自由度转移到另一个平动自由度上去。因为在平动自由度上没有哪个自由度更具有优势,因此平均来说,在温度为 T 的平衡态下,物质分子的每一个平动自由度上具有相同的平均动能,大小为 $kT/2$。

当分子有转动和振动的时候,这一定理可以推广至分子的转动和振动。就是说,在分子的无规则碰撞过程中,分子的能量可以在各种运动自由度之间发生交换,由于这些自由度中没有哪个更特殊,因此分子的每一个自由度上都具有相同的平均动能,其大小都为 $kT/2$,这就是**能量按自由度均分定理**,简称**能量均分定理**。能量均分定理是一条重要的统计规律,适用于大量分子组成的系统,包括气体和较高温度下的液体和固体,适用于分子的平动、转动和振动。经典统计物理可给出定理的严格证明。

根据能量均分定理,我们可以求出平衡态下一个分子的平均总动能 $\bar{\varepsilon}_k$,例如:

单原子分子 $\qquad i=3 \qquad \bar{\varepsilon}_k = \frac{3}{2}kT$

刚性双原子分子 $\qquad i=5 \qquad \bar{\varepsilon}_k = \frac{5}{2}kT$

刚性多原子分子 $\qquad i=6 \qquad \bar{\varepsilon}_k = \frac{6}{2}kT$

三、理想气体的内能

气体作为质点系的整体,宏观上具有内能。气体的内能除了上述的动能以外,还包括组成气体所有的分子之间相互作用引起的势能。对于理想气体,不计分子之间相互作用力,势能为零。理想气体的内能是它的所有分子的动能的和。

若分子的自由度为 i,则一个分子能量为 $\frac{i}{2}kT$,1mol 理想气体有 N_A 个分子,内能为

$$E = \frac{i}{2}kT \cdot N_A = \frac{i}{2}RT \qquad (7-14)$$

对 m 质量的理想气体,内能表示为

$$E = \frac{m}{M} \cdot \frac{i}{2}RT \qquad (7-15)$$

对已讨论的几种理想气体,它们的内能如下:

单原子分子　　　$i=3$　　　$E=\dfrac{m}{M}\cdot\dfrac{3}{2}RT$

双原子分子　　　$i=5$　　　$E=\dfrac{m}{M}\cdot\dfrac{5}{2}RT$

多原子分子　　　$i=6$　　　$E=\dfrac{m}{M}\cdot\dfrac{6}{2}RT$

由(7-15)式可知一定量的理想气体的内能完全取决于气体分子的自由度和气体的热力学温度,且与热力学温度成正比,而与气体的压强和体积无关。**理想气体的内能只是温度的单值函数**。这个结论在与室温相差不大的温度范围内与实验近似相符。一定质量的理想气体在不同的状态变化过程中,只要温度的变化相同,内能的变化量就相同。

§7-5　麦克斯韦速率分布律

在前面的章节中,我们对理想气体分子的运动做过统计假设。虽然在平衡态下理想气体的宏观性质(包括压强、温度、内能)是确定的,但事实上由于碰撞的无规则性,对任何一个分子来说,在任何时刻它的速度大小和方向都是无法预知的。1859年,英国物理学家麦克斯韦借助统计规律证明了在平衡态下,气体中个别分子的速度完全是偶然的,但就大量分子的整体来看,气体分子按速率的分布有确定的统计规律。这个规律称为**麦克斯韦速率分布律**。

一、速率分布函数

从微观上看,分子的数量是巨大的,分子的速率也是不尽相同,有的可能很小,有的可能很大,并且通过分子间的碰撞不断发生改变,因此不可能逐个加以说明。

我们将分子的速率按大小分为等间隔的区间,在不同区间内的分子数是不同的。1859年,麦克斯韦运用统计理论导出气体分子按速率分布的规律:当气体处于平衡态时,分布在任一速率间隔 $v\rightarrow v+\mathrm{d}v$ 内的分子数 $\mathrm{d}N$ 占总分子数 N 的比率为

$$\frac{\mathrm{d}N}{N}=4\pi\left(\frac{m_0}{2\pi kT}\right)^{3/2}\mathrm{e}^{-\frac{m_0v^2}{2kT}}v^2\mathrm{d}v \tag{7-16}$$

这个结论称为**麦克斯韦速率分布律**。式中的 T 是热力学温度,m_0 是一个分子的质量,k 是玻尔兹曼常量。

因而速率分布函数为

$$f(v) = 4\pi \left(\frac{m_0}{2\pi kT}\right)^{3/2} e^{-\frac{m_0 v^2}{2kT}} v^2$$

且有
$$f(v) = \frac{dN}{N dv} \tag{7-17}$$

$f(v)$ 的物理意义是：在速率 v 附近单位速率区间内的分子数占分子总数的百分比。也可以认为，每一个分子具有不同速率的概率是不等的，$f(v)$ 是一个分子速率分布在 v 附近单位速率区间内的概率，称为**概率密度**。

分布函数 $f(v)$ 满足归一化条件，有

$$\int_0^\infty f(v) dv = \int_0^\infty \frac{dN}{N dv} dv = \int_0^N \frac{dN}{N} = 1 \tag{7-18}$$

麦克斯韦速率分布律是统计规律，只适用于由大量分子组成的处于平衡态的气体。以 v 为横轴，$f(v)$ 为纵轴，画出的图线叫作**麦克斯韦速率分布曲线**，如图 7-7 所示。它可以直观地显示出气体分子按速率分布的情况。从图中看出速率很大和速率很小的分子数所占的比例相对较小，大部分分子的速率处于中间部位。从横轴上

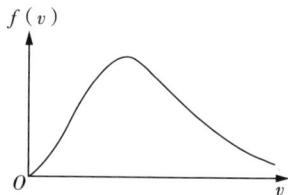

图 7-7 麦克斯韦速率分布曲线

截取一段速率区间 v 到 $v+dv$，其中的分子数 dN 占分子总数 N 的比值，可以用 v 到 $v+dv$ 范围曲线与横轴所围面积 dS 表示。

二、气体分子的三种统计速率

从图 7-7 中，我们注意到曲线上有一个最大值，与这个最大值对应的速率值称为**最概然速率**，用 v_p 表示。它的物理意义是：在一定温度下，气体分子分布在最概然速率附近的单位速率间隔内的相对分子数最多。v_p 满足

$$\left.\frac{df(v)}{dv}\right|_{v=v_p} = 0$$

因而可得

$$v_p = \sqrt{\frac{2kT}{m_0}} \tag{7-19}$$

用摩尔质量表示，有

$$v_p = \sqrt{\frac{2RT}{M}} = 1.41\sqrt{\frac{RT}{M}} \tag{7-20}$$

不同温度下的分子速率分布曲线如图 7-8。温度越高,最概然速率越大。由于曲线下的面积恒等于1,所以温度升高时曲线会变得平坦些,曲线整体向高温区移动,即温度越高,速率较大的分子数越多。也就是通常说的温度越高,分子运动越剧烈,无序性就越大。

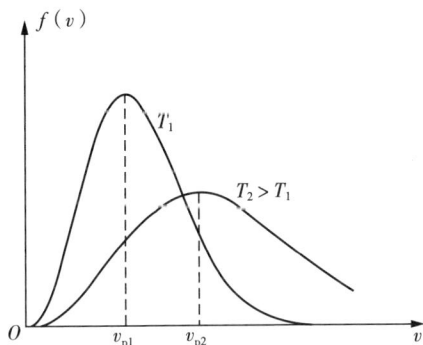

图 7-8　不同温度下的麦克斯韦速率分布曲线

已知速率分布函数,可以求出分子运动的平均速率。大量气体分子速率的算术平均值叫作**平均速率**,用 $\bar{v}$ 表示。

$$\bar{v} = \frac{\sum N_i v_i}{\sum N_i} = \frac{\sum N_i v_i}{N}$$

取 $\mathrm{d}N$ 代表气体分子在 $v \to v + \mathrm{d}v$ 间隔内的分子数,则平均速率由积分计算

$$\bar{v} = \frac{\int v \mathrm{d}N}{N}$$

由速率分布函数可得
$$\mathrm{d}N = N f(v) \mathrm{d}v$$

因而平均速率为

$$\bar{v} = \frac{\int v \mathrm{d}N}{N} = \frac{\int v N f(v) \mathrm{d}v}{N} = \int v f(v) \mathrm{d}v \tag{7-21}$$

考虑到
$$f(v) = 4\pi \left(\frac{m_0}{2\pi kT}\right)^{3/2} \mathrm{e}^{-\frac{m_0 v^2}{2kT}} v^2$$

和积分公式
$$\int_0^\infty \mathrm{e}^{-\alpha x^2} x^3 \mathrm{d}x = \frac{1}{2\alpha^2}$$

得平均速率为

$$\bar{v} = \sqrt{\frac{8kT}{\pi m_0}}$$

用摩尔质量表示,有

$$\bar{v} = \sqrt{\frac{8RT}{\pi M}} = 1.60\sqrt{\frac{RT}{M}} \qquad (7-22)$$

方均根速率是指速率平方平均值的平方根,前面曾经给过定义,与算术平均速率相似。

$$\sqrt{\overline{v^2}} = \sqrt{\frac{\sum v_i^2}{\sum N_i}} = \sqrt{\frac{\sum v_i^2}{N}}$$

对于气体分子,有

$$\overline{v^2} = \frac{\int v^2 \, \mathrm{d}N}{N} = \frac{\int v^2 Nf(v)\mathrm{d}v}{N} = \int v^2 f(v)\mathrm{d}v$$

考虑到

$$f(v) = 4\pi \left(\frac{m_0}{2\pi kT}\right)^{3/2} \mathrm{e}^{-\frac{m_0 v^2}{2kT}} v^2$$

和积分公式

$$\int_0^\infty e^{-ax^2} x^4 \, \mathrm{d}x = \frac{3}{8}\left(\frac{\pi}{\alpha^5}\right)^{1/2}$$

得平均速率为

$$\sqrt{\overline{v^2}} = \sqrt{\frac{3kT}{m_0}}$$

用摩尔质量表示,有

$$\sqrt{\overline{v^2}} = \sqrt{\frac{3RT}{M}} = 1.73\sqrt{\frac{RT}{M}} \qquad (7-23)$$

由式(7-20)、式(7-22)和式(7-23)确定的三个速率都是在统计意义上说明大量分子的运动速率的典型值。三种速率都与温度的平方根成正比,与质量的平方根或摩尔质量的平方根成反比。其中 $\sqrt{\overline{v^2}}$ 最大,v_p 最小。三种速率有不同的含义,也有不同的应用,如讨论速率分布时,用最概然速率;后面讨论分子碰撞问题时,用平均速率;计算分子平均平动动能时,要用方均根速率。

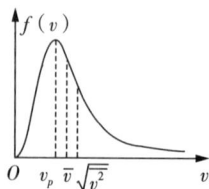

图 7-9 三种统计速率

§7-6　分子碰撞和平均自由程

　　根据前面的分析,我们得知分子热运动速率很大,平均速率可达每秒几百米,与声速同量级,气体中的运动好像在一瞬间就能完成。但实际情况并不是这样,例如在本章开始时提到的一个问题,离我们几米远的地方,打开一瓶香水的瓶塞,并不能立即嗅到香水味,而要经过好几秒甚至更长的时间才能嗅到。1858年,克劳修斯为了说明这个问题,提出了分子碰撞次数与自由程的概念,不仅解决了上述问题,而且使气体动理论在更加坚实的基础上向前推动了一步。原来分子在从一处到另一处的过程中,要不断与气体分子发生碰撞,频繁的碰撞使得分子的运动轨迹不是直线而是迂回的折线,如图7-10。碰撞是气体分子之间相互作用的一个形象的描述,在理想气体的微观模型中,分子间通过碰撞交换速度,使速度分布达到稳定,整体由非平衡状态向半衡状态过渡。

图7-10　分子运动轨迹

一、分子碰撞的研究

　　气体分子在运动中与其他分子频繁发生碰撞,在任意两次连续的碰撞之间,一个分子所经过的自由路程的长短不同,所花费的时间也不同。我们没有必要也不可能求出每一个距离和时间,但我们可以求出分子在连续两次碰撞之间所经过的路程的平均值,称为**平均自由程**。一个分子在单位时间内与其他分子碰撞的平均次数,称为**分子的平均碰撞次数**,或者称为**平均碰撞频率**。若平均速度为 $\bar{v}$,则在 Δt 时间内,分子通过的平均路程为 $\bar{v}\Delta t$,分子受到的平均碰撞次数为 $\bar{Z}\Delta t$,平均自由程和平均碰撞频率满足

$$\bar{\lambda} = \frac{\bar{v}\Delta t}{\bar{Z}\Delta t} = \frac{\bar{v}}{\bar{Z}} \qquad\qquad (7-24)$$

二、分子平均自由程和分子平均碰撞次数的计算

　　为了便于计算,我们要做如下假设:

　　(1)分子可看作具有一定体积的刚性小球;

　　(2)分子间的碰撞是弹性碰撞;

（3）两个分子质心间最小距离的平均值认为是刚性小球的直径,称为分子的**有效直径**,用 d 表示;

（4）假设只有分子 A 以平均速度 $\bar{v}$ 运动,其余分子看成不动。

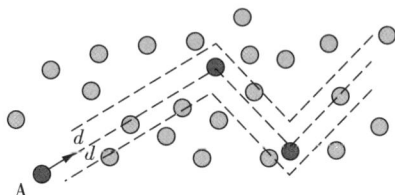

图 7-11　分子碰撞

在上述的假设下,分子 A 运动中与其他分子碰撞,分子的球心轨迹是一系列折线,凡是球心到 A 分子球心的距离小于或等于 d 的分子,都将与 A 发生碰撞。

以 1s 内分子 A 所经过的轨迹为轴,以 d 为半径作一圆柱体,则圆柱体的长度为 $\bar{v}$,体积为 $\pi d^2 \bar{v}$,这样,球心在圆柱体内的其他分子都会与分子 A 碰撞。设分子数密度为 n,则圆柱体内的分子数为

$$\bar{Z} = \pi d^2 \bar{v} n$$

也就是 A 在 1s 内与其他分子发生碰撞的次数。考虑到实际情况是各个分子都在运动,且运动速率服从麦克斯韦分布律,对上式加以修正后,得

$$\bar{Z} = \sqrt{2} \pi d^2 \bar{v} n \qquad (7-25)$$

此式可利用麦克斯韦速率分布律证明。

由(7-24)式,可得到平均自由程的表达式

$$\bar{\lambda} = \frac{\bar{v}}{\bar{Z}} = \frac{1}{\sqrt{2} \pi d^2 n} \qquad (7-26)$$

根据 $p = nkT$,还可得到平均自由程和温度 T 以及压强 p 的关系

$$\bar{\lambda} = \frac{kT}{\sqrt{2} \pi d^2 p} \qquad (7-27)$$

在给定的温度下,压强越大,平均自由程越小;压强越小,平均自由程越大,如表 7-2 和表 7-3。

表 7-2　标准状态下几种分子的平均自由程和分子有效直径

气体类型	氦	氢	氧	氮
$\bar{\lambda}/m$	1.793×10^{-8}	1.123×10^{-7}	0.648×10^{-7}	0.599×10^{-7}
d/m	1.9×10^{-10}	2.3×10^{-10}	2.9×10^{-10}	3.1×10^{-10}

表 7-3　0℃ 时不同压强下空气分子的平均自由程

p/Pa	1.013×10^5	1.33×10^2	1.33	1.33×10^{-2}	1.33×10^{-4}
$\bar{\lambda}/m$	6×10^{-8}	5×10^{-5}	5×10^{-3}	0.5	50

上述平均自由程和平均碰撞频率,都是对大量自由分子统计平均的结果,只适用于大量分子的集合才有意义。

在 0℃ 和 1atm 下,平均自由程约为 0.5m,大于日常生活中容器的线度,空气分子彼此间碰撞极少,分子只与器壁碰撞,此时平均自由程就是容器的线度。

例 7-5　计算在标准状态下,氢气分子的平均自由程和平均碰撞次数,取分子的有效直径为 2.0×10^{-10} m。

解: 标准状态,$p = 1.013 \times 10^5$ Pa,$T = 273$K
因而平均自由程为

$$\bar{\lambda} = \frac{kT}{\sqrt{2}\pi d^2 p} = \frac{1.38 \times 10^{-23} \times 273}{\sqrt{2} \times 3.14 \times (2.0 \times 10^{-10})^2 \times 1.013 \times 10^5} = 2.1 \times 10^{-7}(m)$$

平均速度为

$$\bar{v} = \sqrt{\frac{8RT}{\pi M}} = \sqrt{\frac{8 \times 8.31 \times 273}{3.14 \times 2.0 \times 10^{-3}}} = 1.7 \times 10^3(m/s)$$

得平均碰撞频率

$$\bar{Z} = \frac{\bar{v}}{\bar{\lambda}} = \frac{1.7 \times 10^3}{2.1 \times 10^{-7}} = 8.1 \times 10^9(s^{-1})$$

本章小结

1. 状态参量

为了定量地描述气体在各状态下的性质,引入能够直接用实验测定的参数,表示物体有关的特性,例如体积、温度、压强等,称为状态参量。

2. 平衡态

处在没有外界影响条件下的系统,经过一段时间,它的各种性质不随时间改变的状态叫作平衡态。对处于平衡态的系统,其状态可以用状态参量来描述。平衡态是微观上的动态平衡,也称为热动平衡。

3. 分子热运动的特点

永不停息的运动和频繁的相互碰撞。

4. 理想气体状态方程

$$pV = \frac{m}{M}RT$$

R 称为普适气体常量,m 是气体的质量,M 是气体的摩尔质量。在国际单位制中

$$R = 8.31\mathrm{J/(mol \cdot K)}$$

5. 理想气体压强公式

$$p = \frac{1}{3}nm_0\,\overline{v^2} = \frac{2}{3}n\bar{\varepsilon}_\mathrm{k}$$

压强公式显示了宏观量与微观量之间的关系。它说明压强这一宏观量是大量分子对容器壁碰撞的统计平均效果,只有对大量分子的集合才有明确意义。

6. 理想气体温度公式

$$\bar{\varepsilon}_\mathrm{t} = \frac{3}{2}kT$$

温度公式把宏观量温度和微观量的统计平均值(分子的平均平动动能)联系起来,揭示了温度的微观本质,是表征大量分子热运动剧烈程度的宏观物理量,是大量分子热运动的集体表现。

7. 能量均分定理

在分子的无规则碰撞过程中,分子的能量可以在各种运动自由度之间发生交换,由于这些自由度中没有哪个更特殊,因此分子的每一个自由度上都具有相同的平均动能,其大小都为 $kT/2$,称为能量均分定理。

对 m 质量的理想气体,内能是

$$E = \frac{m}{M} \cdot \frac{i}{2}RT$$

8. 麦克斯韦速率分布函数

麦克斯韦速率分布函数

$$f(v) = 4\pi \left(\frac{m_0}{2\pi kT}\right)^{3/2} e^{-\frac{m_0 v^2}{2kT}} v^2$$

有

$$f(v) = \frac{\mathrm{d}N}{N\mathrm{d}v}$$

$f(v)$ 的物理意义是:在速率 v 附近单位速率区间内的分子数占分子总数的百分比。满足归一化条件

$$\int_0^{\infty} f(v)\mathrm{d}v = 1$$

三种统计速率:

最概然速率

$$v_{\mathrm{p}} = \sqrt{\frac{2RT}{M}} = 1.41\sqrt{\frac{RT}{M}}$$

平均速率

$$\bar{v} = \sqrt{\frac{8RT}{\pi M}} = 1.60\sqrt{\frac{RT}{M}}$$

方均根速率

$$\sqrt{\overline{v^2}} = \sqrt{\frac{3RT}{M}} = 1.73\sqrt{\frac{RT}{M}}$$

9. 平均碰撞频率和平均自由程:

平均碰撞频率

$$\bar{Z} = \sqrt{2}\pi d^2 \bar{v} n$$

平均自由程

$$\bar{\lambda} = \frac{\bar{v}}{\bar{Z}} = \frac{1}{\sqrt{2}\pi d^2 n}$$

思 考 题

7-1 解释气体为什么容易压缩,却又不能无限地压缩。

7-2 什么是平衡态? 为什么说平衡态又称热动平衡?

7-3 用温度计测量物体的温度是什么原理?

7-4 从分子运动论的观点来看,理想气体内能的实质是什么?

7-5 盛有理想气体的密封容器相对地面运动时,容器内的分子速度相对地面增加了,因此气体的温度升高了,这句话对吗?

习 题

一、选择题

7-1 置于容器内的气体,如果气体内各处压强相等,或气体内各处温度相同,则这两种情况下气体的状态( )。

(A)一定都是平衡态

(B) 不一定都是平衡态

(C) 前者一定是平衡态,后者一定不是平衡态

(D) 后者一定是平衡态,前者一定不是平衡态

7-2 两种理想气体,温度相等,则( )。

(A) 内能必然相等 (B) 分子的平均平动动能必然相等

(C) 分子的平均总动能必然相等 (D) 分子的平均能量必然相等

7-3 在温度 t 时,单原子分子理想气体的内能为气体分子的( )。

(A) 部分势能与部分动能之和 (B) 全部平动动能

(C) 全部势能 (D) 全部振动能量

7-4 在一密闭容器中,储有 A、B、C 三种理想气体,处于平衡状态。A 种气体的分子数密度为 n_1,它产生的压强为 p_1,B 种气体的分子数密度为 $2n_1$,C 种气体的分子数密度为 $3n_1$,则混合气体的压强 p 为( )。

(A)$3p_1$ (B)$4p_1$ (C)$5p_1$ (D)$6p_1$

7-5 有一截面均匀的封闭圆筒,中间被一光滑的活塞分隔成两边,如果其中的一边装有 0.1kg 某一温度的氢气,为了使活塞停留在圆筒的正中央,则另一边应装入同一温度的氧气的质量为( )。

(A)(1/16)kg (B)0.8kg (C)1.6kg (D)3.2kg

7-6 若理想气体的体积为 V,压强为 p,温度为 T,一个分子的质量为 m_0,k 为玻耳兹曼常量,R 为摩尔气体常量,则该理想气体的分子数为( )

(A)pV/m_0 (B)$pV/(kT)$ (C)$pV/(RT)$ (D)$pV/(m_0 T)$

7-7 根据气体动理论,单原子理想气体的温度正比于( )。

(A) 气体的体积 (B) 气体分子的平均自由程

(C) 气体分子的平均动量 (D) 气体分子的平均平动动能

7-8 关于理想气体分子的最概然速率、平均速率和方均根速率,下列哪种说法是正确的( )。

(A) 与温度有关且成正比

(B) 与分子质量有关且成正比

(C) 与摩尔质量有关且成正比

(D) 与热力学温度和分子质量之比的平方根有关且成正比

7-9 一摩尔氮气,在平衡态时,设其温度为 T,则氮气分子(视为刚性分子)的平均总动能 ε_k 和氮气的内能 E 分别为( )。

(A)$\varepsilon_k = \dfrac{3}{2}kT, E = \dfrac{3}{2}RT$ (B)$\varepsilon_k = \dfrac{5}{2}kT, E = \dfrac{3}{2}RT$

(C)$\varepsilon_k = \dfrac{5}{2}kT, E = \dfrac{5}{2}RT$ (D)$\varepsilon_k = 3kT, E = \dfrac{1}{2}RT$

7-10 在一定速率 v 附近麦克斯韦速率分布函数 $f(v)$ 的物理意义是:一定量的气体在给定温度下处于平衡态时的( )。

(A) 速率为 v 的分子数

(B) 分子数随速率 v 的变化

(C) 速率为 v 的分子数占总分子数的百分比

(D) 速率在 v 附近单位速率区间内的分子数占总分子数的百分比

7-11 设 $f(v)$ 为麦克斯韦速率分布函数,则气体处于速率 $v_1 \sim v_2$ 区间内的分子数所占的比例为( )。

(A) $\int_{v_1}^{v_2} Nf(v)\mathrm{d}v$ (B) $Nf(v)(v_2 - v_1)$

(C) $\int_{v_1}^{v_2} f(v)\mathrm{d}v$ (D) 1

7-12 处于平衡状态的一瓶氮气和一瓶氦气的分子数密度相同,分子的平均平动动能也相同,则它们( )。

(A) 温度、压强均不相同

(B) 温度相同,但氦气的压强大于氮气的压强

(C) 温度、压强都相同

(D) 温度相同,但氦气的压强小于氮气的压强

7-13 容器中储有一定量的处于平衡状态的理想气体,温度为 T,分子质量为 m_0,则分子速度在 x 方向的分量平均值为(根据理想气体分子模型和统计假设讨论)( )。

(A) $\bar{v}_x = \dfrac{1}{3}\sqrt{\dfrac{8kT}{\pi m_0}}$ (B) $\bar{v}_x = \sqrt{\dfrac{8kT}{3\pi m_0}}$

(C) $\bar{v}_x = \sqrt{\dfrac{3kT}{2m_0}}$ (D) $\bar{v}_x = 0$

7-14 三个容器 A、B、C 中装有同种理想气体,其分子数密度 n 相同,而方均根速率之比为 $\sqrt{\overline{v_A^2}} : \sqrt{\overline{v_B^2}} : \sqrt{\overline{v_C^2}} = 1 : 2 : 4$,则其压强之比 $p_A : p_B : p_C$ 为( )。

(A) $1 : 2 : 4$ (B) $1 : 4 : 8$

(C) $1 : 4 : 16$ (D) $4 : 2 : 1$

7-15 已知氢气和氧气的温度相同,物质的量也相同,则( )。

(A) 氧分子的质量比氢分子大,所以氧气的压强一定大于氢气的压强

(B) 氧分子的质量比氢分子大,所以氧气的数密度一定大于氢气的数密度

(C) 氧分子的质量比氢分子大,所以氢分子的速率一定大于氧分子的速率

(D) 氧分子的质量比氢分子大,所以氢分子的方均根速率一定大于氧分子的方均根速率

7-16 如果在一固定容器内,理想气体分子平均速率都提高为原来的二倍,那么( )。

(A) 温度和压强都升高为原来的二倍

(B) 温度升高为原来的二倍,压强升高为原来的四倍

(C) 温度升高为原来的四倍,压强升高为原来的二倍

(D) 温度与压强都升高为原来的四倍

二、填空题

7-17 质量为 m,摩尔质量为 M,分子数密度为 n 的理想气体,处于平衡态时,物态方程为_____,物态方程的另一形式为_____,其中 k 称为_____常数。

7-18 两种不同种类的理想气体,其分子的平均平动动能相等,但分子数密度不同,则它们的温度_____,压强_____。如果它们的温度、压强相同,但体积不同,则它们的分子数密

度_____,单位体积的气体质量_____,单位体积的分子平动动能_____。(填"相同"或"不同")。

7-19 容器内储有氧气,其压强为 $p = 2.026 \times 10^5$ Pa,温度为17℃,则单位体积内的分子数为_____ m^{-3};每个分子的质量为_____ kg。

7-20 决定一个物体在空间的_____所需要的_____,称为该物体的自由度数。

7-21 理想气体处于热平衡状态时,其分子沿任何方向运动的机会_____。

7-22 在7℃时,一封闭的刚性容器内空气的压强为 4.0×10^5 Pa,温度变化到37℃时,该容器内空气的压强为_____。

7-23 某刚性双原子分子理想气体,处于温度为 T 的平衡态,则其分子的平均平动动能为_____,平均转动动能为_____,平均总能量为_____,1mol气体的内能为_____。

7-24 有1mol氧气和2mol氮气组成混合气体,在标准状态下,氧分子的内能为_____,氮分子的内能为_____;氧气与氮气的内能之比为_____。

7-25 1mol氧气(视为刚性双原子分子的理想气体)贮于一氧气瓶中,温度为27℃,这瓶氧气的内能为_____ J;分子的平均平动动能为_____ J;分子的平均总动能为_____ J。(摩尔气体常量 $R = 8.31$ J/(mol·K);玻尔兹曼常量 $k = 1.38 \times 10^{-23}$ J/K)

7-26 有一瓶质量为 M 的氢气(视作刚性双原子分子的理想气体),温度为 T,则氢分子的平均平动动能为_____,氢分子的平均动能为_____,该瓶氢气的内能为_____。

7-27 一定量氢气(视为刚性分子的理想气体),若温度每升高1K,其内能增加41.6J,则该氢气的质量为_____。(摩尔气体常量 $R = 8.31$ J/(mol·K))

7-28 图示曲线为处于同一温度 T 时氦(原子量4)、氖(原子量20)和氩(原子量40)三种气体分子的速率分布曲线。其中曲线(a)是_____气分子的速率分布曲线;曲线(c)是_____气分子的速率分布曲线。

7-29 温度相同的氢气和氧气,若氢气分子的平均平动动能为 6.21×10^{-21} J,那么,氧气分子的平均平动动能为_____,温度为_____;氧气分子的最概然速率 $v_p =$ _____。

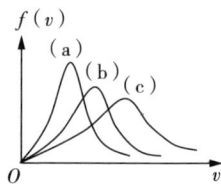
习题 7-28 图

三、判断题

7-30 温度计是根据热力学第零定律制成的。( )

7-31 在相同体积的两个容器中,分别盛有温度相同的1克氢和16克氧,它们的压强应该相同。( )

7-32 理想气体温度越高,则内能越大。( )

7-33 单个分子的速率越大,温度就越高。( )

7-34 理想气体的压强和温度都是统计平均值。( )

7-35 理想气体的内能只包含气体分子的无规则运动的动能。( )

7-36 对于一定质量的某种理想气体,只要温度的变化相同,则它的内能的变化量一定相同。( )

7-37 两瓶不同的理想气体,它们的温度和压强相同,但体积不同,则单位体积内的分子数相同。( )

7-38　对一定量的气体来说,温度不变时,气体的压强随体积的减小而增大。(　　)

四、计算题

7-39　假设开有小口的容器的容积为 V,其中充满着双原子分子气体,气体的温度为 T_1,压强为 p_0,在将气体加热到较高温度 T_2 的过程中,容器开口使气压恒定。试证:在 T_1 和 T_2 时,容器内气体的内能相等。

7-40　容器中储有压强为 1.33Pa,温度为 27℃ 的气体。试求:

(1) 气体分子的平均平动动能;

(2)1.0cm³ 中分子具有的总的平均平动动能。

7-41　温度为 0℃ 和 100℃ 时理想气体分子的平均平动动能各为多少?欲使分子的平均平动动能等于 1eV,气体的温度需多高?

7-42　某些恒星的温度可达到约 1.0×10^8 K,这是发生聚变反应(也称热核反应)所需的温度。通常在此温度下恒星可视为由质子组成。求:(1)质子的平均平动动能是多少?(2)质子的方均根速率为多大?

7-43　在容积为 2.0×10^{-3} m³ 的容器中,有内能为 675J 的刚性双原子分子的理想气体。(1)求气体的压强;(2)若容器中分子总数为 5.4×10^{22} 个,求气体的温度及分子平均平动动能。

第七章思考题习题详解

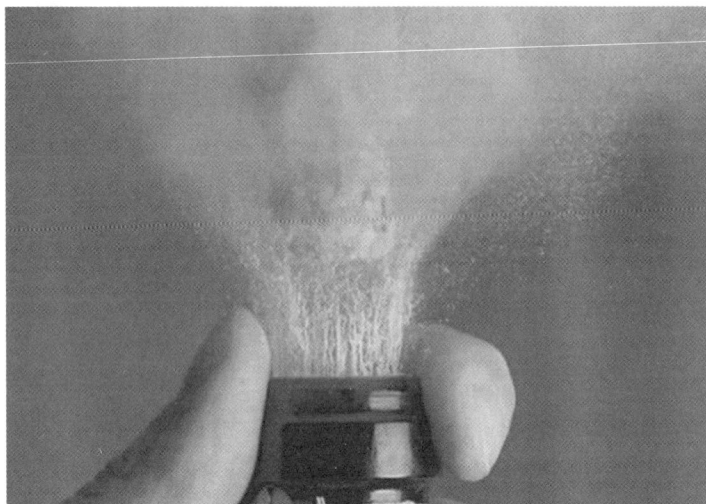

当打开一个装有香槟、苏打水或任何其他碳酸饮料的容器时，在开口周围会形成一层细雾，并且一些液体会喷溅出来。例如所示照片中，白色的雾团是环绕在塞子周围的，喷溅出的水在雾团里形成线条。

那么，产生雾团的原因是什么呢？

答案就在本章中。

第八章   热力学基础

上一章讨论了热力学系统尤其是气体处于热平衡态时的一些性质和规律,采用统计的概念说明了微观理论。同是研究物体热现象和热规律的科学,方法可以有所不同,本章说明热力学系统状态发生变化时在能量上所遵循的规律,是以宏观的实验规律(如气体的状态方程等)为基础,从能量及其转换的观点出发,采用逻辑推理的方法研究物体状态变化过程中所遵从的规律。本章的主要理论基础是热力学定律。热力学第一定律是包括热现象在内的能量守恒定律;热力学第二定律是讨论热与功转换的条件和热力学过程的方向性问题。

§8-1   热力学第零定律和热力学第一定律

一、热力学第零定律

实验事实发现,如果物体 A 和处于确定状态的物体 B 热接触而处于热平衡,同时物体 C 和物体 B 也处于热平衡,则物体 A 和物体 C 热接触也一定处于热平衡。这个结论称为**热力学第零定律**。第零定律是由英国物理学家福勒于 1930 年正式提出,比热力学第一定律和热力学第二定律晚了 80 余年,但是第零定律是后面几个定律的基础,所以叫作热力学第零定律。热力学第零定律表明:处在同一平衡态的所有热力学系统都有一个共同的宏观性质,即它们的冷热程度一样。这个决定系统热平衡的宏观性质的物理量可以定义为**温度**。这种定义和我们日常对温度的理解是一致的,冷热不同的物体温度不同,相互接触之后最终温度相同,达到热平衡。

二、热力学过程

热力学系统的状态随时间变化的过程叫作**热力学过程**。在过程进行中,系统要经历一系列的状态变化,状态的变化必定会破坏原来的平衡态,最终再达到新的平衡。例:推进活塞压缩汽缸内的气体时(图 8-1),气体的体积、密度、温度或压强都将变化,在过程中的任意时刻,气体各部分的密度、压强、温度都不完全相同,直到达到新的平衡态。系统所经历的从一个平衡态过渡到另一个平衡态的过程就是一个热力学过程。按系统变化的中间的状态是否是平衡态，可以把热力学过程分为准静态过程和非静态过程。系统往往由一个平衡状态到平衡受到破坏，再达到一个新的平衡态。从平衡态破坏到新平衡态建立所需的时间称为**弛豫时间**，用 τ 表示。实际发生的过程往往进行得较快，在新的平衡态达到之前系统又继续了下一步变化。这意味着系统在过程中经历了一系列非平衡态，这种过程为**非静态过程**。作为中间态的非平衡态通常不能用状态参量来描述。如果系统在任意时刻的中间态都无限接近于一个平衡态，则此过程为**准静态过程**。

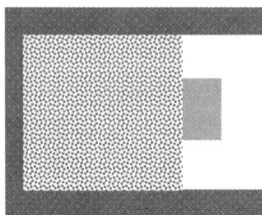

图 8-1　压缩气体　　　　　图 8-2　p-V 图

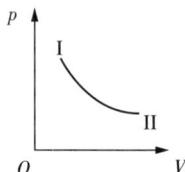

这种过程只有在进行得"无限缓慢"的条件下才可能实现。对于实际过程则要求系统状态发生变化的特征时间远远大于弛豫时间 τ，才可近似看作准静态过程。显然作为准静态过程中间状态的平衡态，具有确定的状态量值，对于简单系统可用 p-V 图上的一点来表示这个平衡态。系统的准静态变化过程可用 p-V 图上的一条连续曲线表示(图 8-2)，称之为**过程曲线**。准静态过程是一种理想的极限，但作为热力学的基础，我们首先要着重讨论它。

三、功、热量和内能

我们先看在系统和外界之间能量是如何进行传递的。取一定量的气体为研究系统，密封在一个有可移动的活塞的气缸内。系统初始状态可以用 $\text{I}(p_1,V_1,T_1)$ 来描述，要使系统变化到终态 $\text{II}(p_2,V_2,T_2)$，中间经历了一个热力学过程。如何实现这种变化？两个途径：一是通过外界对系统做功(正功或负功)；二是通过外界对系统传热(吸热或放热)。下面重点分析做功的过程。

设活塞与气缸之间没有摩擦，气体作准静态压缩或膨胀，外界的压强时刻等于此时气体的压强 p，否则系统在有限压差作用下，将失去平衡，过程为非静态过程。对于准静态过程，设压强为 p，活塞面积为 S，活塞向外移动距离 $\mathrm{d}l$，在此过程中气体对外界做的元功为

$$\mathrm{d}A = F\mathrm{d}l = pS\mathrm{d}l = p\mathrm{d}V$$

若气体的体积从 V_1 变化到 V_2,气体所做的总功为

$$A = \int dA = \int_{V_1}^{V_2} p dV \qquad (8-1)$$

我们把(8-1)式作为气体做功的定义式,如果知道了压强随体积的变化规律,就可以求出气体做的功。气体体积膨胀时,dV 为正值,系统对外界做正功;反之,外界对系统做正功。对准静态过程,我们可以在 p-V 图中用过程曲线描述出来。系统从 $\mathrm{I}(p_1,V_1,T_1)$ 变化到 $\mathrm{II}(p_2,V_2,T_2)$,压强和温度也都可能变化,那么变化的过程就是多样的。

由(8-1)式中积分意义可知,功的大小等于 p-V 图上过程曲线 $p=p(V)$ 下的面积大小。对于不同的过程来说(如 a,b 过程),积分路径下的面积也不同,做功也就不同,如图 8-3 所示。

因此功的数值不仅与初态和末态有关,还依赖于所经历的中间状态,功与路径有关,所以这种与系统体积变化有关的功是过程量。

如果一个系统经过一个热力学过程,其状态的变化完全是由于机械或电磁的作用,与外界无热量交换,则此过程为**绝热过程**。在绝热过程中外界对系统所做的功为绝热功。水盛在绝热壁包围的容器中,如图 8-4,由于砝码的下落带动叶轮旋转,进而使水温升高。如图 8-5,发电机发电,电阻丝中有电流,水温也会升高。这里叶轮所做的机械功和电流所做的电功就是绝热功。焦耳实验结果表明:用各种不同的绝热过程使物体升高一定的温度,所需要的功在实验误差范围内是相等的。在热力学系统所经过的绝热过程(包括非静态的绝热过程)中,外界对系统所做的功与过程是无关的,仅仅取决于系统的初态和终态。在本章中我们只研究与系统体积变化相联系的机械功。

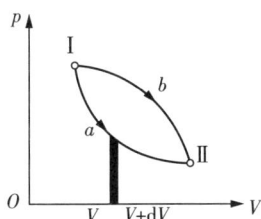

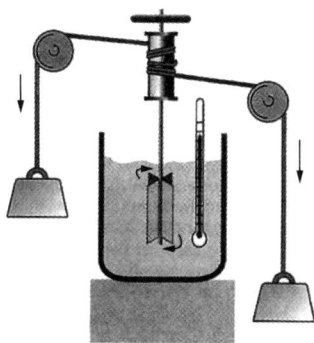

图 8-4　叶轮搅拌做功　　　图 8-5　电热丝通电做功

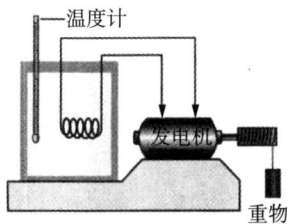

热传递是当系统和外界存在温差时候的一种能量传递方式。**在热传递过程中系统和外界传递的能量称为热量**，用 Q 表示。单位和能量相同，为 J（焦耳）。热传递和做功都是系统与外界发生能量交换的过程。在焦耳所做的实验中，利用机械量热法来测定热功当量，砝码缓慢匀速下降，带动轮轴和转轴使翼轮搅拌水，功转变为热，使水温升高，由温度计测出搅拌前后水的温差而算出热量 Q，从而证明了机械能（功）同热量之间的转换关系。由此可见，做功与热传递是等效的。

实验证明，当系统状态发生变化，一般会伴随着热传递和做功出现，它们都随着具体过程的不同而不同，但只要系统的初、末状态给定，不管经历什么样的过程，系统对外界做的功和外界对系统传递热量的总和是不变的。

热力学系统处于某个状态，它所具有的能量是一定的。正如系统状态变化，可以通过做功，可以通过热传递或者两者并存来实现，但所引起能量变化的总值一定不变。这种与状态有关的能量称为热力学系统的"内能"。上述的实验事实说明：**内能的改变量只与系统初、终状态有关系，与过程无关。内能是系统状态的单值函数。**

例 8−1　某理想气体体积按 $V = a/\sqrt{p}$ 的规律变化，求气体从体积为 V_1 膨胀到 V_2 时所做的功。

解：由 $V = a/\sqrt{p}$ 得　　　　　　　$p = \dfrac{a^2}{V^2}$

所以系统所做的功为

$$A = \int p \mathrm{d}V = \int_{V_1}^{V_2} \frac{a^2}{V^2} \mathrm{d}V = a^2 \left(\frac{1}{V_1} - \frac{1}{V_2} \right)$$

上面提到热力学系统所具有的能量取决于系统的状态，称为热力学系统的内能，其中包括组成物质分子运动的动能和分子间相互作用的势能。在上一章中我们已经得到理想气体内能的表示，内能的变化与系统的始末状态有关，而与系统经历的过程无关。

$$E = \frac{m}{M} \frac{i}{2} RT$$

热力学系统状态（内能）的变化是可以通过系统与外界交换热量或外界对系统做功或者两种方式并存来实现的。那么在热力学系统状态发生变化时，做功、热传递以及内能变化量，它们三者之间有什么关系呢？这就是热力学第一定律。

四、热力学第一定律

英国物理学家焦耳和德国物理学家赫姆霍兹等通过对各种热力学过程的实验研究，总结了一个系统在热力学过程中所遵循的规律 —— 热力学第一定律。设一个热力学过程发生,系统内能从 E_1 变化到 E_2,对外界做功 A,外界向系统传递热量 Q,那么一定有

$$Q = \Delta E + A = (E_2 - E_1) + A \qquad (8-2)$$

此式的物理意义是:**系统从外界吸收的热量,一部分使系统的内能增加,另一部分使系统对外界做功。**对于微小过程,有

$$dQ = dE + dA$$

我们规定,系统从外界吸热,Q 为正值,反之为负值;系统对外界做正功,A 为正值,反之为负;系统内能增加,ΔE 为正值,反之为负值。热力学第一定律是包括热现象在内的能量守恒定律,对任何物质的任何过程都是成立的。

在热力学第一定律提出之前,曾有人企图制造一种机器,机器通过使系统不断地经历状态变化,最终自动地回到原来状态,即不需要外界提供能量,也不需要消耗系统的内能,同时又可以对外界做功,这样的机器称为**第一类永动机**。1775 年,法国科学院宣布,不再接受审查所谓永动机的发明。热力学第一定律为第一类永动机做了科学的判决。第一类永动机违反了能量守恒定律,因而是不可能实现的。

若气体经历的是一个准静态过程,(8-2) 式可以写成

$$Q = (E_2 - E_1) + \int_{V_1}^{V_2} p\,dV \qquad (8-3)$$

做功过程在 $p\text{-}V$ 图中表示为曲线下的面积,经历的过程不同,面积是不同的,做功大小也就不同。内能的变化与过程无关,但因为做功与过程有关,热量也与过程有关。

现在回答本章开头提到的问题,在一个未打开的香槟酒容器的内部,有二氧化碳气体和水蒸气,由于气体的压强大于大气压,所以开盖时,气体迅速膨胀到大气中,这些气体体积增大,就会对外做功。由于膨胀进行得非常快,来不及从外界吸收热量,这个过程近似是一个绝热过程,绝热膨胀过程温度降低,所以周围的空气被液化,出现了照片中的雾团。

§8-2　热力学第一定律对于理想气体准静态过程的应用

下面,我们将具体分析理想气体几种常见的热力学过程,在这种特定的过程中,热力学第一定律中各种能量值是如何变化的。

一、等体过程

理想气体的体积保持不变,在 p-V 图上是一条平行于 p 轴的直线。系统经过等体过程,从状态 Ⅰ(p_1,V,T_1) 变成状态 Ⅱ(p_2,V,T_2)。

体积不变,有 $\quad\quad\quad\quad\quad\quad\quad dV=0$

系统对外界做功 $\quad\quad\quad\quad A_V=\int p\,dV=0$

在等体过程中,系统对外界不做功,系统吸收的热量全部用来增加系统的内能。

当系统和外界之间发生热量交换时,可能会使系统温度发生变化,这一温度的变化和传递热量的关系用**热容**表示。因热量是过程量,同一系统在不同过程中的热容值不同,不同的物质升高相同温度吸收的热量一般也不相同。我们定义:**使 1mol 物体温度升高 1K 所需要的热量称为该物质的摩尔热容**,常用的有**摩尔定体热容**和**摩尔定压热容**,分别用 $C_{V,m}$ 和 $C_{p,m}$ 表示。对于气体来

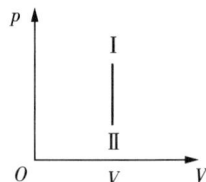

图 8-6 等体过程

说,这两个值的区别比较明显。由摩尔定体热容的定义,可知定体过程中系统从外界吸收的热量为

$$Q_V=\frac{m}{M}C_{V,m}(T_2-T_1) \tag{8-4}$$

由热力学第一定律 $\quad Q=\Delta E+A=\dfrac{m}{M}C_{V,m}(T_2-T_1)$

内能变化

$$\Delta E=E_2-E_1=\frac{m}{M}C_{V,m}(T_2-T_1) \tag{8-5}$$

由上一章的讨论知理想气体内能变化为

$$\Delta E=E_2-E_1=\frac{m}{M}\frac{i}{2}R(T_2-T_1) \tag{8-6}$$

(8-5)式和(8-6)式对比,得理想气体的摩尔定体热容

$$C_{V,m}=\frac{i}{2}R \tag{8-7}$$

理想气体的内能是状态的单值函数,(8-5)和(8-6)可以用来计算任何过程中理想气体的内能变化。

二、等压过程

如果热力学过程发生在压强恒定的情况下,此过程称为**等压过程**。在 p-V 图上是一条平行于 V 轴的直线,叫等压线。在等压过程中,系统吸收的热量,一部分用来对外做功,一部分用来增加系统的内能。

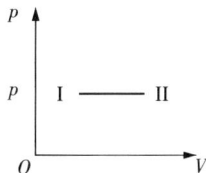

系统经过等压过程,从状态 (p,V_1,T_1) 变成 (p,V_2,T_2)

内能变化 　　$\Delta E = E_2 - E_1 = \dfrac{m}{M}\dfrac{i}{2}R(T_2 - T_1)$

系统对外界做功 　　　　$A = \displaystyle\int_{V_1}^{V_2} p\,\mathrm{d}V = p(V_2 - V_1)$ 　　　　(8-8)

系统从外界吸收的热量用摩尔定压热容表示为

$$Q_p = \frac{m}{M}C_{p,m}(T_2 - T_1) \tag{8-9}$$

由热力学第一定律 　$Q_p = \Delta E + A = \dfrac{m}{M}\dfrac{i}{2}R(T_2 - T_1) + p(V_2 - V_1)$ 　(8-10a)

由理想气体状态方程 　　　　　　$PV = \dfrac{m}{M}RT$

(8-10a) 可写成 　　　　$Q_p = \dfrac{m}{M}\dfrac{i+2}{2}R(T_2 - T_1)$ 　　　　(8-10b)

对比 (8-9) 式,可得 　　$C_{p,m} = \dfrac{i+2}{2}R$ 　　　　(8-11)

由 (8-7) 式,得到 　　$C_{p,m} = C_{V,m} + R$ 　　　　(8-12)

(8-12) 式称为**迈耶公式**。1842 年迈耶利用此式算出了热功当量。理想气体的摩尔定压热容比摩尔定体热容大一个 R 的值,意思是说 1mol 理想气体升高相同的温度,在等压过程中比在等容过程中吸收的热量要多 8.31J。因为在等体过程中,气体吸收的热量全部用来增加系统的内能,而在等压过程中,气体吸收的热量,一部分用来增加系统的内能,还有一部分用于气体膨胀时对外界做功。

用 γ 表示摩尔定体热容和摩尔定压热容的比值,定义为**比热容比**。根据 (8-7) 式和 (8-11) 式,有

$$\gamma = \frac{C_{p,m}}{C_{V,m}} = \frac{i+2}{i} \tag{8-13}$$

由表8-1可见,对于单原子分子与双原子分子,理论与实验符合得很好,而对于多原子分子,理论值与实验值相差较大的差别。因为我们是用经典统计理论给出的理想气体热容,而只有用量子理论才能对气体热容做出圆满的解释。

表8-1　室温下一些气体的 $C_{V,m}$、$C_{p,m}$ 和 γ 的值

气体	理论值			实验值		
	$C_{V,m}$	$C_{p,m}$	γ	$C_{V,m}$	$C_{p,m}$	γ
He	12.47	20.78	1.67	12.61	20.95	1.66
Ar				12.53	20.90	1.67
H₂	20.78	20.09	1.40	20.47	28.83	1.41
CO				20.56	28.88	1.40
O₂				21.16	29.61	1.40
H₂O	24.93	33.24	1.33	27.8	36.2	1.31
CH₄				27.2	35.2	1.30
CHCl₃				63.7	72.0	1.13

三、等温过程

假设理想气体的温度保持不变,从状态 (p_1, V_1, T) 变成 (p_2, V_2, T),经历的过程称为**等温过程**,在 $p-V$ 图上是一条双曲线,叫等温线。

初、终状态温度相同,所以理想气体内能变化为零

$$\Delta E = E_2 - E_1 = 0$$

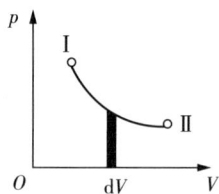

图8-8　等温过程

系统对外界做功

$$A_T = \int_{V_1}^{V_2} p\,dV \tag{8-14}$$

由气体状态方程

$$pV = \frac{m}{M}RT$$

得

$$p = \frac{m}{M}RT\,\frac{1}{V}$$

代入到(8-14)式,得

$$A_T = \int_{V_1}^{V_2} \frac{m}{M}RT\,\frac{1}{V}dV = \frac{m}{M}RT\ln\frac{V_2}{V_1} \tag{8-15}$$

也可用压强表示为

$$A_T = \frac{m}{M}RT\ln\frac{p_1}{p_2} \qquad (8-16)$$

由热力学第一定律得

$$Q_T = \frac{m}{M}RT\ln\frac{p_1}{p_2} = \frac{m}{M}RT\ln\frac{V_2}{V_1} \qquad (8-17)$$

说明在等温过程中,系统从外界吸收的热量全部用来对外做功。

四、绝热过程

在一个绝热性良好的容器中进行的热力学过程称为**绝热过程**,系统与外界没有热量交换 $Q=0$。严格的绝热过程在自然界中是并不存在的。在实际中,如果一个过程进行得非常迅速,系统来不及与外界发生热量交换,就可以近似地看成绝热过程,例如爆炸过程。

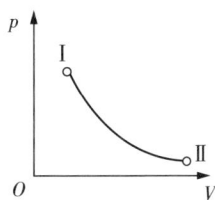

图 8-9　绝热过程

系统经过绝热过程,从状态 (p_1, V_1, T_1) 变成 (p_2, V_2, T_2)

内能变化　　$\Delta E = E_2 - E_1 = \frac{m}{M}C_{V,m}(T_2 - T_1)$

由热力学第一定律 $Q = \Delta E + A = 0$,得

系统对外界做功　　$A = -\Delta E = -\frac{m}{M}C_{V,m}(T_2 - T_1) \qquad (8-18)$

说明在绝热过程中,系统对外界所做的功是通过系统内能的减少来完成的。

对准静态的绝热方程,状态函数满足下列关系式

$$pV^\gamma = \mathrm{const} \qquad (8-19a)$$

$$V^{\gamma-1}T = \mathrm{const} \qquad (8-19b)$$

$$p^{\gamma-1}T^{-\gamma} = \mathrm{const} \qquad (8-19c)$$

现在我们来证明(8-19a)式。对绝热过程,由热力学第一定律 $\mathrm{d}Q = \mathrm{d}E + \mathrm{d}A = 0$ 得

$$\frac{m}{M}C_{V,m}\mathrm{d}T + p\mathrm{d}V = 0 \qquad (8-20)$$

对理想气体的状态方程 $pV = \dfrac{m}{M}RT$,两边取微分

$$pdV + Vdp = \frac{m}{M}RdT \qquad\qquad (8-21)$$

比较式(8-20)和式(8-21),消变量 T,有

$$\frac{pdV + Vdp}{pdV} = 1 + \frac{\dfrac{m}{M}RdT}{-\dfrac{m}{M}C_{V,m}dT} = -\frac{2}{i}$$

再根据 $\gamma = \dfrac{C_{p,m}}{C_{V,m}}$,得

$$\gamma\frac{dV}{V} = -\frac{dp}{p}$$

两边同时积分有 $$d(pV^{\gamma}) = 0$$
得到 $$pV^{\gamma} = \mathrm{const}$$

证毕。

将此式与理想气体的状态方程结合,可得另外两个式子(8-19b)和(8-19c)。

在 p-V 图上,绝热线比等温线要陡。下面作简要说明。

对等温过程,$pV = C$,写微分式 $pdV + Vdp = 0$

斜率 $$\frac{dp}{dV} = -\frac{p}{V}$$

对绝热过程,有 $pV^{\gamma} = C$,写微分式

$$\gamma V^{\gamma-1}pdV + V^{\gamma}dp = 0$$

斜率 $\dfrac{dp}{dV} = -\gamma\dfrac{p}{V}$

因为 γ 大于 1,所以绝热线比等温线更陡一些,说明同一种气体从同一个状态进行体积压缩,压缩相同的值,在绝热过程中压强的变化比在等温过程中大。从物理概念的角度去看,无论是绝热过程还是等温过程,体积压缩一定会使压强升高,但等温过程中,温度是不变的,压强的升高只是因为体积的减小,而在绝热过程中,压强的升高不光由于体积的减小,同时还有温度的升高引起的。

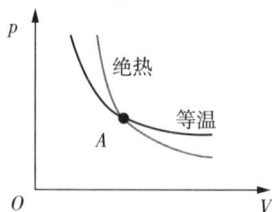

图 8-10 等温线和绝热线的比较

表 8-2　热力学第一定律对理想气体准静态过程的应用

过程	过程方程	内能增量	吸热	做功
等体	$\dfrac{p_1}{T_1}=\dfrac{p_2}{T_2}$	$\dfrac{m}{M}C_{V,m}(T_2-T_1)$	$\dfrac{m}{M}C_{V,m}(T_2-T_1)$	0
等压	$\dfrac{V_1}{T_1}=\dfrac{V_2}{T_2}$	$\dfrac{m}{M}C_{V,m}(T_2-T_1)$	$\dfrac{m}{M}C_{p,m}(T_2-T_1)$	$p(V_2-V_1)$
等温	$p_1V_1=p_2V_2$	0	$\dfrac{m}{M}RT\ln\dfrac{V_2}{V_1}$	$\dfrac{m}{M}RT\ln\dfrac{V_2}{V_1}$
绝热	$p_1V_1^{\gamma}=p_2V_2^{\gamma}$	$\dfrac{m}{M}C_{V,m}(T_2-T_1)$	0	$-\dfrac{m}{M}C_{V,m}(T_2-T_1)$

例 8-2　把标准状态下的 14g 氮气压缩至原来体积的一半,试分别求出在下列过程中气体内能的变化、传递的热量和外界对系统做的功:(1) 等温过程;(2) 绝热过程。

解:(1) 等温过程 $\Delta E=0$

$$Q=A=\frac{m}{M}RT\ln\frac{V_2}{V_1}=\frac{1.4\times10^{-2}}{2.8\times10^{-2}}\times8.31\times273\times\ln\frac{1}{2}=-786.25(\text{J})$$

外界对系统做功　　　　　　　$A'=786.25(\text{J})$

系统放热　　　　　　　　　　$Q'=786.25(\text{J})$

(2) 绝热过程

$$A=-\Delta E=\frac{m}{M}C_{V,m}(T_1-T_2)=\frac{m}{M}C_{V,m}T_1\left(1-\frac{T_2}{T_1}\right)$$

由绝热过程方程得　　　　　　$T_1V_1^{\gamma-1}=T_2V_2^{\gamma-1}$

则　　　　　　$A=\frac{m}{M}C_{V,m}T_1\left(1-\left(\frac{V_1}{V_2}\right)^{\gamma-1}\right)=-906(\text{J})$

外界对系统做功　　　　　　　$A'=906(\text{J})$

系统内能变化　　　　　　　　$\Delta E=906(\text{J})$

例 8-3　今有 80g 氧气初始的温度为 27℃,体积为 0.41 dm³,若经过绝热膨胀,体积增至 4.1 dm³。试计算气体在该绝热膨胀过程中对外界所做的功。

解:绝热膨胀时,外界对气体做功为

$$A'=-A=\int_{V_1}^{V_2}p\,\mathrm{d}V=-C\int_{V_1}^{V_2}\frac{\mathrm{d}V}{V^{\gamma}}=-\frac{C}{1-\gamma}(V_2^{1-\gamma}-V_1^{1-\gamma})$$

$$=\frac{p_1V_1^{\gamma}-V_2^{1-\gamma}}{1-\gamma}=\frac{p_1V_1}{1-\gamma}\left[1-\left(\frac{V_1}{V_2}\right)^{\gamma-1}\right]$$

式中 $p_1=\dfrac{m}{M}\dfrac{RT_1}{V_1}$,代入上式,则得外界对气体做功为

$$A' = \frac{m}{M} \frac{RT_1}{1-\gamma} \left[1 - \left(\frac{V_1}{V_2}\right)^{\gamma-1}\right] = \frac{\left(\frac{80}{32}\right) \times 8.31 \times 300}{1 - 1.4} \left[1 - \left(\frac{0.41}{4.1}^{1.1-1}\right)\right]$$

$$\approx -9.36 \times 10^3 (\text{J})$$

§8–3 循环过程 卡诺循环

在历史上,热力学理论最初是在研究热机工作过程的基础上发展起来的。在热机的工作过程中,被用来吸收热量并对外界做功的物质(工质),往往都在经历着热力学循环过程,即系统经过一系列变化之后又回到其初始状态。

一、循环过程

物质系统经过一系列状态变化以后,又回到原来状态的过程叫作热力学系统的循环过程,简称循环。这个物质系统称为**工作物质**。系统经过一个循环以后回到初始状态,因此内能没有变化。如果组成某一循环过程的各个过程都是准静态过程,则此循环过程可以用 p-V 图上的一条闭合曲线来表示,如图 8–11 所示。

在实际的工作中,我们需要利用工作物质不断地吸热实现对外界做功,但是单独一种变化过程并不能持续不断地把热能转化为功。 例如,在理想气体的等温膨胀过程中,内能不变,系统吸收的热量全部用于对外做功。但气缸的长度是有限的,这个过程是不可能无限制地进行下去的。并且当气体的体积持续膨胀,压强一旦降到与外界压强相等,膨胀过程就会停止,因此要连续不断地把热能转化为功,就要借助循环过程。工作物质先经历

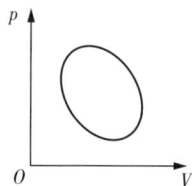

图 8–11 准静态的
循环过程

膨胀过程对外做功,同时从外界吸热,然后外界再对系统做功使系统恢复到初始状态,同时系统对外界放热。因为做功与过程有关,在往返过程中系统会出现一个净功,此净功大小等于 p-V 图上循环过程曲线所包围的面积。**如果循环过程按顺时针方向进行,系统对外界做的功大于外界对系统做的功,称为正循环(热循环)**。以正循环工作的机器称为**热机**,能够把热量持续不断地转化为功。

如图 8–12 所示热电厂中水的循环过程,水泵 B 将水池 A 中的水压入锅炉 C,水在锅炉内被加热变成高温高压的蒸汽,这是一个吸热而使内能增加的过程。蒸汽被传送入汽缸 D 中,并在汽缸内膨胀,推动活塞对外做功,同时蒸汽的内能减少温度下降。这一过程中通过做功使内能转化为机械能。最后蒸汽变为废气被送入

冷凝器 E 中,经冷却放热而凝结为水,再经水泵 F 送回水池 A 中,如此循环不息地进行。其结果是工作物质从高温热源吸收热量以增加其内能,其中部分内能通过做功转化为机械能,另一部分内能在低温的冷凝器中通过放热而传到外界。经过这一系列过程,工作物质又回到原来状态。

用示意图 8-13 表示,从高温热源吸收热量 Q_1,一部分用来对外做功 A,一部分用来向低温热源放出热量 Q_2。根据热力学第一定律,工作物质吸收的净热量应该等于它对外界的净做功 A,即

$$A = Q_1 - Q_2 \qquad (8-22)$$

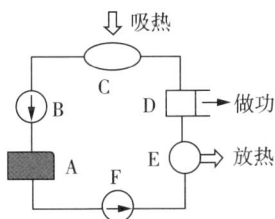

图 8-12　热电厂水的循环过程　　　图 8-13　正循环示意图

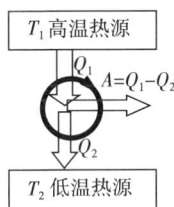

热机的**效率**是非常重要的一个量,在实践上和理论上都被重视。定义为**一次循环过程中工作物质对外界的净做功占它从高温热源吸收热量的比值**,用 η 来表示,有

$$\eta = \frac{A}{Q_1} = 1 - \frac{Q_2}{Q_1} \qquad (8-23)$$

此式说明吸收同样多的热量,对外界做的功越多,表明热机把热量转化为有用功的本领越大,效率就越高。

循环如果沿逆时针方向进行,外界对系统做的功大于系统对外界做的功,称为逆循环(或制冷循环),以逆循环工作的机器称为制冷机,如冰箱。

如图 8-14 所示冰箱的工作原理,工作物质在压缩机 A 内被急速压缩成高温高压气体,送入上面的蛇形管冷凝器,向周围空气放热,气体在高压下凝结成液体。液体经过节流阀的小口通道后,经过降温降压使其部分汽化,再进入下面的蛇形管蒸发器,液体从冷库吸热而使冷库降温,自身则变为蒸汽吸入压缩机。如此重复循环,工作物质从低温热源吸热,使低温热源的温度变得更低,起到制冷作用。

用示意图 8-15 表示,从低温热源吸收热量 Q_2,外界对系统做功 A,向高温热源放出热量 Q_1。引入制冷系数的概念,从低库吸收的热量 Q_2 与外界对工作物质做功 A 的比值,用 ω 表示

$$\omega = \frac{Q_2}{A} = \frac{Q_2}{Q_1 - Q_2} \tag{8-24}$$

此式说明,从低库吸收的热量越多,外界付出的代价越少,制冷效果就越好。

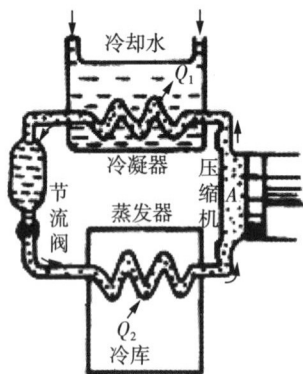

图 8-14　冰箱的工作原理

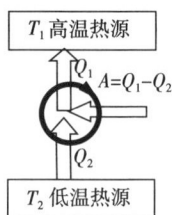

图 8-15　逆循环示意图

二、卡诺循环

18世纪末到19世纪初这段时间里,蒸汽机已经使用了100多年,但效率一直很低,只有3%左右。人们凭借经验努力提高热机效率,最终也不过达到8%左右。在这种情况下,一些科学家开始从理论上来研究热机的效率。1824年,法国青年工程师卡诺提出了自己的理想化模型 —— 卡诺循环与卡诺热机。卡诺循环是一个准静态循环,它体现了热机循环的最基本特征。卡诺的研究不仅为提高热机的效率指出了方向和限度,同时也对热力学第二定律的建立起了重要的作用。

下面以理想气体为工作物质讨论卡诺循环的工作原理。**卡诺循环**是一种理想化的模型,由**两个等温的准静态过程和两个绝热的准静态过程**组成,如图 8-16。

(1)1—2:与温度为 T_1 的高温热源接触做等温膨胀,体积从 V_1 增加到 V_2,内能变化为零,从高温热源吸收的热量为

$$Q_1 = \frac{m}{M}RT_1 \ln \frac{V_2}{V_1}$$

(2)2—3:做绝热膨胀,体积从 V_2 增加到 V_3,系统不吸收热量,温度从 T_1 下降到 T_2。

(3)3—4:与温度为 T_2 的低温热源接触做等温

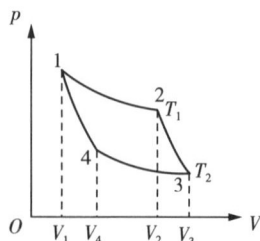

图 8-16　卡诺循环

压缩,体积从 V_3 减小到 V_4,内能变化为零,向低温热源放出的热量为

$$Q_2 = \frac{m}{M}RT_2\ln\frac{V_3}{V_4}$$

(4)4—1:做绝热压缩,体积从 V_4 减小到 V_1,系统不吸收热量,温度从 T_2 上升到 T_1,恢复初始状态。

在一次循环中,系统对外做的净功为

$$A - Q_1 \quad Q_2$$

根据(8-23)式,理想气体卡诺循环的效率为

$$\eta_C = 1 - \frac{Q_2}{Q_1} = 1 - \frac{T_2\ln\frac{V_3}{V_4}}{T_1\ln\frac{V_2}{V_1}}$$

再由绝热过程方程 $V^{\gamma-1}T = C$,有

2—3 过程 $\qquad V_2^{\gamma-1}T_1 = V_3^{\gamma-1}T_2$

4　1 过程 $\qquad V_1^{\gamma-1}T_1 = V_4^{\gamma-1}T_2$

两式相除得

$$\frac{V_2}{V_1} = \frac{V_3}{V_4}$$

据此,卡诺循环的效率可简化为

$$\eta_C = 1 - \frac{T_2}{T_1} \qquad\qquad (8-25)$$

说明:

(1)卡诺热机的效率只由高温热源和低温热源的温度决定,高温热源温度越高,低温热源温度越低,循环的效率越高;

(2)高温热源的温度不可能无限制地提高,低温热源的温度也不可能达到绝对零度,因而热机的效率总是小于1,即不可能把从高温热源所吸收的热量全部用来对外界做功。

三、卡诺制冷机

卡诺循环的逆向循环反映了制冷机的工作原理,工质把从低温热源吸收的热量和外界对它所做的功以热量的形式传给高温热源,其结果可使低温热源的温度更低,达到制冷的目的。吸热越多,外界做功越少,表明制冷机效能越好。

以理想气体为工质的卡诺制冷循环的制冷系数为

$$\omega_{\mathrm{C}} = \frac{Q_2}{Q_1 - Q_2} = \frac{T_2}{T_1 - T_2} \qquad (8-26)$$

这是在 T_1 和 T_2 两温度间工作的各种制冷机的制冷系数的最大值。

当高温热源温度一定时,低温热源的温度越低,制冷机的制冷系数越低。这说明从温度越低的低温热源中吸收热量要消耗更多的外力功。

例 8 - 4 一卡诺热机当热源温度为 100℃,冷却器温度为 0℃ 时,所做净功为 800J。现要维持冷却器的温度不变,并提高热源的温度使净功增为 1.60×10^3 J,试求:

(1) 热源的温度是多少?

(2) 效率增大到多少?(设两个循环均工作于相同的两绝热线之间,假定系统放出热量不变)

解:(1) 根据

$$\eta = 1 - \frac{T_2}{T_1} = \frac{A}{Q_1}$$

有

$$1 - \frac{273}{373} = \frac{800}{Q_1}$$

则

$$Q_1 = 2984\text{J}$$

由

$$A = Q_1 - Q_2$$

得

$$Q_2 = 2984 - 800 = 2184(\text{J})$$

因低温热源冷却器的温度不变,则 $\eta' = 1 - \frac{T_2}{T_1'} = \frac{1600}{Q_1'}$

$$Q_1' = 2184 + 1600 = 3784(\text{J})$$

所以

$$1 - \frac{273}{T_1'} = \frac{1600}{3784}$$

求得

$$T_1' = 473\text{K}$$

(2)

$$\eta' = 1 - \frac{T_2}{T_1'} = 1 - \frac{273}{473} = 42.3\%$$

§8-4　热力学第二定律

热力学第一定律给出了各种形式的能量在相互转化过程中必须遵循的规律,但并未限定过程进行的方向。观察与实验表明,自然界中一切与热现象有关的宏观过程都是有方向性的,在自发的情况下能量的转化是有方向的。例如,热量可以从高温物体自动地传给低温物体,但是却不能自动由低温物体传给高温物体。这就需要一个独立于热力学第一定律的新的自然规律来进行解释,即热力学第二定律。

一、热力学第二定律

热力学第二定律是一条经验定律,因此有许多叙述方法。最早提出并作为标准表述的是 1851 年开尔文提出的开尔文表述和 1865 年克劳修斯提出的克劳修斯表述。

1. 开尔文说法

不可能制造出这样一种循环工作的热机,它只使单一热源冷却来做功,而不放出热量给其他物体,或者说不使外界发生任何变化。

历史上曾经有人企图制造这样一种循环工作的热机,它只从单一热源吸收热量,并将热量全部用来做功而不放出热量给低温热源,因而它的效率可以达到 100%,这就是**第二类永动机**。有人做过估算,如果用这样的永动机吸收海水中的热量而做功的话,则只要使海水的温度下降 0.01 摄氏度,就能使世界上所有的机器开动许多年。无数的尝试证明,第二类永动机同样是一种幻想。它虽然不违反热力学第一定律,但它违反了热力学第二定律,因而也是不可能造成的。

热力学第二定律的开尔文描述实质是说热功转换是有方向性的。功可以全部转变为热,但热量不可能全部转变为功。与之相应的经验事实是,功可以完全变热,但要把热完全变为功而不产生其他影响是不可能的。如,热机的循环除了将吸收的热量一部分转化为功以外,还必定有一部分热量传给了低温热源,即产生了其他效果。热全部变为功的过程也是有的,如理想气体等温膨胀的过程,但在这一过程除了气体从单一热源吸热完全变为对外做功,还引起了其他变化,即过程结束时,气体的体积增大了。

2. 克劳修斯说法

热量不可能自动地从低温物体传到高温物体而不产生其他影响。

热力学第二定律的克劳修斯说法实质是说热传递是有方向性的。热量只能自发地从高温物体传给低温物体,而不能自发地从低温物体传给高温物体。与之相应的经验事实是,当两个不同温度的物体相互接触时,热量将由高温物体向低温物体传递,而不可能自发地由低温物体传到高温物体。如果借助制冷机,可以实现将热量由低温物体传给高温物体,但要以外界做功为代价,使系统还原的同时也引起了其他变化。

二、热力学第二定律两种描述的等价性

热力学第二定律两种说法是从不同的角度总结的,虽然文字表述不同,但实质

上是等价的,即一种说法是正确的,另一种说法也必然正确;如果一种说法是不成立的,则另一种说法也必然不成立。

(1) 若开尔文说法不成立,则克劳修斯说法也不成立

若开尔文说法不成立,即热机可从高温热源吸收热量 Q_1,全部用来对外界做功 $A=Q_1$;用这个功 A 去驱动一台制冷机,从低温热源吸收热量 Q_2,同时向高温热源放出热量 $Q_2+A=Q_2+Q_1$。两者总的效果是低温热源的热量传到了高温热源,并且没有产生其他影响,显然违反了克劳修斯说法。

(2) 若克劳修斯说法不成立,则开尔文说法也不成立

若克劳修斯说法不成立,即热量可以自动地从低温热源传到高温热源。考虑一台工作于高温热源与低温热源之间的热机。从高温热源吸收热量 Q_1,向低温热源放出热量 Q_2,则 Q_2 能自动地传到高温热源;而两者总的效果是热机能把从高温热源吸收的热量全部用来对外做功,显然违反了开尔文说法。

由此证明了这两种表述是完全等价的,如图 8-17。

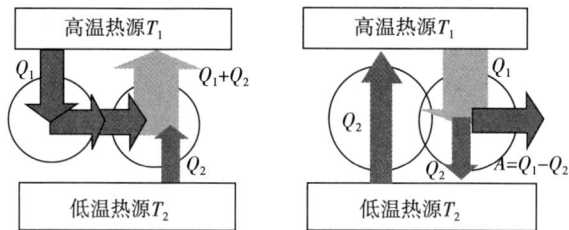

图 8-17 两种表述的等价性

热力学第一定律是能量守恒定律。热力学第二定律则指出,符合能量守恒的过程并不一定都可以实现的,这两个定律是互相独立的,它们一起构成了热力学理论的基础。热力学第二定律除了开尔文说法和克劳修斯说法外,还有其他一些说法。事实上,凡是关于自发过程是有方向性的表述都可以作为第二定律的一种表述。每一种表述都反映了同一客观规律的某一方面,但其实质是一样的。因而热力学第二定律可以理解为一切与热现象有关的实际自发过程都是有方向的。

§8-5 可逆过程与不可逆过程 卡诺定理

一、可逆过程和不可逆过程

为了进一步明确热力学第二定律的含义,研究热力学过程进行的方向性,有必

要引入可逆过程与不可逆过程。

系统由一个状态出发经过某一过程 P 达到另一状态,如果存在另一个过程 Q,它能使系统和外界完全复原,即系统回到原来状态,同时原过程对外界引起的一切影响消除,则原来的 P 过程称为**可逆过程**;反之,如果 Q 过程不存在,或者 Q 过程进行后,系统和外界不能同时还原,则 P 过程就是**不可逆过程**。不可逆过程不是不能逆向进行,而是说当过程逆向进行时,逆过程在外界留下的痕迹不能将原来正过程的痕迹完全消除。

可逆过程的条件有两个:

(1)过程要无限缓慢地进行,系统在状态变化过程中,总是处于一系列平衡状态或无限接近于平衡状态;

(2)没有摩擦力、黏滞力或其他耗散力做功。

可逆过程是一种理想化的过程,一切与热现象有关的实际的宏观过程都是不可逆的。因为实际过程都是以有限的速度进行,且在其中包含摩擦、黏滞、电阻等耗散因素,必然是不可逆的。例如理想气体绝热自由膨胀是不可逆的。容器被隔板分成两部分,气体聚集在左半部,隔板抽去,气体将自动扩散直至充满整个容器,最后达到平衡态。而反过程由平衡态回到非平衡态的过程是不可能自动发生的。热传导过程也是不可逆的。热量总是自动地由高温物体传向低温物体,从而使两物体温度相同,达到热平衡。其反过程,使两物体温差增大是不会自动进行的。

二、卡诺定理

1824 年,卡诺由热力学第二定律证明,在温度为 T_1 和温度为 T_2 的热源之间工作的循环动作的机器,遵守以下两条定理,即**卡诺定理**。

(1)在温度各为 T_1 和 T_2 的两个热源之间工作的任意工作物质的可逆卡诺热机,与以理想气体为工作物质的可逆卡诺热机都具有相同的效率,即

$$\eta = 1 - \frac{Q_2}{Q_1} = 1 - \frac{T_2}{T_1} \qquad (8-27)$$

(2)不可逆卡诺热机的效率不可能大于可逆卡诺热机的效率,如果可逆卡诺热机的效率为 $\eta = 1 - \frac{T_2}{T_1}$,不可逆卡诺热机的效率为 η',则

$$\eta' \leqslant 1 - \frac{T_2}{T_1}$$

可见,当高温热源温度越高,低温热源温度越低,热机的效率就越高。因此:

（1）提高热机效率可以从加大高温热源和低温热源之间的温度差着手。目前许多大型的蒸汽机和内燃机都是朝着高温、高压方向发展，以达到提高热机效率的目的。

（2）要尽可能地减少热机循环的不可逆性，也就是减少摩擦、耗散等因素。

§8-6 熵

在上节中我们说明了热力学第二定律的宏观表现和微观意义，这一节我们将从统计的观点探讨热力学过程的不可逆性和熵的物理意义，由此深入认识热力学第二定律的本质。

一、熵与无序

设想有一个密闭的长方形容器，中间有一隔板将它分成相同的两部分，左面有气体，右面为真空。将隔板抽掉之后，气体自由扩散，最终将充满整个容器，且均匀分布，达到平衡状态。气体的自由膨胀过程是由非平衡态向平衡态转化的过程，是不可逆的。相反的过程，在外界不发生任何影响的条件下是不可能实现的。又如，热量会自动从高温物体传给低温物体，而反向不能自发进行。

在孤立系统中，系统总要发生从非平衡态趋于平衡态的自发性过程；一个不可逆过程，不仅在直接逆向进行时不能消除外界的所有影响，而且无论用什么曲折复杂的方法，也都不能使系统和外界完全恢复原状而不引起任何变化。因此，一个过程的不可逆性与其说是决定于过程本身，不如说是决定于它的初态和终态。这预示着存在一个与初态和终态有关而与过程无关的状态函数，利用此函数来判断过程进行的方向。这个状态函数称为**熵**。

二、熵的定义

熵用 S 表示，是状态函数。T 表示系统温度，用 $\mathrm{d}Q$ 表示在各无限短过程中系统吸收的微小热量，则对于可逆过程有

$$\oint \left(\frac{\mathrm{d}Q}{T}\right)_{可逆} = 0 \tag{8-28}$$

对于状态 A 和 B，有

$$S_B - S_A = \int_A^B \left(\frac{\mathrm{d}Q}{T}\right)_{可逆} \tag{8-29}$$

系统处于 B 态和 A 态的熵差,等于沿 A、B 之间任意一可逆路径的热温熵的积分。

三、玻耳兹曼关系和熵增加原理

我们用 W 表示系统宏观状态包含的微观态数目,或宏观态出现的热力学概率。熵与热力学概率之间的关系称为**玻耳兹曼关系**

$$S = k \ln W \tag{8-30}$$

其中 k 为玻耳斯曼常数。此式反映了熵的微观意义,指**孤立系统内分子热运动的无序程度**。

如果一个孤立系统的热力学概率由 W_1 变至 W_2,则熵变为

$$\Delta S = S_2 - S_1 = k \ln W_2 - k \ln W_1 = k \ln \frac{W_2}{W_1}$$

如果系统的宏观状态包含许多微观状态,那么它被表现出来的方式也有很多,对应的 W 就很大,分子的混乱程度也就越高。对自由膨胀这样的不可逆过程来说,系统自发进行的方向就是从有序到无序的方向,也就是 W 增大的方向,所以这个方向是沿着熵增加方向进行的。

如果过程是可逆的,则熵的数值不变;如果过程是不可逆的,则熵的数值增加。这就是**熵增加原理或热力学第二定律的熵表述**。熵增加原理只能用于绝热过程或封闭系统,如果不是绝热过程或封闭系统,系统可以借助外界的影响实现熵的减小。

讨论:

(1)孤立系统中所发生的过程必然是绝热的,故还可表述为孤立系统的熵永不减小。

(2)若系统是不绝热的,则可将系统和外界看作一复合系统,此复合系统是绝热的。

$$(\mathrm{d}S)_{复合} = \mathrm{d}S_{系统} + \mathrm{d}S_{外界}$$

(3)若系统经绝热过程后熵不变,则此过程是可逆的;若熵增加,则此过程是不可逆的。此结论可以用来判断过程的性质。

(4)孤立系统内所发生的过程的方向就是熵增加的方向。此结论可判断过程进行的方向。

四、热力学第二定律的统计意义

熵增加原理的实质:孤立系统内所发生的过程,总是由热力学概率小的状态向热力学概率大的状态过渡,或者说由无序程度小的状态向无序程度大的状态过渡。**这就是热力学第二定律的统计意义。**

本章小结

1. **热力学第零定律**

如果物体 A 和处于确定状态的物体 B 热接触而处于热平衡,物体 C 和物体 B 此状态也处于热平衡,则物体 A 和物体 C 热接触也一定处于热平衡,称为热力学第零定律。

2. **温度**

当两个系统共处于热平衡时,温度是相同的。温度相等的平衡态叫热平衡。

3. **准静态过程**

如果系统在任意时刻的中间态都无限接近于一个平衡态,此过程为准静态过程。准静态过程是理想的极限。

4. **功、热量和内能**

做功不仅与初态和末态有关,还依赖于所经历的中间状态,功与路径有关,是过程量。

热传递是系统和外界存在温差时的一种能量传递方式,是过程量。通过热传递系统和外界传递的能量称为热量。

与状态有关的能量称为热力学系统的"内能"。内能的改变量只与系统初、终状态有关系,与过程无关。内能是系统状态的单值函数。

5. **热力学第一定律**

一个热力学过程发生,系统内能从 E_1 变化到 E_2,对外界做功 A,外界向系统传递热量 Q,一定有

$$Q = \Delta E + A = (E_2 - E_1) + A$$

系统从外界吸收的热量,一部分使系统的内能增加,另一部分使系统对外界做功。

6. **热力学第一定律对于理想气体的准静态过程的应用**

使 1 mol 物体温度升高 1 K 所需要的热量称为该物质的摩尔热容,常用的有摩尔定体热容和摩尔定压热容,分别用 $C_{V,m}$ 和 $C_{p,m}$ 表示。

(1) 等容过程

系统做功 $\qquad\qquad\qquad A = 0$

系统吸收的热量 $\qquad\quad Q_V = \dfrac{m}{M} C_{V,m} (T_2 - T_1)$

内能变化 $\qquad\qquad\quad \Delta E = \dfrac{m}{M} C_{V,m} (T_2 - T_1)$

摩尔定体热容 $\qquad C_{V,m} = \dfrac{i}{2} R$

(2) 等压过程

系统做功 $\qquad A = \dfrac{m}{M} R (T_2 - T_1) = p(V_2 - V_1)$

系统吸收的热量 $\qquad Q_P = \dfrac{m}{M} C_{p,m} (T_2 - T_1)$

内能变化 $\qquad \Delta E = \dfrac{m}{M} \dfrac{i}{2} R (T_2 - T_1)$

摩尔定压热容 $\qquad C_{p,m} - \dfrac{i}{2} R + R$

$C_{p,m} = C_{V,m} + R$ 称为**迈耶公式**。

(3) 等温过程

系统做功 $\qquad A = \dfrac{m}{M} R T \ln \dfrac{V_2}{V_1} = \dfrac{m}{M} R T \ln \dfrac{p_1}{p_2}$

系统吸收的热量 $\qquad Q_T = A$

内能变化 $\qquad \Delta E = 0$

(4) 绝热过程

系统做功 $\qquad A = -\Delta E = -\dfrac{m}{M} \dfrac{i}{2} R (T_2 - T_1)$

系统吸收的热量 $\qquad Q_{绝热} = 0$

内能变化 $\qquad \Delta E = \dfrac{m}{M} \dfrac{i}{2} R (T_2 - T_1)$

对准静态的绝热方程,状态函数满足下列关系式

$$pV^\gamma = \mathrm{const}$$

$$V^{\gamma-1} T = \mathrm{const}$$

$$p^{\gamma-1} T^{-\gamma} = \mathrm{const}$$

7. 卡诺循环

卡诺循环是一种理想化模型,由两个等温的准静态过程和两个绝热的准静态过程组成。

卡诺热机的效率表示为

$$\eta_c = 1 - \dfrac{T_2}{T_1}$$

卡诺制冷循环的制冷系数为

$$\omega_c = \frac{Q_2}{Q_1 - Q_2} = \frac{T_2}{T_1 - T_2}$$

8. 热力学第二定律

开尔文表述：不可能制造出这样一种循环工作的热机，它只使单一热源冷却来做功，而不放出热量给其他物体，或者说不使外界发生任何变化。

克劳修斯表述：热量不可能自动地从低温物体传到高温物体而不产生其他影响。

9. 可逆过程

系统由一个状态出发经过某一过程 P 达到另一状态，如果存在另一个过程 Q，它能使系统和外界完全复原，即系统回到原来状态，同时原过程对外界引起的一切影响消除，则原来的 P 过程称为可逆过程。

10. 卡诺定理

(1) 在温度各为 T_1 和 T_2 的两个热源之间工作的任意工作物质的可逆卡诺热机，与以理想气体为工作物质的可逆卡诺热机都具有相同的效率，即

$$\eta = 1 - \frac{Q_2}{Q_1} = 1 - \frac{T_2}{T_1}$$

(2) 不可逆卡诺热机的效率不可能大于可逆卡诺热机的效率，如果可逆卡诺热机的效率为 $\eta = 1 - \frac{T_2}{T_1}$，不可逆卡诺热机的效率为 η'，则

$$\eta' \leqslant 1 - \frac{T_2}{T_1}$$

11. 玻耳兹曼关系和熵增加原理

玻耳兹曼关系 $\qquad\qquad S = k \ln W$

其中 k 为玻耳斯曼常数。此式反映了熵的微观意义，指孤立系统内分子热运动的无序程度。

如果一个孤立系统的热力学概率由 W_1 变至 W_2，则熵变为

$$\Delta S = S_2 - S_1 = k \ln W_2 - k \ln W_1 = k \ln \frac{W_2}{W_1}$$

对不可逆过程来说，系统自发进行的方向是沿着熵增加方向进行的。

12. 热力学第二定律的统计意义

孤立系统内所发生的过程，总是由热力学概率小的状态向热力学概率大的状态过渡，或者说由无序程度小的状态向无序程度大的状态过渡。

思　考　题

8-1　内能和热量的概念有何不同？下面两种说法是否正确？

(1) 物体的温度越高,则热量越多；

(2) 同一物体的温度越高,则内能越大。

8-2　做功和传热是改变系统内能的两种不同方式,它们在本质上的区别是什么？

8-3　简述为什么在绝热膨胀过程中降低的压强比等温膨胀过程中降低的压强多。

8-4　两个卡诺循环,它们的循环面积相等,试问：

(1) 它们吸热和放热的差值是否相同？

(2) 对外做的净功是否相等？

(3) 效率是否相同？

8-5　p-V 图上封闭曲线所包围的面积表示什么？如果该面积越大,是否效率越高？

8-6　下列过程是可逆过程还是不可逆过程？说明理由。

(1) 恒温加热使水蒸发；

(2) 由外界做功使水在恒温下蒸发；

(3) 在体积不变的情况下,用温度为 T_2 的炉子加热容器中的空气,使它的温度由 T_1 升到 T_2；

(4) 高速行驶的卡车突然刹车停止。

8-7　评论下述说法正确与否：

(1) 功可以完全变成热,但热不能完全变成功；

(2) 热量只能从高温物体传到低温物体,不能从低温物体传到高温物体；

(3) 可逆过程就是能沿反方向进行的过程,不可逆过程就是不能沿反方向进行的过程。

8-8　在一个房间里,有一台电冰箱正工作着。如果打开冰箱的门,会不会使房间降温？会使房间升温吗？用一台热泵为什么能使房间降温？

8-9　用热力学第一定律和第二定律分别证明,在 p-V 图上一绝热线与一等温线不能有两个交点。

8-10　热力学系统从初平衡态 A 经历过程 P 到末平衡态 B。如果 P 为可逆过程,其熵变为：$S_B - S_A = \int_A^B \frac{\mathrm{d}Q_{可逆}}{T}$；如果 P 为不可逆过程,其熵变为：$S_B - S_A = \int_A^B \frac{\mathrm{d}Q_{不可逆}}{T}$。你说对吗？哪一个表述要修改,如何修改？

习　题

一、选择题

8-1　对于物体的热力学过程,下列说法中正确的是(　　)。

(A) 内能的改变只决定于初、末两个状态,与所经历的过程无关

(B) 摩尔热容量的大小与所经历的过程无关

(C) 在物体内,若单位体积内所含热量越多,其温度越高

(D) 以上说法都不对

8-2 在下面节约与开拓能源的几个设想中,理论上可行的是( )。

(A) 在现有循环热机中进行技术改进,使热机的循环效率达 100%

(B) 利用海面与海面下的海水温差进行热机循环做功

(C) 从一个热源吸热,不断作等温膨胀,对外做功

(D) 从一个热源吸热,不断作绝热膨胀,对外做功

8-3 一定量的理想气体经历了下列哪一个变化后,内能是增加的( )。

(A) 等温压缩　　(B) 等体降压　　(C) 等压压缩　　(D) 等压膨胀

8-4 一定量的理想气体从状态 1 变化到状态 2,分别经历等压、等体和绝热过程,在上述三过程中,气体的( )。

(A) 温度变化相同,吸热相同　　　　(B) 温度变化相同,吸热不同

(C) 温度变化不同,吸热相同　　　　(D) 温度变化不同,吸热也不同

8-5 质量一定的理想气体,从相同状态出发,分别经历不同的过程,使其体积增加一倍,然后又回到初态,则( )。

(A) 内能最大　　　　　　　　　　(B) 内能最小

(C) 内能不变　　　　　　　　　　(D) 无法确定

8-6 将温度为 300 K,压强为 10^5 Pa 的氮气分别进行绝热压缩与等温压缩,使其容积变为原来的 1/5。则绝热压缩与等温压缩后的压强和温度的关系分别为( )。

(A) $p_{绝热} > p_{等温}, T_{绝热} > T_{等温}$

(B) $p_{绝热} < p_{等温}, T_{绝热} > T_{等温}$

(C) $p_{绝热} > p_{等温}, T_{绝热} < T_{等温}$

(D) $p_{绝热} < p_{等温}, T_{绝热} < T_{等温}$

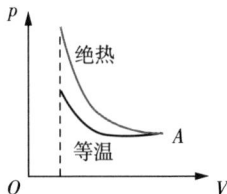

习题 8-6 图

8-7 一定量的理想气体从某一状态经过压缩后,体积减小为原来的一半,这个过程可以是绝热、等温或等压过程。如果要使外界所做的机械功最大,这个过程是( )。

(A) 绝热过程　　　　　　　　　　(B) 等温过程

(C) 等压过程　　　　　　　　　　(D) 绝热过程或等温过程均可

8-8 两个相同的容器,一个盛氢气,一个盛氦气(均视为刚性分子理想气体),开始时它们的压强和温度都相等,现将 6 J 热量传给氦气,使之升高到一定温度。若使氢气也升高同样温度,则应向氢气传递热量( )。

(A) 12 J　　　　(B) 10 J　　　　(C) 6 J　　　　(D) 5 J

8-9 压强为 p、体积为 V 的氢气(视为刚性分子理想气体)的内能为( )。

(A) $\frac{5}{2}pV$　　　(B) $\frac{3}{2}pV$　　　(C) pV　　　(D) $\frac{1}{2}pV$

8-10 两种不同的理想气体,若它们的最概然速率相等,则它们的( )。

(A) 平均速率相等,方均根速率相等　　(B) 平均速率相等,方均根速率不相等

(C) 平均速率不相等,方均根速率相等　　(D) 平均速率不相等,方均根速率不相等

8-11 假定氧气的热力学温度提高一倍,氧分子全部离解为氧原子,则这些氧原子的平均速率是原来氧分子平均速率的( )。

(A) 4 倍　　　　　(B) 2 倍　　　　　(C) $\sqrt{2}$ 倍　　　　　(D) $\dfrac{1}{\sqrt{2}}$ 倍

8－12　一定量的理想气体从初态 (V,T) 开始，先绝热膨胀到体积为 $2V$，然后经等容过程使温度恢复到 T，最后经过等温压缩到体积 V，如图所示。在这个循环中，气体必然（　　）。

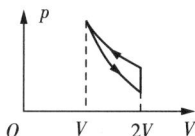

(A) 内能增加　　　　　　　　　　(B) 内能减少

(C) 向外界放热　　　　　　　　　(D) 对外界做功

习题 8－12 图

8－13　一定量的理想气体，经历某一过程后，温度升高了。则根据热力学定律可以断定为：(1) 该理想气体系统在此过程中吸热；(2) 在此过程中外界对该理想气体系统做正功；(3) 该理想气体系统的内能增加了；(4) 在此过程中理想气体系统从外界吸热，又对外做正功。以上说法正确的是（　　）。

(A) (1)、(3)　　　　　　　　　　(B) (2)、(3)

(C) (3)　　　　　　　　　　　　(D) (3)、(4)

8－14　如图所示，一定量理想气体从体积 V_1 膨胀到体积 V_2 分别经历的过程是：$A \rightarrow B$ 等压过程，$A \rightarrow C$ 等温过程；$A \rightarrow D$ 绝热过程，其中吸热量最多的过程（　　）。

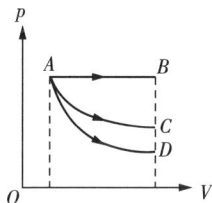

(A) 是 $A \rightarrow B$

(B) 是 $A \rightarrow C$

(C) 是 $A \rightarrow D$

(D) 既是 $A \rightarrow B$ 也是 $A \rightarrow C$，两过程吸热一样多

习题 8－14 图

8－15　质量一定的理想气体，从相同状态出发，分别经历等温过程、等压过程和绝热过程，使其体积增加一倍，那么气体温度的改变（绝对值）在（　　）。

(A) 绝热过程中最大，等压过程中最小

(B) 绝热过程中最大，等温过程中最小

(C) 等压过程中最大，绝热过程中最小

(D) 等压过程中最大，等温过程中最小

8－16　理想气体向真空做绝热膨胀（　　）。

(A) 膨胀后，温度不变，压强减小　　　(B) 膨胀后，温度降低，压强减小

(C) 膨胀后，温度升高，压强减小　　　(D) 膨胀后，温度不变，压强不变

8－17　对于理想气体系统来说，在下列过程中，哪个过程系统所吸收的热量、内能的增量和对外做的功三者均为负值（　　）。

(A) 等体降压过程　　　　　　　　(B) 等温膨胀过程

(C) 绝热膨胀过程　　　　　　　　(D) 等压压缩过程

8－18　"理想气体和单一热源接触做等温膨胀时，吸收的热量全部用来对外做功。"对此说法，有如下几种评论，正确的是（　　）。

(A) 不违反热力学第一定律，但违反热力学第二定律

(B) 不违反热力学第二定律，但违反热力学第一定律

(C) 不违反热力学第一定律，也不违反热力学第二定律

(D) 违反热力学第一定律,也违反热力学第二定律

8-19 系统分别经过等压过程和等容过程,如果两过程中的温度增加值相等,那么( )。

(A) 等压过程吸收的热量大于等容过程吸收的热量

(B) 等压过程吸收的热量小于等容过程吸收的热量

(C) 等压过程吸收的热量等于等容过程吸收的热量

(D) 无法计算

8-20 下列四图是某人设想的理想气体的四个循环过程,理论上可能实现的是哪一个?( )。

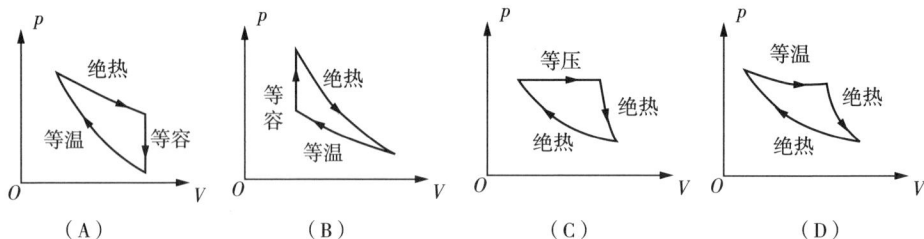

习题 8-20 图

8-21 某一热力学系统经历一个过程后,吸收了 400 J 的热量,并对环境做功 300 J,则系统的内能( )。

(A) 减少了 100 J   (B) 增加了 100 J   (C) 减少了 700 J   (D) 增加了 700 J

二、填空题

8-22 系统从外界所获取的热量,一部分用来_____,另一部分用来对外界做功。

8-23 理想气体的摩尔热容比 γ 仅与分子的自由度有关。对单原子分子气体 $\gamma =$ _____,对刚性双原子分子 $\gamma =$ _____,对刚性多原子分子 $\gamma =$ _____。

8-24 内能是由系统状态决定的量,是状态函数;而热量和功不仅决定于_____,而且与过程有关,即反映了过程的特征,是过程量。

8-25 理想气体的摩尔热容比 γ 仅与_____有关。

8-26 理想气体微观模型(分子模型)的主要内容是:

(1) _____;

(2) _____;

(3) _____。

8-27 一定量的理想气体,从状态 A 出发,分别经历等压、等温、绝热三种过程由体积 V_1 膨胀到体积 V_2。在上述三种过程中:

(1) 气体的内能增加的是_____过程;

(2) 气体的内能减少的是_____过程。

8-28 一定量理想气体,从同一状态开始使其体积由 V_1 膨胀到 $2V_1$,分别经历以下三种过程:(1) 等压过程;(2) 等温过程;(3) 绝热过程。其中:_____过程气体对外做功最多;_____过程气体内能增加最多;_____过程气体吸收的热量最多。

8-29　刚性双原子分子的理想气体在等压下膨胀所做的功为 A,则传递给气体的热量为_____。

8-30　2 mol 单原子分子理想气体,从平衡态 1 经一等体过程后达到平衡态 2,温度从 200 K 上升到 500 K,气体吸收的热量为_____。

8-31　气体经历如图所示的一个循环过程,在这个循环中,外界传给气体的净热量是_____。

8-32　如图,温度为 T_0,$2T_0$,$3T_0$ 三条等温线与两条绝热线围成三个卡诺循环:(1)$abcda$,(2)$dcefd$,(3)$abefa$,其效率分别为:

$$\eta_1 = \underline{\hspace{2cm}}, \eta_2 = \underline{\hspace{2cm}}, \eta_3 = \underline{\hspace{2cm}}。$$

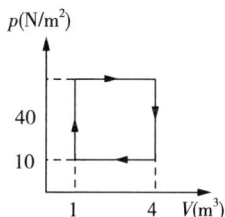

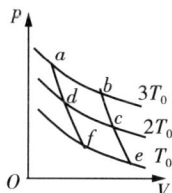

习题 8-31 图　　　　习题 8-32 图

8-33　在相同的高温热源和低温热源之间的一切不可逆热机的效率都_____可逆热机的效率。

8-34　可逆卡诺热机可以逆向运转。逆向循环时,从低温热源吸热,向高温热源放热,而且吸收的热量和放出的热量等于它正循环时向低温热源放出的热量和从高温热源吸收的热量。设高温热源的温度为 $T_1 = 450$ K,低温热源的温度为 $T_2 = 300$ K,卡诺热机逆向循环时从低温热源吸热 $Q_2 = 400$ J,则该卡诺热机逆向循环一次外界必须做功 $A = $ _____。

8-35　一卡诺热机,低温热源的温度为 27℃,热机效率为 40%,其高温热源温度为_____ K。今欲将该热机效率提高到 50%,若低温热源保持不变,则高温热源的温度应增加_____ K。

8-36　不可能从单一热源吸取热量并将它_____而不产生其他影响。

8-37　热机以理想气体为工作物质,它只与两个不同温度的恒温热源交换能量,即没有散热、漏气等因素存在,这种热机称为_____。

8-38　一个孤立系统或绝热系统的熵永远不会减小:对于可逆过程,熵_____;对于不可逆过程,熵总是_____。

三、判断题

8-39　在等温膨胀过程中,理想气体吸收的热量全部用于对外做功。（　　）

8-40　对物体加热,其温度一定增加。（　　）

8-41　不可能将热量从低温物体传到高温物体。（　　）

8-42　系统状态变化所引起的内能变化 ΔE,只与系统的初始状态和末状态有关,与系统所经历的中间过程无关。（　　）

8-43 在等压过程和等容过程中,当系统温度的增加量相等时,等压过程吸收的热量要比等容过程吸收的热量多。( )

8-44 在绝热膨胀过程中系统对外界做功要以减小内能为代价。( )

8-45 由热力学第一定律知第一类永动机不能实现。( )

8-46 高温热源温度越高,低温热源温度越低,制冷机的制冷系数越小。( )

8-47 第二类永动机违反了热力学第一定律。( )

8-48 理想气体的热容与气体种类有关。( )

8-49 热机工作 p-V 图中表示循环过程的曲线所包围的面积相同,说明两个热机所做的净功相同,效率也相同。( )

8-50 对于一个孤立系统或绝热系统的熵永远不会减小;对于可逆过程,熵保持不变;对于不可逆过程,熵总是增加的。( )

8-51 系统经历从初态 a 到末态 b 的过程,其熵的变化完全由 a、b 两个状态所决定,而与从初态到末态经历怎样的过程无关。( )

四、计算题

8-52 如图所示,一系由状态 a 沿 acb 到达状态 b 的过程中,有 350 J 热量传入系统,而系统做功 126 J

(1)若沿 adb 时,系统做功 42 J,问有多少热量传入系统?

(2)若系统由状态 b 沿曲线 ba 返回状态 a 时,外界对系统做功为 84 J,试问系统是吸热还是放热?热量传递是多少?

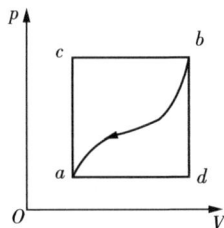

习题 8-52 图

8-53 1 mol 单原子理想气体从 300 K 加热到 350 K,问在下列两过程中吸收了多少热量?增加了多少内能?对外做了多少功?

(1)体积保持不变;(2)压强保持不变。

8-54 1mol 双原子分子理想气体从状态 $A(p_1,V_1)$ 沿 p-V 图所示直线变化到状态 $B(p_2,V_2)$,试求:(1)气体的内能增量;(2)气体对外界所做的功;(3)气体吸收的热量;(4)此过程的摩尔热容。

8-55 某单原子分子理想气体在等压过程中吸热 $Q_p = 200$ J。求在此过程中气体对外做的功 A。

8-56 0.01 m^3 氮气在温度为 300 K 时,由 0.1 MPa(即 1 atm)压缩到 10 MPa。试分别求氮气经以下两个不同过程后的体积、温度和对外所做的功。(1)等温压缩;(2)绝热压缩。

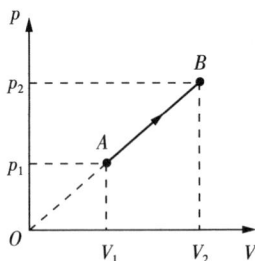

习题 8-54 图

8-57 温度为 25℃,压强为 1 atm 的 1 mol 刚性双原子分子理想气体,经等温过程体积膨胀至原来的 3 倍。

(1)计算该过程中气体对外所做的功;

(2)假设气体经绝热过程体积膨胀至原来的 3 倍,那么气体对外的功又是多少?

8-58 一定量的某单原子分子理想气体装在封闭的汽缸里。此汽缸有可活动的活塞(活塞与气缸壁之间无摩擦且无漏气)。已知气体的初压强 $p_1 = 1\ atm$,体积 $V_1 = 1\ L$,现将该气体在等压下加热直到体积为原来的两倍,然后在等体积下加热直到压强为原来的两倍,最后做绝热膨胀,直到温度下降到初温为止($1\ atm = 1.013 \times 10^5\ Pa$)。

(1) 在 $p\text{-}V$ 图上将整个过程表示出来;

(2) 试求在整个过程中气体内能的改变;

(3) 试求在整个过程中气体所吸收的热量;

(4) 试求在整个过程中气体所做的功。

8-59　理想气体由初状态(p_1, V_1)经绝热膨胀至末状态(p_2, V_2)。试证过程中气体所做的功为

$$A = \frac{p_1 V_1 - p_2 V_2}{\gamma - 1}$$

式中 γ 为气体的比热容比。

8-60　1 mol 的理想气体的 $T\text{-}V$ 图如图所示,ab 为直线,延长线通过原点 O。求 ab 过程气体对外做的功。

8-61　某理想气体的过程方程为 $Vp^{1/2} = a$,a 为常数,气体从 V_1 膨胀到 V_2。求其所做的功。

8-62　设有一以理想气体为工质的热机循环,如图所示。试证其循环效率为

$$\eta = 1 - \gamma \frac{\dfrac{V_1}{V_2} - 1}{\dfrac{p_1}{p_2} - 1}$$

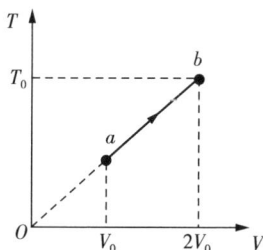

习题 8-60 图

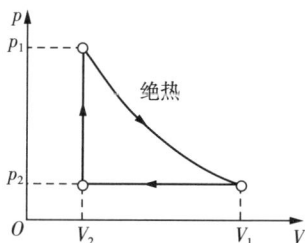

习题 8-62 图

8-63　一卡诺热机在 1000 K 和 300 K 的两热源之间工作,试计算:

(1) 热机效率;

(2) 若低温热源不变,要使热机效率提高到 80%,则高温热源温度需提高多少?

(3) 若高温热源不变,要使热机效率提高到 80%,则低温热源温度需降低多少?

8-64　设一动力暖气装置由一台卡诺热机和一台卡诺制冷机组合而成。热机靠燃料燃烧时释放的热量工作并向暖气系统中的水放热,同时,热机带动制冷机。制冷机自天然蓄水池中吸热,也向暖气系统放热。假定热机锅炉的温度为 $t_1 = 210℃$,天然蓄水池中水的温度为 $t_2 = 15℃$,暖气系统的温度为 $t_3 = 60℃$,热机从燃料燃烧时获得热量 $Q_1 = 2.1 \times 10^7\ J$,计算暖气系统所得热量。

8-65 单原子理想气体做题图所示的 $abcda$ 的循环，并已求得如表中所填的三个数据，试根据热力学定律和循环过程的特点完成下表。

过程	Q	A	ΔE
a—b 等压	250 焦耳		
b—c 绝热		75 焦耳	
c—d 等容			
d—a 等温		-125 焦耳	
循环效率 $\eta =$			

第八章思考题习题详解

第三篇　　振动和波动

　　物质的运动形式多种多样,除了前面介绍的质点平动和刚体的定轴转动以外,振动和波动也是非常普遍的两种运动形式。描述物体的任一物理量在某一定值附近往复变化均称为**振动**。物体在一定的位置附近做来回往复运动称为**机械振动**。生活中物体做机械振动的例子比比皆是,例如心脏的跳动、风中树叶的摇曳、琴弦的振动、声带的振动、耳膜的振动、发动机气缸活塞的运动等。除了机械振动还有电磁振荡,例如家用交流电、手机信号的发出和接收等等。无论是机械振动还是电磁振动,在本质上虽然不同,但是从运动形式上而言,它们都具有振动的共性,所遵从的规律也可以用统一的数学形式描述。

　　振动状态在空间的传播会形成**波动**,振动是波动产生的根源,波动是振动传播的过程。因此振动和波动是物质具有的非常紧密的两种运动形式。振动和波动不仅在自然界中广泛存在,而且在科学技术中也有着极其重要的应用。振动状态的传播过程,也是能量的传播过程,人类赖以生存的太阳能,就是以电磁波的形式不断地从太阳传送到地球上来的。正因如此,有关振动和波动的理论在声学、光学、电磁学、地震学、建筑工程、无线电技术、信息科学和现代物理学等各个领域都是不可或缺的基础。不言而喻,振动和波动的研究是非常重要的。

　　在各种振动现象中,最简单而又最基本的振动是简谐振动。任何复杂的振动形式都可以看成若干个简谐振动的合成。因此,研究简谐振动是进一步研究复杂振动的基础。本篇以机械振动和机械波为主要内容,第九章从讨论简谐运动的基本规律着手,讨论振动的合成,第十章讨论波的传播、合成规律。通过本篇的学习对今后学习其他复杂振动和波动规律打下基础。

　　塔科马大桥(Tacoma Narrows Bridge)位于美国华盛顿州,旧桥于1940年7月建成,同年11月,在19 m/s的风速(相当于8级风)作用下,发生剧烈的振动而垮塌,震动了世界桥梁界,这在当时是不可理解的,从而引发了科学家们对桥梁风致振动问题的研究,形成了桥梁风工程的新学科,并将风振动研究不断提高到新的科学水平。

　　那么塔科马大桥为什么如此"短命"呢?

第九章　　机械振动

　　振动是物体的一种普遍运动形式,在日常生活以及自然界中到处存在。例如摆动的吊灯,振动的琴弦,固体原子的振动,声音传播过程中空气分子的振动等,这些物体在一定位置附近做来回往复的运动,我们称这种运动为**机械振动**。更广义地说,任何一个物理量随时间的周期性变化都可以叫作振动。例如,在电路中,电流、电压、电荷、电场强度以及磁场强度都可能随时间做周期性变化,这也是一种振动,称为**电磁振荡**。尽管电磁振动和机械振动具有本质的区别,但是它们随时间的变化以及其他性质在形式上具有相同的规律。它们的运动具有相同的数学表达形式。因此研究机械振动的规律有助于了解其他形式的振动规律。

　　本章主要讨论机械振动。简谐振动是最简单的振动,也是最基本的振动,因为一切复杂的振动都可以认为是许多简谐振动的合成。所以本章从简谐振动切入,重点介绍简谐振动的特征、描述和规律,简谐振动的旋转矢量法,简谐振动的合成和分解,简谐振动的能量,最后简单介绍阻尼振动、受迫振动和共振。

§9－1　　简谐振动

　　质点运动时,如果离开平衡位置的位移或者角位移按正弦规律或者余弦规律随时间变化,则这种运动称为**简谐振动**,简称**谐振动**。在忽略阻力的情况下,弹簧振子的小幅度振动以及单摆的小角度振动都是简谐振动。下面以弹簧振子为例讨论谐振动的特征及其运动规律。

　　如图 9－1 所示,弹性系数为 k 的轻质弹簧(弹簧的质量相对于物体来说可以忽略不计)一端固定,另一端系一质量为 m 的物体,这样的弹簧和物体所构成的系统称为弹簧振子。将弹簧振子放置光滑的水平面上,物体所受的阻力忽略不计,设在 O 点处,弹簧处于原长时,物体所受合外力为零,系统处于平衡状态,此时物体所在的位置 O 点就是平衡位置。以 O 点为原点,向右为 x 轴的正方向,如果将物体略加移动后释放,物体将在平衡位置 O 点附近做往复的周期性运动。设弹簧的劲度系数为 k,则根据胡克定理可知,物体受到的弹性力 F 与物体位置坐标关系 x 为

$$F = -kx \tag{9-1}$$

式中"—"号表示物体所受的力 F 与位移 x 方向相反。由于弹性力的方向总是指向平衡位置,所以又称为**回复力**。

根据牛顿第二定律,物体的加速度为

$$a = \frac{\mathrm{d}^2 x}{\mathrm{d}t^2} = \frac{F}{m} = -\frac{k}{m}x \tag{9-2}$$

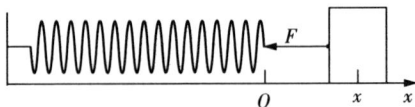

图 9-1 弹簧振子

通常将上式改写为

$$\frac{\mathrm{d}^2 x}{\mathrm{d}t^2} + \omega^2 x = 0 \tag{9-3}$$

其中 $\omega^2 = k/m$,对于给定的弹簧振子,k 和 m 都是唯一确定的,即 ω^2 是常量,由系统固有属性决定。

式(9-3)是简谐振动的微分方程,其通解形式为

$$x = A\cos(\omega t + \varphi_0) \tag{9-4}$$

因 $\cos(\omega t + \varphi_0) = \sin(\omega t + \varphi_0 + \pi/2)$,故令 $\varphi_0 + \pi/2 = \varphi'$,则(9-4)式可以表示为

$$x = A\sin(\omega t + \varphi') \tag{9-5}$$

式(9-4)中 A, φ_0 是两个积分常数,由系统振动的初始条件决定。式(9-4)和式(9-5)描述了弹簧振子振动过程物体任意时刻所在的位置,称为**简谐振动的运动方程**。式(9-2)反映了做简谐振动物体的加速度大小总是与其位移大小成正比、方向相反,其反映了弹簧振子振动过程中的动力学特征,称为**简谐振动的动力学方程**。

将式(9-4)对时间求一阶和二阶导数,得到物体的速度和加速度

$$v = \frac{\mathrm{d}x}{\mathrm{d}t} = -A\omega\sin(\omega t + \varphi_0) = A\omega\cos\left(\omega t + \varphi_0 + \frac{\pi}{2}\right) \tag{9-6}$$

$$a = \frac{\mathrm{d}^2 x}{\mathrm{d}t^2} = -A\omega^2\cos(\omega t + \varphi_0) = A\omega^2\cos(\omega t + \varphi_0 \pm \pi) \tag{9-7}$$

由式(9-6)、(9-7)可见,当物体做简谐运动时,其速度、加速度也呈现周期性变化,并且速度的相位比位移的相位超前 $\frac{\pi}{2}$;加速度的相位比位移的相位超前(或落后)π,即加速度与位移反相。图 9-2 显示的是简谐振动中物体的位移、速度、加速度随时间的变化关系。

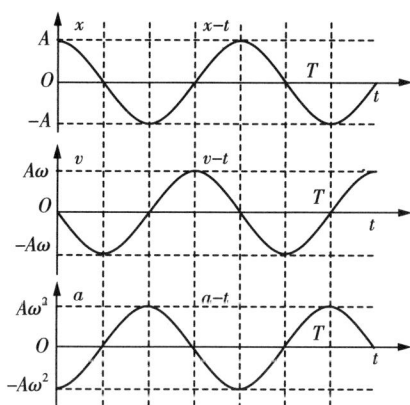

图 9-2　谐振动中的位移、速度、加速度与时间的关系

1. 振幅

在式(9-4)中,因余弦函数的值介于 ± 1 之间,所以物体的位矢也介于 $+A$ 和 $-A$ 之间,即 A 表示简谐振动的物体偏离平衡位置所能达到的最大距离,称为**振幅**。振幅恒取正值,单位为 m(米),其大小一般由振动的初始条件决定。

2. 周期和频率

物体每隔一固定的时间 T,运动重复一次,这个固定的时间间隔 T 称为振动的**周期**,单位为 s(秒)。根据周期的定义有

$$x = A\cos(\omega t + \varphi_0) = A\cos[\omega(t+T)+\varphi_0] \qquad (9-8)$$

由上式可得

$$\omega T = 2\pi \qquad (9-9)$$

即

$$T = \frac{2\pi}{\omega} \qquad (9-10)$$

对于弹簧振子,$\omega = \sqrt{k/m}$,所以弹簧振子的周期

$$T = 2\pi\sqrt{\frac{m}{k}} \qquad (9-11)$$

物体在单位时间内所作的完全振动的次数称为振动的**频率**,用 ν 表示,单位为 Hz(赫兹)。根据定义可知周期与频率的关系

$$\nu = \frac{1}{T} = \frac{\omega}{2\pi} = \frac{1}{2\pi}\sqrt{\frac{k}{m}} \qquad (9-12)$$

由式(9-10)和式(9-12)可得

$$\omega = \frac{2\pi}{T} = 2\pi\nu \qquad (9-13)$$

式中 ω 称为**角频率或圆频率**,单位是 rad/s(弧度每秒),表示物体在 2π 秒内所做完全振动的次数。

对于弹簧振子,弹簧振子的质量 m 和弹簧的劲度系数 k 都是弹簧振子本身固有的属性,通过式(9-12)可知,弹簧振子的频率和周期完全取决于弹簧振子本身的固有属性,故称 ν, T 为**固有频率**和**固有周期**。

3. 相位和初相位

质点在某一时刻的运动状态可以用该时刻的位矢和速度来描述,做简谐振动的物体,物体的位置和速度分别为 $x = A\cos(\omega t + \varphi_0)$, $v = -A\omega\sin(\omega t + \varphi_0)$。所以在振幅和角频率分别给定的情况下,物体的运动状态完全由 $(\omega t + \varphi_0)$ 来确定,即 $(\omega t + \varphi_0)$ 是确定简谐振动状态的物理量,称为**相位**,单位为 rad(弧度)。在 $t = 0$ 时,相位为 φ_0,称为初相位,或称**初相**,它是决定初始时刻物体运动状态的物理量。

设两个同频率的简谐振动,它们的振动方程分别为

$$x_1 = A_1\cos(\omega t + \varphi_1) \qquad (9-14)$$

$$x_2 = A_2\cos(\omega t + \varphi_2) \qquad (9-15)$$

则它们的相位差为 $\Delta\varphi = (\omega t + \varphi_2) - (\omega t + \varphi_1) = \varphi_2 - \varphi_1$。若 $\Delta\varphi > 0$ 则表示第二个简谐振动的相位超前于第一个简谐振动的相位。若 $\Delta\varphi < 0$ 则表示第二个简谐振动的相位落后于第一个简谐振动的相位。若 $\Delta\varphi = \pm 2k\pi, k = 0, 1, 2, \cdots$ 这时两个物体的振动同时达到位移的最大值、最小值,即两个振动步调完全相同,我们称这样的两个振动为**同相**,如图9-3所示。若 $\Delta\varphi = \pm(2k+1)\pi, k = 0, 1, 2, \cdots$ 这时一个物体的振动达到最大值,另一个物体的振动将达到负的最大值,即两个振动步调完全相反,我们称这样的两个振动为**反相**,如图9-4所示。

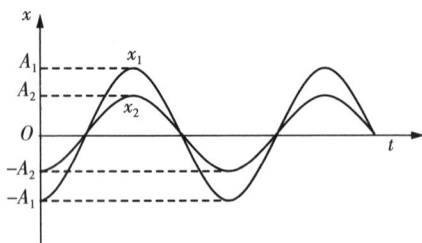

图9-3　两个谐振动同相

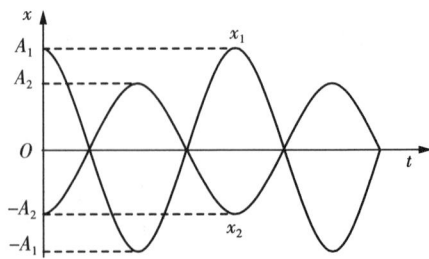

图9-4　两个谐振动反相

4. 振幅和初相位的确定

对于弹簧振子,其振动的角频率是由系统的固有属性决定的,即对给定的弹簧振子,其角频率是唯一确定的,但该弹簧振子可以做振幅不同、初相位不同的振动,其值由系统的初始条件决定。初始条件包括 $t=0$ 时物体的位移 x_0,以及物体运动初速度 v_0,即

$$x_0 = A\cos\varphi_0 \qquad\qquad (9-16)$$

$$v_0 = -A\omega\sin\varphi_0 \qquad\qquad (9 \quad 17)$$

联立方程可得

$$A = \sqrt{x_0^2 + \left(\frac{v_0}{\omega}\right)^2} \qquad\qquad (9-18)$$

$$\tan\varphi_0 = -\frac{v_0}{\omega x_0} \qquad\qquad (9-19)$$

即初始条件可以确定谐振动表达式的两个积分常数。因为在 $-\pi$ 和 π 之间有两个值的正切函数值相同,所以由式(9-19)得到的 φ_0 值,还需代同式(9-16)、(9-17)中以判定取舍。

例 9-1 如图所示,弹簧振子质量 $m=2.0\times10^{-2}$ kg,弹簧的劲度系数为 $k=0.72$ N/m。若把物体从平衡位置向右拉到 $x=0.050$ m 处停下后再释放,求其简谐振动方程。

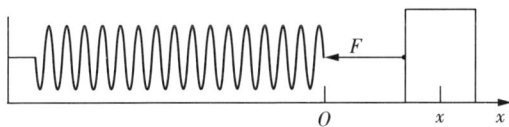

例 9-1 图

解:设物体的振动方程为 $x = A\cos(\omega t + \varphi_0)$,显然,只要求出 ω、A 和 φ_0 代入即可。

对弹簧振子

$$\omega = \sqrt{\frac{k}{m}} = \sqrt{\frac{0.72}{0.02}} = 6.0(\text{rad/s})$$

由题意可知,$x_0 = 0.050$m,$v_0 = 0$m/s,由式(9-18)和式(9-19)可得

振幅 $$A = \sqrt{x_0^2 + \frac{v_0^2}{\omega^2}} = 0.050(\text{m})$$

初相位
$$\varphi_0 = \arctan \frac{-v_0}{\omega x_0} = \arctan 0$$

即
$$\varphi_0 = 0 \text{ 或 } \varphi_0 = \pi$$

因在初始条件下 $x_0 > 0, v_0 = 0\text{m/s}$，所以 $\varphi_0 = 0$

综上，m 的振动方程为

$$x_0 = 0.050\cos6t(\text{m})$$

例 9-2 一弹簧振子在光滑水平面上，已知弹簧的弹性系数 $k = 1.60\text{N/m}$，物块质量 $m = 0.40\text{kg}$，试求下列情况下弹簧振子的振动方程：

(1) 将物块 m 从平衡位置向右移到 $x = 0.10\text{m}$ 处由静止释放；

(2) 将物块 m 从平衡位置向右移到 $x = 0.10\text{m}$ 处并给以 m 向左的速率为 0.20m/s。

解：(1) 振子做简谐振动，因此求弹簧振子运动方程的表达式 $x = A\cos(\omega t + \varphi_0)$，必须确定其中振幅 A、角频率 ω 及初相 φ_0。

根据题意可得

$$\omega = \sqrt{\frac{k}{m}} = 2 \ (\text{rad/s})$$

在初始条件 $t = 0$ 时

$$x_0 = 0.10\text{m}, v_0 = 0\text{m/s}$$

由式(9-18)和式(9-19)，可得

$$A = \sqrt{x_0^2 + \frac{v_0^2}{\omega^2}} = 0.1(\text{m})$$

初相位
$$\varphi_0 = \arctan \frac{-v_0}{\omega x_0} = \arctan 0$$

即
$$\varphi_0 = 0 \text{ 或 } \varphi_0 = \pi$$

根据在初始条件下 $x_0 > 0, v_0 = 0\text{m/s}$，得

$$\varphi_0 = 0$$

综上，m 的振动方程为

$$x_0 = 0.10\cos2t(\text{m})$$

(2) 在初始条件 $t = 0$ 时

$$x_0 = 0.10\text{m}, v_0 = -0.20\text{m/s}$$

因此

$$A = \sqrt{x_0^2 + \frac{v_0^2}{\omega^2}} = 0.14(\text{m})$$

$$\varphi_0 = \arctan \frac{-v_0}{\omega x_0} = \arctan 1$$

根据对 φ_0 值的约定,在初始条件下 $x_0 > 0, v_0 < 0$,所以 $\varphi_0 = \frac{\pi}{4}$

综上,m 的振动方程为

$$x_0 = 0.14\cos(2t + \frac{\pi}{4})(\text{m})$$

由此可见,对于给定的简谐振动系统,如果初始条件不同,振幅和初相就会有相应的改变。

例 9-3　一物体沿 x 轴做简谐振动,振幅为 0.12m,周期为 2s,$t=0$ 时,位移为 0.06m,且向 x 轴正向运动。

(1)求物体的振动方程;

(2)设 t_1 时刻物体第一次运动到 $x=-0.06\text{m}$ 处,试求物体从 t_1 时刻运动到平衡位置所用最短时间。

解:(1)根据物体简谐振动方程 $x = A\cos(\omega t + \varphi_0)$ 可以看出,如果求出振动方程中振幅 A、角频率 ω 及初相 φ_0 三个物理量,就能确定其振动方程的具体形式。

由题意知

$$A = 0.12\text{m}; \omega = \frac{2\pi}{T} = \pi \text{ rad/s}$$

下面求初相 φ_0,设初始条件下物体的位移为 x_0,则根据振动方程,当 $t=0$ 时,$x_0 = A\cos\varphi_0$

代入已知条件 $A = 0.12\text{m}, x_0 = 0.06\text{m}$,可得

$$\cos\varphi_0 = \frac{1}{2}$$

即

$$\varphi_0 = \pm\frac{\pi}{3}$$

又因为

$$v_0 = -\omega A\sin\varphi_0 > 0$$

所以

$$\varphi_0 = -\frac{\pi}{3}$$

其振动方程为

$$x = 0.12\cos(\pi t - \frac{\pi}{3})$$

(2) 由题意,在 t_1 时刻,有

$$0.12\cos(\pi t_1 - \frac{\pi}{3}) = -0.06$$

因为 t_1 时刻为物体第一次运动到 $x = -0.06$m 处,所以 $t_1 < T$,即 $\pi t_1 - \frac{\pi}{3} < 2\pi$,因此

$$\pi t_1 - \frac{\pi}{3} = \frac{2\pi}{3} \ \text{或} \ \frac{4\pi}{3}$$

又因为 t_1 时刻

$$v_1 = -A\omega\sin(\pi t_1 - \frac{\pi}{3}) < 0$$

所以

$$\pi t_1 - \frac{\pi}{3} = \frac{2\pi}{3}$$

解得

$$t_1 = 1(\text{s})$$

设 t_2 时刻为物体从 t_1 时刻运动后首次到达平衡位置,有

$$0.12\cos(\pi t_2 - \frac{\pi}{3}) = 0$$

因为 t_2 时刻为物体从 t_1 时刻运动后首次到达平衡位置,所以 $\pi t_2 - \frac{\pi}{3} < 2\pi$,因此

$$\pi t_2 - \frac{\pi}{3} = \frac{\pi}{2} \ \text{或} \ \frac{3\pi}{2}$$

又因为 t_2 时刻

$$v_2 = -A\omega\sin\left(\pi t_2 - \frac{\pi}{3}\right) > 0$$

所以

$$\pi t_2 - \frac{\pi}{3} = \frac{3\pi}{2}$$

解得

$$t_2 = \frac{11}{6}(s)$$

综上，从 -0.06m 第一次回到平衡位置所需的时间为

$$\Delta t - t_2 \quad t_1 = \frac{5}{6}(s)$$

例 9-4　（单摆） 在一根没有伸缩的轻线下端，系一个可以看作质点的小球，上端点 A 固定，当球在小角度 θ $< 5°$ 摆动时，就形成了一个单摆。如图，摆球被拉离平衡位置点 O 后，在重力的作用下会返回点 O。而到达点 O 时，它由于具有动能会继续摆动。如果忽略空气阻力，这种摆动可以一直持续下去。若已知摆长为 l，求单摆摆动时的周期。

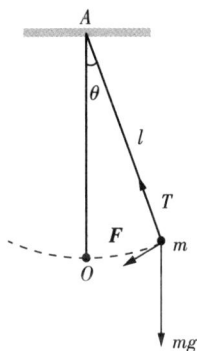

例 9-4　单摆

解： 对单摆进行受力分析：

$$F = -mg\sin\theta = -mg\,\frac{x}{l} = -\frac{mg}{l}x$$

又由

$$F = ma = m\,\frac{\mathrm{d}^2 x}{\mathrm{d}t^2}$$

可得

$$\frac{\mathrm{d}^2 x}{\mathrm{d}t^2} + \frac{g}{l}x = 0$$

这就是单摆谐振动所满足的动力学方程。

定义角频率 $\omega = \sqrt{\dfrac{g}{l}}$，可得

振动周期 $\qquad\qquad T = \dfrac{2\pi}{\omega} = 2\pi\sqrt{\dfrac{l}{g}}$

单摆的合外力与弹性力类似，称为准弹性力；其周期与质量无关，可用作计时器和测量重力加速度。

例 9-5　（复摆） 如图任意形状的刚体悬挂后绕一固定轴 O 作小角度摆动，这

样就构成了一个复摆,如果质心到转轴距离为 l,求复摆的
周期。

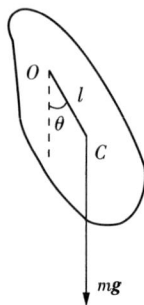

解:对复摆进行力矩分析有:$M = mgl\sin\theta$

又由定轴转动定律可知:$M = J\alpha$

$$\Rightarrow mgl\sin\theta = J\alpha \Rightarrow \alpha = -\frac{mgl\sin\theta}{J} = -\frac{mgl}{J}\theta$$

又

$$\alpha = \frac{\mathrm{d}^2\theta}{\mathrm{d}t^2}$$

例 9-5 复摆

所以

$$\frac{\mathrm{d}^2\theta}{\mathrm{d}t^2} = -\frac{mgl}{J}\theta \Rightarrow \frac{\mathrm{d}^2\theta}{\mathrm{d}t^2} + \frac{mgl}{J}\theta = 0$$

为谐振动方程,相应的角频率:

$$\omega = \sqrt{\frac{mgl}{J}}$$

周期:

$$T = \frac{2\pi}{\omega} = 2\pi\sqrt{\frac{J}{mgl}}$$

由此可以应用复摆测量刚体转动惯量,重力加速度等等。

例 9-6 如图,有一质量为 m 的
平底船,其平均水平截面积为 S,吃水
深度为 h,如不计水的阻力,试证此船
在竖直方向的振动周期为

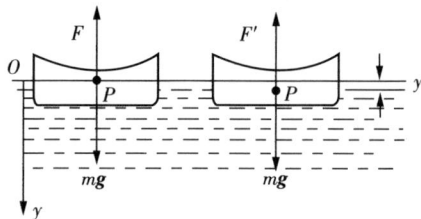

$$T = 2\pi\sqrt{\frac{h}{g}}$$

例 9-6 图

证:船静止时浮力与重力平衡:

$$mg = F = \rho Shg$$

船在任一位置时,以水面为坐标原点,竖直向下的坐标轴为 y 轴,船的位移用 y
表示。船的位移为 y 时船所受合力大小为

$$\sum F = mg - F' = mg - (h+y)\rho Sg = -y\rho Sg \tag{1}$$

因为合力与位移 y 成正比,方向相反,所以船在竖直方向作简谐振动。

又

$$\sum F = m\frac{\mathrm{d}^2 y}{\mathrm{d}t^2} \tag{2}$$

$$(1)、(2) \Rightarrow \frac{\mathrm{d}^2 y}{\mathrm{d}t^2} + \frac{\rho Sg}{m}y = 0 \Rightarrow \omega = \sqrt{\frac{\rho Sg}{m}} \Rightarrow T = \frac{2\pi}{\omega} = 2\pi\sqrt{\frac{m}{\rho gS}}$$

将 $m=\rho Sh$ 代入得周期为

$$T=2\pi\sqrt{\frac{h}{g}}$$

例如,如果吃水深度为0.4m时,这种竖直振动的周期大约是1.3s,然而这种振动在船舶振动的总图像中,并不是主要的,波浪的作用,更易于激起船舶的左右摇摆和前后颠簸,但这些振动并不会使船舶的质心位置相对于水面发生什么重大起落。

§9-2　简谐振动的旋转矢量法

在研究简谐振动时,除了采用数学表达式对简谐振动进行描述,还可以采用旋转矢量法对简谐振动进行表示。采用旋转矢量法一方面可以形象地描述简谐振动中振幅、相位、角频率等物理量的意义,另一方面有助于简化简谐振动中的有关问题。

对于简谐振动 $x=A\cos(\omega t+\varphi_0)$,建立一 Ox 坐标轴,以原点 O 为起点,作一长度为 A 的矢量 $\overrightarrow{OM}$,$t=0$ 时,矢量 $\overrightarrow{OM}$ 与 x 轴正方向的夹角为 φ_0,且矢量 $\overrightarrow{OM}$ 在纸面绕 O 以恒定的角速度 ω 逆时针旋转,则在时刻 t,矢量 $\overrightarrow{OM}$ 与 x 轴正方向的夹角显然为 $\omega t+\varphi_0$,如图9-5所示,这时矢量 $\overrightarrow{OM}$ 的端点在 x 轴上的投影 $x=A\cos(\omega t+\varphi_0)$,这正是简谐振动方程。因此可以采用匀速旋转的矢量 $\overrightarrow{OM}$ 在 x 轴上的投影来表示简谐振

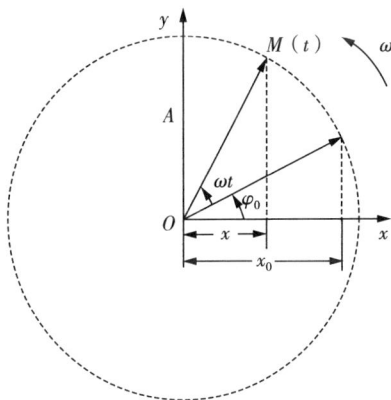

图9-5　旋转矢量图表示简谐振动

动,该矢量 $\overrightarrow{OM}$ 称为**旋转矢量**,这种表示简谐振动的方法称为**旋转矢量法**。用旋转矢量法表示简谐振动时,旋转矢量的长度等于简谐振动的振幅,旋转矢量的旋转方向为逆时针,旋转矢量的角速度等于简谐振动的角速度,旋转矢量初始时刻与 x 轴正方向的夹角为简谐振动的初相位。

需要指出的是,旋转矢量自身并不是简谐振动,而旋转矢量的端点在 x 轴上的

投影可以直观形象地展示简谐振动的运动规律。如图 9-6,是旋转矢量示意图与简谐振动曲线的联系。

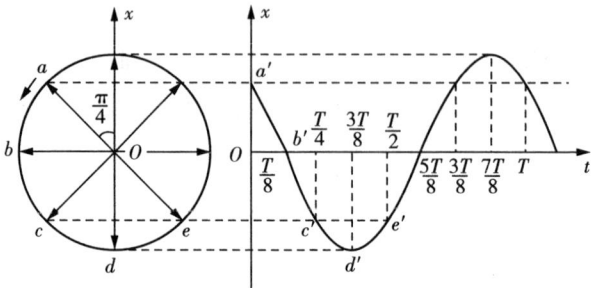

图 9-6 旋转矢量图及简谐振动的 x-t 图

例 9-7 两质点沿 x 轴做同方向、同振幅 A 的谐振动,其周期均为 5s,当 $t=0$ 时,质点 1 在 $\dfrac{\sqrt{2}}{2}A$ 处向 x 轴负向运动,质点 2 在 $-A$ 处,试用旋转矢量法求这两个谐振动的初相差,以及两个质点第一次经过平衡位置的时刻。

解:设两质点的谐振动方程分别为

$$x_1 = A\cos\left(\frac{2\pi}{T}t + \varphi_1\right)$$

$$x_2 = A\cos\left(\frac{2\pi}{T}t + \varphi_2\right)$$

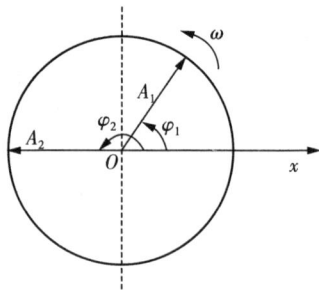

例 9-7 图

按题意,质点 1 在 $t=0$ 时,$x_{10}=\dfrac{\sqrt{2}}{2}A$,并向 x 轴负方向运动,因此,表示质点 1 振动的旋转矢量 $\boldsymbol{A}_1$ 在 $t=0$ 时与 x 轴间的夹角,即初相角 $\varphi_1=\dfrac{\pi}{4}$,同理表示质点 2 振动的旋转矢量 $\boldsymbol{A}_2$ 在 $t=0$ 时与 x 轴间的夹角,即初相角 $\varphi_2=\pi$,因此这两质点的初相差

$$\Delta\varphi = \varphi_2 - \varphi_1 = \pi - \frac{\pi}{4} = \frac{3\pi}{4}$$

即第二个质点的相位比第一个质点的相位超前 $3\pi/4$。

由图可见,质点 1 第一次经过平衡位置的时刻 $t_1=\dfrac{T}{8}=0.625(\mathrm{s})$,质点 2 第一次经过平衡位置的时刻 $t_2=\dfrac{T}{4}=1.25(\mathrm{s})$。

§9-3　简谐振动的合成

在实际问题的研究中,经常会遇到两个或者多个简谐振动的叠加情况。比如,当两列声波同时到达空间某一点,该点空气质点的运动是两个振动的合成。又如,光的干涉衍射现象,其本质就是振动的叠加。所以对振动叠加的研究很重要。通常振动的叠加问题比较复杂,下面主要讨论在同一直线上的同频率简谐振动的叠加和同一直线上的不同频率简谐振动的叠加。

一、两个同一直线上的同频率简谐振动的叠加

设两个在同一直线上同频率的简谐振动的表达式分别为

$$x_1 = A_1\cos(\omega t + \varphi_1) \tag{9-20}$$

$$x_2 = A_2\cos(\omega t + \varphi_2) \tag{9-21}$$

式中 A_1、A_2 为两个简谐振动的振幅,φ_1、φ_2 为两个简谐振动的初相位,由于振动在同一条直线上,所以,在任意时刻合振动的位移可以表示为

$$x = x_1 + x_2 \tag{9-22}$$

利用简单的三角公式不难求出合振动的表达式

$$x = A\cos(\omega t + \varphi) \tag{9-23}$$

其中振幅 A 和初相位 φ 为

$$A = \sqrt{A_1^2 + A_2^2 + 2A_1 A_2\cos(\varphi_2 - \varphi_1)} \tag{9-24}$$

$$\tan\varphi = \frac{A_1\sin\varphi_1 + A_2\sin\varphi_2}{A_1\cos\varphi_1 + A_2\cos\varphi_2} \tag{9-25}$$

上述结果也可以通过简谐振动的旋转矢量法求得。如图 9-7 所示,令 A_1、A_2 以相同的角速度 ω 绕 O 点旋转,初始时刻,矢量 A_1、A_2 与 x 轴间的夹角分别为 φ_1 和 φ_2,根据旋转矢量法可知,它们在 x 轴上的投影的坐标即表示简谐振动的 x_1 和 x_2,通过平行四边形法则作出 A_1、A_2 的合矢量 A,而合矢量 A 在 x 轴上的投影为 $x = x_1 + x_2$,因此矢量 A 表示的是两个分振动的合振动所对应的旋转矢量。由于 A_1、A_2 的长度不变,且以相同的角速度 ω 绕 O 点匀速旋转,所以合矢量 A 的长度也不变,也以相同的角速度 ω 绕 O 点匀速旋转,因此,合振动也是简谐振动,表达式为

$$x = A\cos(\omega t + \varphi)$$

根据余弦定理求得合振动的振幅

$$A = \sqrt{A_1^2 + A_2^2 + 2A_1A_2\cos(\varphi_2 - \varphi_1)}$$

合振动的初相位为

$$\tan\varphi = \frac{A_1\sin\varphi_1 + A_2\sin\varphi_2}{A_1\cos\varphi_1 + A_2\cos\varphi_2}$$

由此可见,合振动的振幅不仅和分振幅有关,还与两个振动的相位差 $\varphi_2 - \varphi_1$ 有关。下面讨论两种重要的特例。

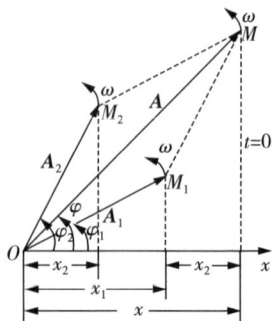

图 9 - 7　同一直线上两个同频率的谐振动合成的矢量图

(1)初相位相同或者初相位差 $\varphi_2 - \varphi_1 = 2k\pi$,$k$ 为零或任意整数,$\cos(\varphi_2 - \varphi_1) = 1$,代入式(9 - 24)有

$$A = \sqrt{A_1^2 + A_2^2 + 2A_1A_2} = A_1 + A_2 \qquad (9 - 26)$$

即合振动的振幅度等于两个简谐振动振幅之和,合振动的振幅达到可能达到的最大,如图 9 - 8 所示。

(2)初相位相反或者初相位差 $\varphi_2 - \varphi_1 = (2k+1)\pi$,$k$ 为零或任意整数,$\cos(\varphi_2 - \varphi_1) = -1$,代入式(9 - 24)有

$$A = \sqrt{A_1^2 + A_2^2 - 2A_1A_2} = |A_1 - A_2| \qquad (9 - 27)$$

即合振动的振幅等于两个简谐振动振幅之差,合振动的振幅达到可能达到的最小,如图 9 - 9 所示。若 $A_1 = A_2$,则 $A = 0$,表明两个振动幅度相等的反相振动合成的结果是使得质点处于平衡状态。

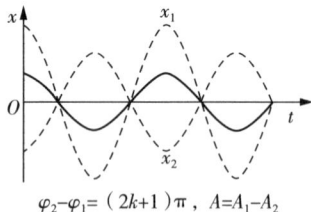

图 9 - 8　特例一

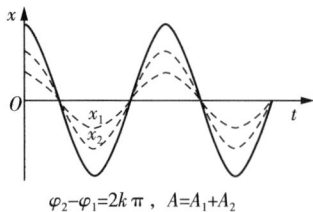

图 9 - 9　特例二

(3)相位差 $\varphi_2 - \varphi_1$ 为其他值时,合振动的振幅介于 $|A_1 - A_2|$、$A_1 + A_2$ 之间。

二、两个同一直线上的不同频率简谐振动的叠加

如果一质点同时参加两个同一直线上的不同频率的简谐振动,那么振动合成

结果将比较复杂,合振动将不再是简谐振动。下面讨论同一直线上的不同频率的简谐振动合成情况。两个分振动的表达式分别为 $x_1 = A_1\cos(\omega_1 t + \varphi_1)$ 和 $x_2 = A_2\cos(\omega_2 t + \varphi_2)$,由于两个简谐振动的频率不相同,所以总存在一个时刻,两振动的相位相同。为了简单起见,从该时刻计时,即两振动具有相同的初相位。这样,两个分振动的表达式可写为

$$x_1 = A_1\cos(\omega_1 t + \varphi_0) \tag{9-28}$$

$$x_2 = A_2\cos(\omega_2 t + \varphi_0) \tag{9-29}$$

为了计算方便,设两振动的振幅相等 $A_1 = A_2 = A$,应用三角形和差化积公式可得合振动的表达式

$$x = x_1 + x_2 = A_1\cos(\omega_1 t + \varphi_0) + A_2\cos(\omega_2 t + \varphi_0)$$

$$= 2A\cos(\frac{\omega_2 - \omega_1}{2}t)\cos(\frac{\omega_2 + \omega_1}{2}t + \varphi_0) \tag{9-30}$$

很显然上式不符合简谐振动的定义,所以合振动不再是简谐振动,但如果两个分振动的频率都很大并且相差不大时,则 $\frac{1}{2}(\omega_2 + \omega_1)$ 远大于 $\frac{1}{2}(\omega_2 - \omega_1)$,对此,$x$ 随时间的变化主要取决于频率为 $\frac{1}{2}(\omega_2 + \omega_1)$ 的余弦因子,所以合振动近似为"谐振动",合振动振幅 $2A\cos\left(\frac{\omega_2 - \omega_1}{2}t\right)$ 将在 $2A$ 和零之间按余弦规律周期变化,这种振幅周期性变化的现象称为拍。如图 9-10 所示,合振动振幅从一次极大到相邻的另一次极大,中间经历的时间 $\tau = \frac{2\pi}{|\omega_2 - \omega_1|}$ 称为周期,单位时间内振幅大小变化的次数称为拍频 ν,显然 $\nu = |\nu_2 - \nu_1|$。

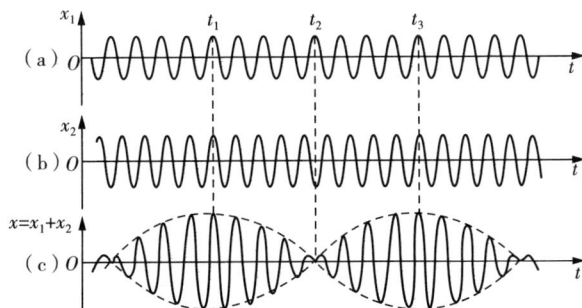

图 9-10　拍

拍现象在生产生活中也具有重要的应用。如在音乐声学中,拍现象可以用来

对乐器进行调整;还可以通过已知的高频振动频率,使它和另一频率相近但未知的振动叠加,测量合成振动的拍频,即可计算出未知振动的频率。如测量无线电波的频率。

§9-4 简谐振动的能量

下面以弹簧振子为例讨论简谐振动系统的能量。如图9-11所示,弹簧振子在振动过程中位移与时间的关系为 $x = A\cos(\omega t + \varphi_0)$,速度与时间的关系为 $v = -\omega A\sin(\omega t + \varphi_0)$,所以弹簧的弹性势能 E_p 和物体动能 E_k 分别为

$$E_p = \frac{1}{2}kx^2 = \frac{1}{2}kA^2\cos^2(\omega t + \varphi_0) \tag{9-31}$$

$$E_k = \frac{1}{2}mv^2 = \frac{1}{2}m\omega^2 A^2\sin^2(\omega t + \varphi_0) \tag{9-32}$$

因 $\omega^2 = k/m$,所以有

$$E_k = \frac{1}{2}kA^2\sin^2(\omega t + \varphi_0) \tag{9-33}$$

因此,弹簧振子系统总机械能为

$$E = E_p + E_k = \frac{1}{2}kA^2 \tag{9-34}$$

由此可见,**弹簧振子做简谐振动时,系统的总能量保持不变,即机械能守恒,并且系统的总能量与系统振幅的平方成正比**。这一结论不仅对弹簧振子适用,对其他简谐振动系统也是成立的。

例9-8 如图所示系统,弹簧的胡克系数 $k = 20\text{N/m}$,物块 $m_1 = 0.6\text{kg}$,物块 $m_2 = 0.4\text{kg}$,m_1 与 m_2 之间最大静摩擦系数为 $\mu = 0.5$,m_1 与地面间是光滑的,现将物块拉离平衡位置,然后任其自由振动,使 m_2 在振动中不

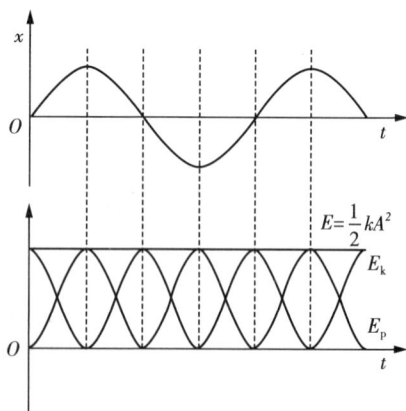

图 9-11 振动能量

从 m_1 上滑落,求系统所能具有的最大振动能量。

解: 若 m_2 不从 m_1 上滑落,则 m_2 和 m_1 的运动状态必须相同,即 m_2 与 m_1 要具有相同的加速度。由式(9-7)可知,简谐振动物体的最大加速度可表示为

$$a_{\max} = A\omega^2$$

同时 m_2 不从 m_1 上落下应满足的动力学条件为

$$m_2 a \leqslant m_2 g\mu$$

由上式可得最大加速度应为

$$a_{\max} = g\mu$$

联立上式,可得

$$A = g\mu\omega^{-2} = \frac{g\mu(m_1 + m_2)}{k}$$

把 A 代入简谐振动的能量表达式

$$E = \frac{1}{2}kA^2 = \frac{1}{2}k\left(g\mu\frac{m_1 + m_2}{k}\right)^2 = 0.6(\text{J})$$

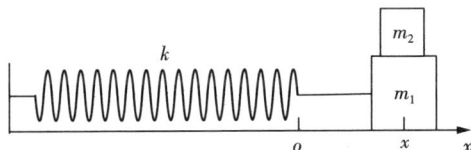

例 9-8 图

*§9-5 阻尼振动、受迫振动和共振简介

一、阻尼振动

简谐振动是一种无阻尼自由振动。在简谐振动过程中,系统的机械能守恒,其振幅不随时间变化而变化,所以一旦这种振动发生,将会永不停息地进行下去,是一种理想化的模型。实际上,任何振动总是要受到阻力的影响,系统的能量不断消耗,系统的振动幅度不断减小,这种振幅随时间减小的振动叫作**阻尼振动**。通常系统的能量损失原因有两种:一种是系统摩擦阻力的作用,称为**摩擦阻尼**;另一种是系统和周围的弹性介质作用,使振动以波的形式向外传播,称为**辐射阻尼**。

下面讨论振动受到黏滞阻尼作用的情况。实验表明,当物体运动速度不太大时,在黏性介质中所受到的阻尼与物体运动速度成正比,方向与速度的方向相反,即

$$F = -\gamma v \qquad (9-35)$$

式中,γ 叫作阻尼系数,它与物体的形状、大小、表面状况以及介质性质有关。

下面以弹簧振子为例,设质量为 m 的弹簧振子,在弹性力和黏滞阻尼的作用下,物体的运动方程为

$$m\frac{\mathrm{d}^2 x}{\mathrm{d}t^2} = -kx - \gamma\frac{\mathrm{d}x}{\mathrm{d}t} \qquad (9-36)$$

整理得

$$\frac{\mathrm{d}^2 x}{\mathrm{d}t^2} + \frac{\gamma}{m}\frac{\mathrm{d}x}{\mathrm{d}t} + \frac{k}{m}x = 0 \qquad (9-37)$$

令 $\omega_0 = \sqrt{\dfrac{k}{m}}$,称为无阻尼时振子的固有频率,它是由系统本身的性质决定的;$\beta = \dfrac{\gamma}{2m}$ 称为阻尼因子,它是由系统本身的性质及介质的黏滞性决定的;代入式(9-37)中得

$$\frac{\mathrm{d}^2 x}{\mathrm{d}t^2} + 2\beta\frac{\mathrm{d}x}{\mathrm{d}t} + \omega_0^2 x = 0 \qquad (9-38)$$

根据 β^2 和 ω_0^2 的大小,微分方程(9-38)具有以下三种形式的解。

(1) 若 $\beta^2 < \omega_0^2$,称为欠阻尼振动,微分方程(9-38)的解为

$$x = Ae^{-\beta t}\cos(\omega t + \varphi_0) \qquad (9-39)$$

式中 $\omega = \sqrt{\omega_0^2 - \beta^2}$,$A$ 和 φ_0 为积分常数,由初始条件决定。若 $t=0$ 时,$x=x_0$,$v=v_0$,将初始条件代入式(9-39)可得

$$A = \sqrt{x_0^2 + \frac{(v_0 + \beta x_0)^2}{\omega^2}} \qquad (9-40)$$

$$\varphi_0 = \arctan\left(-\frac{v_0 + \beta x_0}{\omega x_0}\right) \qquad (9-41)$$

其中,$Ae^{-\beta t}$ 可以视为随时间衰减的振幅,$\cos(\omega t + \varphi_0)$ 则表示振动的周期变化,这样阻尼振动就可以看作振幅按指数规律衰减的准周期振动。如图 9-12(a)所示,由于阻尼振动的振幅随时间不断减小,所以不再是严格意义上的周期运动,通常把

振动物体连续两次通过极大（或极小）位置所
需要的时间称为阻尼振动的周期，则阻尼振
动的周期为

$$T = \frac{2\pi}{\omega} = \frac{2\pi}{\sqrt{\omega_0^2 - \beta^2}} \qquad (9-42)$$

由上式可见，在阻力的影响下，欠阻尼振
动的周期比振动系统的固有周期长，阻尼作
用越大，振幅衰减愈快，振动愈慢。

（2）若 $\beta^2 > \omega_0^2$，称为过阻尼振动，微分方
程（9-38）的解为

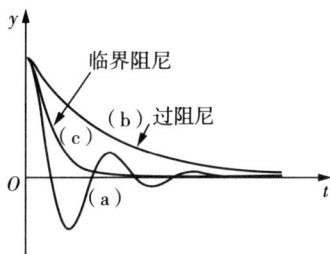

图 9-12　不同阻尼下的
阻尼振动和阻尼过大时
的非周期运动

$$x = C_1 e^{-\left(\beta - \sqrt{\beta^2 - \omega_0^2}\right) t} + C_2 e^{-\left(\beta + \sqrt{\beta^2 - \omega_0^2}\right) t} \qquad (9-43)$$

式中 C_1 和 C_2 为积分常数，由初始条件决定。其振动曲线如图 9-12 中（b）所示，物
体不能做往复运动，而是从最大位置缓慢地趋于平衡位置。

（3）若 $\beta^2 = \omega_0^2$，称为临界阻尼，微分方程（9-38）的解为

$$x = (C_1 + C_2 t) e^{-\beta t} \qquad (9-44)$$

式中 C_1 和 C_2 为积分常数，由初始条件决定。其振动曲线如图 9-12 中（c）所示，系
统振动刚好不能做周期性的往复运动，而是从最大位置快速回到平衡位置。在系
统阻尼振动中，过阻尼振动和欠阻尼振动状态下，振动物体从运动到静止状态都需
要较长的时间，而系统处于临界阻尼状态下，物体从静止开始回复到平衡位置所需
要的时间最短。所以对物体施加临界阻尼，能够使物体很快地回复到平衡位置。

在生产实际中，通常用改变系统阻尼的办法控制系统的振动，如精密的天平，
灵敏的电流计，为了使人们能快速准确地进行读数测量，通常都加有阻尼装置，使
系统在临界阻状态下工作。

二、受迫振动

阻尼振动是客观存在的，振动系统总免不了由于阻力的存在而不断消耗能量，
系统的振动逐渐衰减，为了维持系统的等幅振动，必须向系统施加周期性外力作
用。物体在周期性外力的持续作用下发生的振动称为**受迫振动**。这种周期性外力
称为**驱动力**。许多实际振动都属于受迫振动，如马达转动驱动的基座振动，声波引
起耳膜的振动、扬声器中的纸盆振动等等。

现在讨论受迫振动，设质量为 m 的弹簧振子，在弹性力 $-kx$ 和黏滞阻尼 $-\gamma v$
以及驱动力 $F_0 \cos(\omega_d t)$ 的作用下，物体的运动方程为

$$m \frac{\mathrm{d}^2 x}{\mathrm{d}t^2} = -kx - \gamma \frac{\mathrm{d}x}{\mathrm{d}t} + F_0 \cos(\omega_d t) \qquad (9-45)$$

令 $\omega_0 = \sqrt{\dfrac{k}{m}}$，$\beta = \dfrac{\gamma}{2m}$，则式(9-45)可写为

$$\frac{\mathrm{d}^2 x}{\mathrm{d}t^2} + 2\beta \frac{\mathrm{d}x}{\mathrm{d}t} + \omega_0^2 x = \frac{F_0}{m} \cos(\omega_d t) \qquad (9-46)$$

在阻尼较小的情况下,上述方程的解为

$$x = A_0 e^{-\beta t} \cos(\sqrt{\omega_0^2 - \beta^2}\, t + \varphi_0') + A\cos(\omega_d t + \varphi_0) \qquad (9-47)$$

上式表明,受迫振动由阻尼振动 $A_0 e^{-\beta t} \cos(\sqrt{\omega_0^2 - \beta^2}\, t + \varphi_0')$ 和稳态振动 $A\cos(\omega_d t + \varphi_0)$ 两部分合成。在振动的初始阶段,振子的运动速度较小,所受到的阻力较小,系统的驱动力大于阻力,振动能量逐渐增加,振幅逐渐增加,当振子速度达到一定程度时,系统克服阻尼所做的功与驱动力对系统做的功相等时,振动能量恒定,受迫振动达到稳定状态,进行等振幅振动,其振动表达式如下

$$x = A\cos(\omega_d t + \varphi_0) \qquad (9-48)$$

应该指出,稳态时的受迫振动的表达式和简谐振动的表达式完全相同,但其本质是不同的。首先,受迫振动的角频率不是系统的固有频率,而是驱动力的角频率;其次,受迫振动的振幅和初相位不再由振子的初始条件决定,而是由振子的性质、阻尼的大小、驱动力的特征决定的。稳态振动的振幅和初相位分别为

$$A = \frac{F_0}{m \sqrt{(\omega_0^2 - \omega_d^2)^2 + 4\beta^2 \omega_d^2}} \qquad (9-49)$$

$$\tan\varphi_0 = \frac{-2\beta\omega_d}{\omega_0^2 - \omega_d^2} \qquad (9-50)$$

在稳态时,振动物体的速度

$$v = \frac{\mathrm{d}x}{\mathrm{d}t} = v_m \cos\left(\omega_d t + \varphi_0 + \frac{\pi}{2}\right) \qquad (9-51)$$

式中

$$v_m = \frac{\omega_d F_0}{m \sqrt{(\omega_0^2 - \omega_d^2)^2 + 4\beta^2 \omega_d^2}} \qquad (9-52)$$

三、共振

对于一定的振动系统,如果驱动力的幅值一定,则稳态受迫振动的振幅 A,随

着驱动力的频率而改变,按式(9-49)可以画出不同阻尼时位移幅和外力频率之间的关系曲线,如图9-13。

可以看出,当驱动力的频率为某一特定值时,位移振幅达到最大值,我们把这种位移达到最大值的现象叫作**位移共振**。下面讨论振幅 A 取极值的条件,为此,将式(9-49)对 ω_d 求导,并令 $dA/d\omega_d=0$,得共振角频率 $\omega_{共振}=\sqrt{\omega_0^2-2\beta^2}$,可见位移共振时,驱动力的角频率略小于系统的固有角频率 ω_0,且阻尼愈小,$\omega_{共振}$ 愈接近 ω_0,共振位移振幅也就愈大。这为控制受迫振动的振幅提供了理论依据,即要在驱动力的作用下产生较大的振幅,就应使驱动力的频率接近系统的固有频率;反之,要在驱动力的作用下产生较小的振幅,就应使驱动力的频率远离系统的固有频率。

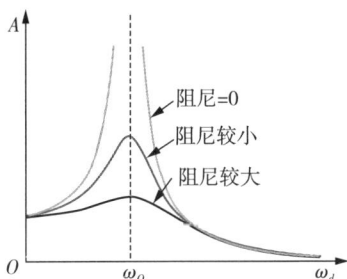

图 9-13　受迫振动的位移振幅
与外力频率的关系

受迫振动的速度在一定的条件下也可以发生共振,这叫作**速度共振**,如果将式(9-52)对 ω_d 求导数,令 $dv_m/d\omega_d=0$,可求得共振频率 $\omega_{共振}=\omega_0$,这表明,当驱动力的频率等于系统固有频率 ω_0 时,速度幅值达到最大值。在给定幅值的周期性外力作用下,振动时的阻尼愈小,速度幅值的极大值也越大,共振曲线越为尖锐,如图9-14。

可以证明,在共振时,振动速度和驱动力同相,因而,驱动力总是对系统做正功,系统能最大限度地从外界得到能量。这就是共振时振幅最大的原因。

共振现象是极为普遍的,在声、光、无线电、原子内部及工程技术中都常遇到。共振现象有着有利的一面,例如,许多仪器就是利用共振原理设计的:收音机利用电磁共振(电谐振)进行选台,一些乐器利用共振来提高音响效果,核内的核磁共振被

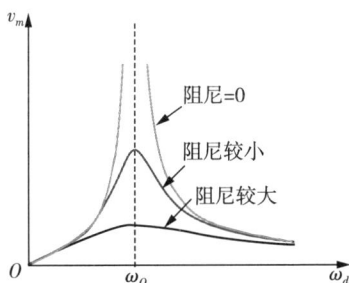

图 9-14　受迫振动的速度振幅值
与外力频率的关系

利用来进行物质结构的研究及医疗诊断等。同时共振也有不利的一面,例如各种机器的转动部分都不可能造得完全平衡,机器工作时要产生与转动同频率的周期性力,如果力的频率接近于机器某部分的固有频率,将引起机器部件产生共振,影响加工精度,甚至可能发生损坏事故。

1940 年 7 月 1 日,竣工仅四个月的美国塔科马大桥在一次大风中,因共振而坍

塌,造成了巨大的经济损失,这就是本章开篇的问题。工程实际中,常常通过改变系统的固有频率或驱动力的幅度或角频率来避免共振的破坏,如某些精密机床或精密仪器的工作台,为了避免外来机械干扰所引起的振动,通常筑有较大的混凝土基础,以增大质量,并铺设弹性垫层,减小劲度系数,从而降低固有频率,使它远小于外来干扰力的频率,有效地避免了外来干扰的影响。

本章小结

1. 简谐振动

物体运动时,如果离开平衡位置的位移(或角位移)按余弦函数(或正弦函数)的规律随时间变化,这种运动就叫简谐振动。简谐振动的运动方程为

$$x = A\cos(\omega t + \varphi_0)$$

2. 简谐运动中的振幅、周期、频率和相位

$$A = \sqrt{x_0^2 + \left(\frac{v_0}{\omega}\right)^2}$$

$$T = \frac{2\pi}{\omega}$$

$$\nu = \frac{1}{T}$$

$$\varphi = \omega t + \varphi_0$$

3. 简谐振动的能量

$$E_k = \frac{1}{2}kA^2 \sin^2(\omega t + \varphi_0)$$

$$E_p = \frac{1}{2}kA^2 \cos^2(\omega t + \varphi_0)$$

$$E = kA^2/2$$

4. 阻尼振动

振幅随时间而减小的振动叫阻尼振动。

5. 受迫振动

在周期性外力作用下进行的振动叫受迫振动。

6. 共振

在外来周期性力作用下振幅达到极大的现象称为位移共振,也叫振幅共振。

思　考　题

9-1　分析下列表述是否正确,为什么?

(1) 若物体受到一个总是指向平衡位置的合力,则物体必然做振动,但不一定是简谐振动。

(2) 简谐运动过程是能量守恒的过程,因此,凡是能量守恒的过程就是简谐运动。

9-2　两个机械振动系统做阻尼振动,问下列哪种情况下位移振幅衰减较快?(1)物体质量 m 不变,而阻尼系数 β 增大;(2)阻尼系数 β 相同,而质量 m 增大。

9-3　产生共振的条件是什么? 在共振时,物体做什么性质的运动?

9-4　弹簧振子的无阻尼自由振动是简谐运动,同一弹簧振子在简谐驱动力持续作用下的稳态受迫振动也是简谐振动,这两种简谐振动有什么不同?

9-5　什么是拍的现象? 产生的条件是什么? 如果两振动的振幅不等,即 $A_1 \neq A_2$,是否也有拍现象?

9-6　两个相互垂直的同频率简谐运动合成的运动是否还是简谐运动?

习　　题

一、选择题

9-1　一质量为 m 的物体挂在劲度系数为 k 的轻弹簧下面,振动角频率为 ω。若把此弹簧分割成二等份,将物体 m 挂在分割后的一根弹簧上,则振动角频率是(　　)。

(A)2ω　　　　(B)$\sqrt{2}\omega$　　　　(C)$\omega/\sqrt{2}$　　　　(D)$\omega/2$

9-2　一个弹簧振子和一个单摆(只考虑小幅度摆动),在地面上的固有振动周期分别为 T_1 和 T_2。将它们拿到月球上去,相应的周期分别为 T_1' 和 T_2',则有(　　)。

(A)$T_1' > T_1$ 且 $T_2' > T_2$　　　　(B)$T_1' < T_1$ 且 $T_2' < T_2$

(C)$T_1' = T_1$ 且 $T_2' = T_2$　　　　(D)$T_1' = T_1$ 且 $T_2' > T_2$

9-3　一弹簧振子,重物的质量为 m,弹簧的劲度系数为 k,该振子做振幅为 A 的简谐振动,当重物通过平衡位置且向规定的正方向运动时,开始计时,则其振动方程为(　　)。

(A)$x = A\cos\left(\sqrt{k/m}\,t + \dfrac{\pi}{2}\right)$　　　　(B)$x = A\cos\left(\sqrt{k/m}\,t - \dfrac{\pi}{2}\right)$

(C)$x = A\cos\left(\sqrt{m/k}\,t + \dfrac{\pi}{2}\right)$　　　　(D)$x = A\cos\left(\sqrt{m/k}\,t - \dfrac{\pi}{2}\right)$

9-4　一质点做简谐振动,周期为 T。质点由平衡位置向 x 轴正方向运动时,由平衡位置到二分之一最大位移这段路程所需要的时间为(　　)。

(A)$T/4$　　　　(B)$T/6$　　　　(C)$T/8$　　　　(D)$T/12$

9-5　一弹簧振子做简谐振动,总能量为 E_1,如果简谐振动振幅增加为原来的两倍,重物的质量增为原来的四倍,则它的总能量 E_2 变为(　　)。

(A)$E_1/4$　　　　(B)$E_1/2$　　　　(C)$2E_1$　　　　(D)$4E_1$

9-6　一物体做简谐振动,振动方程为 $x = A\cos(\omega t + \dfrac{\pi}{2})$。则该物体在 $t = 0$ 时刻的动能

与 $t = T/8$(T 为振动周期)时刻的动能之比为(　　)。

(A)1：4　　　　　　　　　(B)1：2

(C)1：1　　　　　　　　　(D)2：1

二、填空题

9-7　一弹簧振子做简谐振动,振幅为 A,周期为 T,其运动方程用余弦函数表示。若 $t = 0$ 时:(1)振子在负的最大位移处,则初相为_____;(2)振子在平衡位置向正方向运动,则初相为_____;(3)振子在位移为 $A/2$ 处,且向负方向运动,则初相为_____。

9-8　一质点沿 x 轴以 $x = 0$ 为平衡位置做简谐振动,频率为 0.25 Hz。$t = 0$ 时,$x = -0.37$cm 而速度等于零,则振幅是_____,振动表达式为_____。

9-9　一简谐振动的表达式为 $x = A\cos(3t + \varphi_0)$,已知 $t = 0$ 时的初位移为 0.04m,初速度为 0.09 m/s,则振幅 $A =$ _____,初相 = _____。

9-10　两个弹簧振子的周期都是 0.4 s,设开始时第一个振子从平衡位置向负方向运动,经过 0.5 s 后,第二个振子才从正方向的端点开始运动,则这两振动的相位差为_____。

9-11　将质量为 0.2 kg 的物体,系于劲度系数 $k = 19$ N/m 的竖直悬挂的弹簧的下端。假定在弹簧不变形的位置将物体由静止释放,然后物体做简谐振动,则振动频率为_____,振幅为_____。

9-12　一物块悬挂在弹簧下方做简谐振动,当这物块的位移等于振幅的一半时,其动能是总能量的_____(设平衡位置处势能为零)。当这物块在平衡位置时,弹簧的长度比原长长 Δl,这一振动系统的周期为_____。

9-13　一弹簧振子系统具有 1.0 J 的振动能量,0.10 m 的振幅和 1.0 m/s 的最大速率,则弹簧的劲度系数为_____,振子的振动频率为_____。

9-14　两个同方向的简谐振动,周期相同,振幅分别为 $A_1 = 0.05$ m 和 $A_2 = 0.07$ m,它们合成为一个振幅为 $A = 0.09$ m 的简谐振动。则这两个分振动的相位差_____ rad。

9-15　两个同方向同频率的简谐振动,其合振动的振幅为 20 cm,合振动与第一个简谐振动的相位差为 $\varphi - \varphi_1 = \pi/6$。若第一个简谐振动的振幅为 17.3 cm,则第二个简谐振动的振幅为_____ cm,第一、二个简谐振动的相位差 $\varphi_1 - \varphi_2$ 为_____。

三、计算题

9-16　一质量为 50 g 的物体悬挂在弹簧(服从胡克定律)底端,若再增重 20 g,发现弹簧伸长了 7.0 cm,求:(1)弹簧的劲度系数;(2)拿掉 20 g 物体后弹簧的运动周期。

9-17　现将重为 27 N 的物体悬挂在弹簧上,此弹簧在 9 N 力作用下伸长 0.05m,让挂上重物的弹簧振动,求振动周期。

9-18　一物体沿 x 轴做谐振动,振幅为 8 cm,周期为 2.0 s,在 $t = 0$ 时,坐标为 4.0 cm,且向 x 轴负方向运动,试写出用正弦函数表示的振动方程表达式,并求出 $t = 1.0$ s 时的位移。

9-19　一物块在水平面上做简谐振动,振幅为 10 cm,当物块离开平衡位置 6 cm 时,速度为 24 cm/s,问(1)周期是多少? (2)速度为 ±12 cm/s 时的位移是多少?

9-20　某物体固定于一根在桌面上做简谐运动的弹簧上,忽略物体与桌面间的摩擦力,振动频率为 ν,将一稍小的物块放在此物体顶部,两物块间静摩擦因数为 μ_s。要使两物体之间无相对滑动,求振动的最大振幅。

9-21　质量为 2 kg 的物体悬挂在劲度系数为 $k = 800$ N/m 的弹簧上,将物体拉离平衡位置 20 cm 后释放。(1)求振幅,角频率,运动周期;(2)求物体偏离平衡位置 12 cm 时的速度和加速度。

9-22　质量为 36 g 的物体做振幅为 13 cm,周期 $T = 12$ s 的简谐运动。在 $t = 0$ 时,位移 $x = +13$ cm。(1)求 $x = 5$ cm 处时,物体的速度;(2)求 $t = 2$ s 时物体所受的力。

9-23　有一单摆,绳长 $l = 1.0$ m,摆球的质量 $m = 100$ g,最大摆角为 5°,求:(1)单摆的角频率和周期;(2)设开始时摆角最大,试写出此单摆的振动表达式;(3)当摆角为 3° 时的角速度和摆球的线速度各为多少?

9-24　某一振动遵从等式 $y = 1.60\sin(1.30t - 0.75)$ (cm)。其中 t 以 s 为单位,角度以弧度为单位,求:(1)$t = 0$ 时,位移、速度和加速度的值;(2)$t = 0.6$ s 时,位移、速度和加速度的值。

9-25　一物体做简谐运动,振幅为 2.00 cm,频率为 3.0 Hz。在 $t = 0$ 时刻,位移 $x(0) = 0$ cm,速度 $v(0)$ 为正值。(1)求出位移表达式 $x(t)$,速度表达式 $v(t)$,加速度表达式 $a(t)$;(2)计算 $t = 50$ ms 时刻上述各量的值。

9-26　质量为 0.2 kg 的物体悬挂在弹簧上并做简谐运动,周期 $T = 3$ s,振幅 A 为 10 cm,在 $t = 0$ 时刻,物体向上经过平衡位置。(1)求弹簧的劲度系数 k;(2)求 $t = 1$ s 时的位移、速度、加速度的值。

9-27　弹簧 A 和 B 弹簧的劲度系数分别为 2000 N/m 和 1000 N/m,弹簧 A 挂在水平硬质杆上,另一端与弹簧 B 连接,然后用复合弹簧吊起质量为 50 kg 的物体,求此系统做简谐运动的周期。

9-28　两谐振动,振动方程为 $x_1 = 0.05\cos\left(10t + \dfrac{3}{4}\pi\right)$ cm 和 $x_2 = 0.06\cos\left(10t + \dfrac{1}{4}\pi\right)$ cm,试求其合成运动的振幅及初相。

9-29　一物块悬于弹簧下端,并做简谐振动,当物块位移为振幅的一半时,这个振动系统的动能占总能量的多少?势能占多少?当位移多大时,动能、势能各占总能量的一半?

9-30　火箭发射器的反冲能量被质量 $m = 4536$ kg 的反冲弹簧吸收,装上一个撞击垫后,发射器在反冲后能无振动地返回点火位置(临界阻尼),若发射器以 10 m/s 的初速度反冲了 3 m,求反冲弹簧的劲度系数和撞击垫的临界阻尼系数($b = 2\sqrt{mk}$)。

第九章思考题习题详解

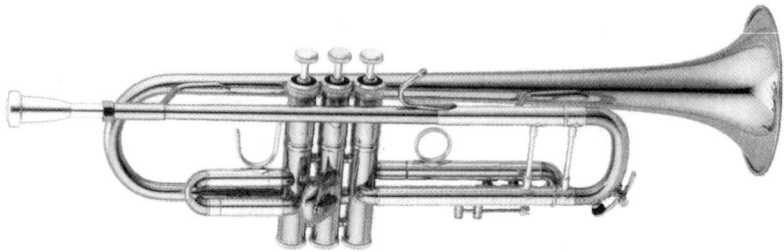

　　各种各样的管乐器和弦乐器都能发出美妙的音乐，它们发声有什么共同的特点吗？

第十章　机械波

在弹性介质中,各质点之间都存在弹性回复力的作用。当弹性介质中任意一质点因外界的扰动而离开平衡位置,则邻近的质点将对它作用一个弹性回复力,使得它在平衡位置附近振动,同时由于力的作用是相互的,邻近的质点也会受到该质点力的作用,从而使得邻近质点也在其平衡位置附近做周期振动,这样在所有介质依次带动下,振动以一定的速度向周围由近及远传播开来,从而形成机械波。

§10-1　机械波的产生和传播

机械波的产生需要两个条件:首先具有产生机械振动的物体即波源;其次,要具有能够传播机械振动的弹性介质。需要注意的是,机械波在传播过程中,对每个质点而言,它只是在平衡位置附近做周期性振动,并没有随着波的传播方向向前运动。

在波动中,若质元的振动方向与波的传播方向相互垂直,称这种波叫**横波**。如用手抖动绷紧绳子的一端,绳子上产生的波就是横波。如图10-1所示,可以看出,在横波的传递过程中,质元依次到达波峰和波谷。

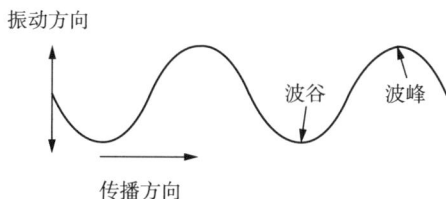

图 10-1　横波示例

在波动中,若质点的振动方向和波的传播方向相互平行,称这种波为**纵波**。例如,将弹簧的一端固定在墙面,另一端拿在手中沿水平方向拉推弹簧使该端做左右振动,在弹簧中形成疏密相间的纵波波形,如图10-2所示。此外,气体中传播的声波也是纵波。

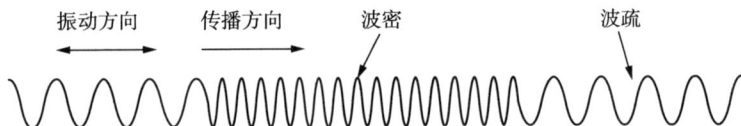

图 10-2　纵波示意图

　　横波和纵波是最简单的两种基本波，各种复杂的波常可以分解为横波和纵波。需要指出的是横波的传播需要剪切力的存在，如固体可以产生剪切力，而液体、气体无法产生剪切力，所以横波只能在固体介质中传播。纵波在介质中传播时，介质要发生拉伸或压缩，即发生体变，固体、液体、气体都能发生体变，所以纵波可以在固体、液体、气体中传播。

　　为了形象地描述波在空间的传播，包括波的传播方向及各质点振动的相位，我们引入波线和波面的概念。在波的传播过程中，任一时刻介质中各振动相位相同的点所构成的面叫作波振面或者波面。在某一时刻，波传播到达的最前面的波面称为波前。根据波面的形状可分为平面波和球面波。波面是球面的波称为**球面波**，波面是平面的波称为**平面波**。点光源在各向同性均匀介质中向各个方向发出的波是球面波。沿着波传播的方向作一些带箭头的线，叫作**波线**。波线表示波的传播路径和方向。在各向同性均匀介质中，波线总是和波面垂直。其中平面波的波线是相互平行的直线，球面波的波线是沿半径方向的直线，如图 10-3 所示。

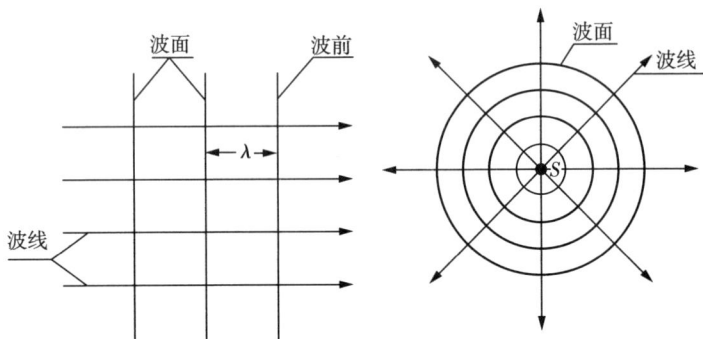

图 10-3　平面波和球面波

§10-2　波长　波的周期、频率和波速

一、波长

波传播过程中，不仅具有时间周期性，还具有空间周期性。对此分别引入周

期、频率、波长等物理量对波进行描述。如在同一波线上两个相邻的、相位差为 2π 的质点之间的距离叫作**波长**，用 λ 表示，波长反应了波的空间周期性。如图 10-4 所示，在横波中，两个相邻的波峰或波谷之间的距离等于一个波长。在纵波中，两个相邻的波密或波疏之间的距离为一个波长。

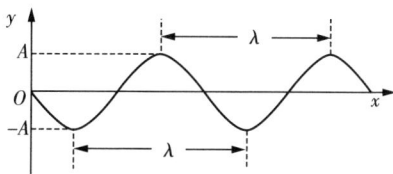

图 10-4 波形图

二、波的周期、频率

波前进一个波长的距离所需要的时间叫作波的**周期**，用 T 表示。显然，波源做一次完整的振动，波前进一个波长，所以波的周期与波源的振动周期相同，波的周期反映了波的时间周期性。周期的倒数称为**频率**，用 ν 表示，即单位时间内，波前进距离中完整波的数目，或波源在单位时间内完成的完全振动的次数，即

$$\nu = \frac{1}{T} \tag{10-1}$$

因此，波的周期（频率）等于波源的周期（频率），即波的周期（频率）仅仅取决于振源的周期（频率），而与传播波的介质性质无关。同一波源发出的波在不同介质中传播时，其周期（频率）是不变的。

三、波速

在波传播过程中，单位时间内振动状态传播的距离，称为**波速**，用 u 表示。这个波速也是相位在介质中传播的速度，因此，又称为相速度。由于任何一个振动状态在一个周期 T 时间内传播的距离为一个波长 λ，所以

$$u = \frac{\lambda}{T} = \nu\lambda \tag{10-2}$$

理论和实验表明，波在介质中的传播速度的大小取决于介质的性质，不同介质中波速不同。对于固体而言，其内的横波和纵波的传播速度分别为

$$u_{横波} = \sqrt{\frac{G}{\rho}} \tag{10-3}$$

$$u_{纵波} = \sqrt{\frac{E}{\rho}} \tag{10-4}$$

式中 G 为固体的切变弹性模量,E 为固体的弹性模量,ρ 是媒质的密度。

对于液体和气体,纵波的传播速度为

$$u = \sqrt{\frac{K}{\rho}} \tag{10-5}$$

式中,K 是介质的体积模量,ρ 为液体或气体的密度。

由此可见,不同介质中波传播速度不一样,但波的频率(周期)由波源决定的,所以同一波源发出的波,在不同介质中传播时,其频率不变,波长和波速将随着介质的变化而变化。

§10–3 平面简谐波

波在介质中传播时,若波源做简谐振动,则波所到之处,介质中各质点也做同频率、同振幅的简谐振动,这样的波称为**简谐波**。如果简谐波的波面是平面,则称为**平面简谐波**。为了定量地描述波,需要引入波函数来描述介质空间中各质点的位移随时间的变化关系。通常介质中各质点的振动情况复杂,即波函数很复杂,但可以证明,任何复杂的波,都可以看成若干个振动频率不同的简谐波的叠加。因此,对简谐波基本性质的研究具有重要的意义。

下面对平面简谐波进行定量地描述,设一平面简谐波沿 x 轴正方向传播,介质中各质点的振动方向沿 y 方向,取任意一条波线为 x 轴,并在波线上取任意一点为坐标原点 O。若知道波传播过程中波线上任意一点任意时刻的 y 值,即可完全描述波的整个运动过程。显然波线上不同点在同一时刻的 y 值不尽相同,波线上同一位置不同时刻的 y 值也不相同,即 y 的函数形式为 $y(x,t)$。函数 $y(x,t)$ 称为**波函数**。

对于平面简谐波,波线上各质点都在做简谐振动,设原点处的质点的振幅为 A,角频率为 ω,初始相位为 φ_0,则原点处的质点的振动方程为

$$y_O = A\cos(\omega t + \varphi_0) \tag{10-6}$$

下面分析波线上任意一点 P 的振动情况,设 P 点距坐标原点的距离为 x,当振动从原点 O 处传播到 P 点时,P 点处的质点将以相同的振幅、相同的角频率重复 O 点的振动,但 P 点处质点的相位要比 O 点处质点的相位落后,因振动从 O 点传播到 P 点所需要的时间为 x/u,所以 P 点处质点在 t 时刻的振动状态就是原点 O 处质元在 $t-x/u$ 时刻的振动状态,由此可以写出 P 点处质点 t 时刻的振动方程为

$$y_P(x,t) = A\cos\left[\omega\left(t - \frac{x}{u}\right) + \varphi_0\right] \tag{10-7}$$

此式为沿 x 轴正方向传播的平面简谐波的**波函数**,利用 $\omega = \dfrac{2\pi}{T} = 2\pi\nu$,$u = \dfrac{\lambda}{T} = \lambda\nu$,式 (10-7) 可以写为

$$y_P(x,t) = A\cos\left[2\pi\left(\nu t - \frac{x}{\lambda}\right) + \varphi_0\right]$$

$$y_P(x,t) = A\cos\left[\frac{2\pi}{\lambda}(ut - x) + \varphi_0\right]$$

$$y_P(x,t) = A\cos\left[2\pi\left(\frac{t}{T} - \frac{x}{\lambda}\right) + \varphi_0\right] \tag{10-8}$$

同理,当波沿着 x 轴负方向传播时,P 点处质点 t 时刻的振动方程为

$$y_P(x,t) = A\cos\left[\omega\left(t + \frac{x}{u}\right) + \varphi_0\right] \tag{10-9}$$

此式为沿 x 轴负方向传播的平面简谐波的波函数,也可写为

$$y(x,t) = A\cos\left[2\pi\left(\nu t + \frac{x}{\lambda}\right) + \varphi_0\right]$$

$$y(x,t) = A\cos\left[\frac{2\pi}{\lambda}(ut + x) + \varphi_0\right]$$

$$y(x,t) = A\cos\left[2\pi\left(\frac{t}{T} + \frac{x}{\lambda}\right) + \varphi_0\right] \tag{10-10}$$

为了进一步理解平面简谐波的物理意义,下面分三种情况讨论。根据平面简谐波的波函数可以看出,当波的频率、波速、振幅确定后,波函数仅仅是时间 t 和坐标 x 的函数:

(1) 当 x 一定时,即 $x = x_0$ 给定,位移 y 仅仅是时间 t 的函数,这时波函数表示的是波线上 $x = x_0$ 处,质点 P 以频率 ν 做简谐振动。其位移-时间曲线如图 10-5 所示。从图中可见,经过周期 T 时间,质点完成一个完整的振动。这表明了波函数的周期性,其时间周期是质点的振动周期。

(2) 当 t 一定时,即 $t = t_0$ 给定,位移 y 仅仅是坐标 x 的函数,这时波函数表示的是波线上 $t = t_0$ 时刻,波线上各质点离开各自平衡位置的位移分布情况。其 y-x 曲线也称作 t_0 时刻的波形图,图 10-6 所示为式(10-8)表示的简谐波在 $t = 0$、初相位 $\varphi_0 = 0$ 的波形图。

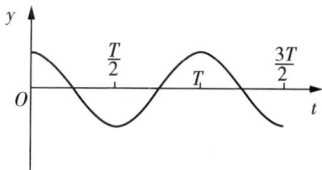

图 10-5 振动质点的位移时间曲线

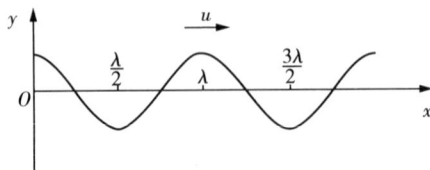

图 10 - 6 给定时刻各质点的位移曲线

（3）当 x 和 t 都变化时，波函数表示的是波线上任意质点在任意时刻到 Ox 轴的距离，反映了波线上所有质点振动的整体图像。画出不同时刻的波形图，可以看到波不断向前推进的图像，如图 10-7 所示，其中实线表示的是 t_1 时刻的波形图，虚线是 $t_1+\Delta t$ 时刻的波形图。由图可见 $t_1+\Delta t$ 时刻位于 $x_1+\Delta x$ 处的质点的位移正好等于 t_1 时刻位于 x_1 处的质点的位移，即振动状态经过 Δt 时间传递了 $\Delta x = u\Delta t$ 距离，整个波形也向前传播了 Δx 距离，因而波速就是波向前传播的速度。

例 10 - 1 （1）有一平面简谐波以波速 $u=4\mathrm{m/s}$ 沿 x 轴正方向传播，已知位于坐标原点处的质点的振动曲线如图（a）所示，求该平面简谐波函数。（2）有一平面简谐波以波速 $u=4\mathrm{m/s}$ 沿 x 轴正方向传播，已知 $t=0$ 时的波形如图（b）所示，求该平面简谐波函数。

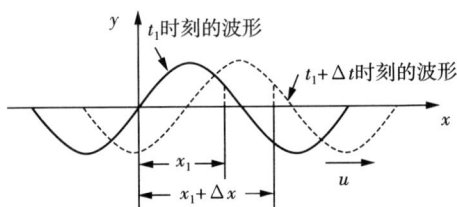

图 10 - 7 波的传播

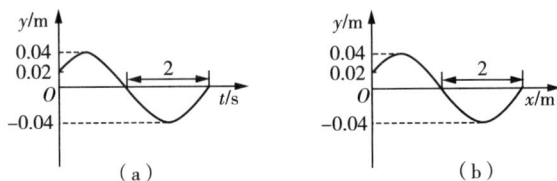

例 10 - 1 图

解：（1）根据图（a）可知，$A=0.04\mathrm{m}$，$T=4\mathrm{s}$，$\omega=2\pi/T=\pi/2(\mathrm{rad/s})$，设位于坐标原点处的质点的振动表达式为

$$y_0 = 0.04\cos\left(\frac{\pi}{2}t + \varphi_0\right)$$

通过图（a）可知，$y_0\big|_{t=0}=0.02\mathrm{m}$，$v_0\big|_{t=0}>0$，即

$$\cos\varphi_0 = \frac{1}{2}, \sin\varphi_0 < 0$$

由此可得

$$\varphi_0 = \frac{5}{3}\pi$$

所以位于坐标原点处的质点的振动表达式为

$$y_0 = 0.04\cos\left(\frac{\pi}{2}t + \frac{5}{3}\pi\right)$$

该平面简谐波函数为

$$y = 0.04\cos\left[\frac{\pi}{2}\left(t - \frac{x}{4}\right) + \frac{5}{3}\pi\right]$$

（2）根据图（b）可知，$A = 0.04\mathrm{m}, \lambda = 4\mathrm{m}, \nu = u/\lambda = 1\mathrm{Hz}$，即 $\omega = 2\pi\nu = 2\pi(\mathrm{rad/s})$，设位于坐标原点处的质点的振动表达式为

$$y_0 = 0.04\cos(2\pi t + \varphi_0)$$

从图（b）可知，$y_0\big|_{t=0} = 0.02\mathrm{m}, v_0\big|_{t=0} < 0$，即

$$\cos\varphi_0 - \frac{1}{2}, \sin\varphi_0 > 0$$

由此可得

$$\varphi_0 = \frac{1}{3}\pi$$

所以位于坐标原点处的质点的振动表达式为

$$y_0 = 0.04\cos\left(2\pi t + \frac{1}{3}\pi\right)$$

该平面简谐波函数为

$$y = 0.04\cos\left[2\pi\left(t - \frac{x}{4}\right) + \frac{1}{3}\pi\right]$$

§10 − 4 波的能量

在波的传播过程中，介质中各质点都在各自的平衡位置附近振动，因而具有动能，同时弹性介质要发生形变，所以还具有弹性势能。因此，波的传播过程伴随着机械能的传播，这是波的重要特征之一。

下面以绳子上传播的横波为例,导出波动能量的表达式。设波速为 u 的简谐波沿绳子传播,取波传播的方向为 x 方向,绳子的振动方向为 y 方向,则简谐波的波函数可以表示为

$$y(x,t) = A\cos\left[\omega\left(t - \frac{x}{u}\right) + \varphi_0\right] \qquad (10-11)$$

设绳子单位长度的质量为 λ,绳子的横截面积为 Δs,在绳子上取线元 Δx,则此线元的质量 $\Delta m = \lambda \Delta x$,由上述波函数可得 x 线元的振动速度 v 为

$$v = \frac{\partial y(x,t)}{\partial t} = -A\omega\sin\left[\omega\left(t - \frac{x}{u}\right) + \varphi_0\right] \qquad (10-12)$$

因此线元具有的动能 ΔE_k 为

$$\Delta E_k = \frac{\lambda \Delta x}{2}v^2 = \frac{\lambda \Delta x}{2}A^2\omega^2\sin^2\left[\omega\left(t - \frac{x}{u}\right) + \varphi_0\right] \qquad (10-13)$$

可以证明,线元 Δx 具有的弹性势能 ΔE_p 为

$$\Delta E_p = \frac{\lambda \Delta x}{2}A^2\omega^2\sin^2\left[\omega\left(t - \frac{x}{u}\right) + \varphi_0\right] \qquad (10-14)$$

线元的总的机械能 ΔE 为

$$\Delta E = \Delta E_k + \Delta E_p = \lambda A^2\omega^2\sin^2\left[\omega\left(t - \frac{x}{u}\right) + \varphi_0\right]\Delta x \qquad (10-15)$$

以上结果可以看出,在波的传播过程中,任一线元的动能、势能都随时间做周期性变化,在任意时刻两者都是同相,并且大小总是相等的,即动能达到最大值时势能也达到最大值,动能为零时,势能也为零。这一点与单个谐振子的情况完全不同。单个谐振子振动时系统为孤立的保守系统,系统的机械能守恒;但在波动情况下,任一线元的总的机械能不是一个常量,而是随时间做周期性变化。这主要是由于波动中的线元属于开放系统,它不断地从后面的相邻介质中获取能量,又不断地将能量传递给其前面相邻的介质元。这样,能量随着波的传播向前传播,所以说波的传播过程也是能量的传播过程。

由式(10-15)可见,同一时刻不同的位置的质元具有不同的能量。为了描述介质中各处的能量分布情况,引入了波的能量密度概念,即单位体积中波的能量,用 w 表示

$$w = \frac{\Delta E}{\Delta V} = \frac{\Delta E}{\Delta x \cdot \Delta s} = \rho A^2\omega^2\sin^2\left[\omega\left(t - \frac{x}{u}\right) + \varphi_0\right] \qquad (10-16)$$

式中 $\rho = \lambda/\Delta s$ 为绳子单位体积的质量。由式(10-16)可见,波的能量密度也随时间

做周期性的变化,通常取其在一个周期内的平均值称为平均能量密度,用 $\bar{w}$ 表示。由于正弦函数的平方在一个周期内的平均值为 1/2,所以

$$\bar{w} = \frac{1}{2}\rho A^2 \omega^2 \qquad (10-17)$$

即波的能量、能量密度都与介质的密度 ρ、波的振幅的平方 A^2 以及角频率的平方 ω^2 成正比。这个结论具有普遍意义,对所有机械波都是适用的。

对于波动而言,能量随着波动的进行在介质中传播,为了形象地描述波动过程中能量的传播,把单位时间内沿波速方向垂直通过某一面积的平均能量,叫作**平均能流**,用 $\bar{P}$ 表示。如图 10-8 所示,设垂直于波的传播方向的面积为 S,波的传播速度为 u,则在一个周期 T 时间内,在 S 面左方体积为 uST 内的所有能量都将通过 S 面。因此根据平均能流定义可得

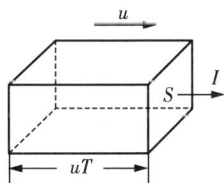

图 10-8 能量密度

$$\bar{P} = \frac{\bar{w}uTS}{T} = \bar{w}uS = \frac{1}{2}\rho A^2 \omega^2 uS \qquad (10-18)$$

平均能流中包含面积因素,所以不能细致地描述波的能量在空间的分布,为了细致地描述波的能量空间分布,需要引入新的物理量-能流密度,即单位时间内,沿波速方向垂直通过单位面积的平均能量,叫作**能流密度**,用 I 表示

$$I = \frac{\bar{w}uTS}{TS} = \bar{w}u \qquad (10-19)$$

或者写成

$$I = \frac{1}{2}\rho A^2 \omega^2 u \qquad (10-20)$$

单位为 W/m²(瓦特每平方米)。显然 I 越大,单位时间内通过垂直单位面积的能量越多,所以能流密度能够精确地描述波的强弱,故 I 也称为**波的强度**,可以看出波的强度与波的振幅平方 A^2 成正比,这一结论对所有波都适用,具有普遍意义。

§10-5 波的干涉

一、波的叠加原理

在日常生活中,如听乐队演奏或几个人同时讲话,我们仍能从综合音响中辨别

出各自的声响。天空中同时有许多无线电波在传播,我们能随意接收到某一电台的广播。这都显示了波的传播是独立进行的。这种几列波同时在一介质中传播,如果这几列波在空间某点处相遇,则相遇叠加之后,每一列波都依然保持自己原有的特性(频率、波长、振动方向等)独立向前传播。我们将波的这种性质称为**波传播的独立性**。当几列波在同一介质中传播时,在相遇区域内,任一点的振动为各个波单独存在时在该点引起的振动矢量和;在各列波相遇之后,每一列波都将独立地保持自己原有的特性(波长、振动方向、振幅)按照原来的方向继续前进,这种波动传播过程中出现的各个分振动独立地参与叠加的事实称为**波的叠加原理**。

应当指出的是,波的叠加原理并不是在任何情况下都普遍成立的。实践证明,通常在波的强度不是很大时,描述波动过程的波动微分方程是线性的,叠加原理成立。如果描述波动过程的波动微分方程不是线性的,波的叠加原理不成立。例如,强烈的爆炸形成的声波,就不遵守上述叠加原理。

二、波的干涉

一般情况下,任意几列波在空间相遇时叠加的情形很复杂,它们可以合成多种形式的波动。下面我们只讨论波的叠加中最简单最重要的情形,即两列频率相同、振动方向相同、相位差恒定的简谐波的叠加。这种波的叠加会使空间某些点处的振动加强,某些点处的振动减弱,在空间呈现周期性分布,这种现象称为**干涉现象**。能产生干涉现象的波称为**相干波**,相应的波源称为相干波源。频率相同、振动方向相同、相位差恒定称为**相干条件**。

设有两相干波源 S_1 和 S_2 的振动分别为

$$y_{10}(S_1,t) = A_{10}\cos(\omega t + \varphi_{10})$$

$$y_{20}(S_2,t) = A_{20}\cos(\omega t + \varphi_{20}) \tag{10-21}$$

由这两个波源发出的简谐波满足相干条件,即频率相同、振动方向相同、相位差恒定,它们在同一媒质中传播相遇时,就会发生干涉。现考虑离两波源 S_1 和 S_2 距离分别为 r_1、r_2 的 P 点的振动情况,如图 10-9 所示。设两波传播到 P 点引起的振动分别为

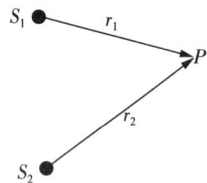

图 10-9 两相干波在 P 处干涉

$$y_1(p,t) = A_1\cos\left(\omega t + \varphi_{10} - \frac{2\pi}{\lambda}r_1\right)$$

$$y_2(p,t) = A_2\cos\left(\omega t + \varphi_{20} - \frac{2\pi}{\lambda}r_2\right) \tag{10-22}$$

式中,λ 为波长,φ_{10} 和 φ_{20} 分别为两相干波源的初相位,且 $(\varphi_{20} - \varphi_{10})$ 恒定,根据波

的叠加原理,则 P 点的合成振动为

$$y = y_1 + y_2 = A\cos(\omega t + \varphi) \tag{10-23}$$

式(10-23)中合振动的振幅 A,合振动的初相 φ 分别为

$$A = \sqrt{A_1^2 + A_2^2 + 2A_1 A_2 \cos\left(\varphi_{20} - \varphi_{10} - 2\pi \frac{r_2 - r_1}{\lambda}\right)} \tag{10-24}$$

$$\tan\varphi = \frac{A_1 \sin\left(\varphi_{10} - \dfrac{2\pi r_1}{\lambda}\right) + A_2 \sin\left(\varphi_{20} - \dfrac{2\pi r_2}{\lambda}\right)}{A_1 \cos\left(\varphi_{10} - \dfrac{2\pi r_1}{\lambda}\right) + A_2 \cos\left(\varphi_{20} - \dfrac{2\pi r_2}{\lambda}\right)} \tag{10-25}$$

由于波的强度正比于振幅的平方,如以 I_1、I_2 和 I 分别表示两相干波和合成波的强度,则有

$$I = I_1 + I_2 + 2\sqrt{I_1 I_2}\cos\Delta\varphi \tag{10-26}$$

式中

$$\Delta\varphi = (\varphi_{20} - \varphi_{10}) - \frac{2\pi}{\lambda}(r_2 - r_1) \tag{10-27}$$

式(10-27)中 $(\varphi_{20} - \varphi_{10})$ 是两相干波源的初相差,$2\pi(r_2 - r_1)/\lambda$ 是由于两波自波源到 P 点的传播路程(称为波程)不同而产生的相位差。对空间给定点 P,波程差 $(r_2 - r_1)$ 是一定的,两相干波源的初相差 $(\varphi_{20} - \varphi_{10})$ 也是恒定的,因此两波在 P 点的相位差 $\Delta\varphi$ 也将保持恒定,即在空间特定点相位差 $\Delta\varphi$ 恒定。显然,对空间不同点将有不同的恒定相位差 $\Delta\varphi$。由式(10-24)和式(10-26)看出,对空间不同点将有不同的恒定振幅和不同的恒定强度值。即两个频率相同、振动方向相同、相位差恒定的相干波源发出的两列相干波叠加,其合振幅 A 和合强度 I 将在空间形成稳定的分布,某些点处 A 和 I 最大,振动始终加强;而在另外一些点处 A 和 I 最小,振动始终减弱,这种现象称为波的干涉现象。

由式(10-26)可知,若 P 点的位相差满足

$$\Delta\varphi = (\varphi_{20} - \varphi_{10}) - \frac{2\pi}{\lambda}(r_2 - r_1) = \pm 2k\pi, \quad k = 0, 1, 2, 3, \cdots \tag{10-28}$$

则该点的合振幅和合强度最大,为

$$A_{\max} = A_1 + A_2, I = I_{\max} = I_1 + I_2 + 2\sqrt{I_1 I_2} \tag{10-29}$$

即相位差为 π 的偶数倍的地方,振动始终加强,称为**干涉相长**。

当相位差满足

$$\Delta\varphi = (\varphi_{20} - \varphi_{10}) - \frac{2\pi}{\lambda}(r_2 - r_1) = \pm(2k+1)\pi, \quad k=0,1,2,3,\cdots$$

$$(10-30)$$

则该点的合振幅和合强度最小,为

$$A = A_{\min} = |A_1 - A_2|, I = I_{\min} = I_1 + I_2 - 2\sqrt{I_1 I_2} \qquad (10-31)$$

即相位差为 π 的奇数倍的地方,振动始终减弱,称为**干涉相消**。

其他情况下,合振幅在极大值与极小值之间 $|A_1 - A_2| \leqslant A \leqslant A_1 + A_2$。若两波的振幅相等,即 $A_1 = A_2$,此时干涉相长点的振幅为 $A = 2A_1$,干涉相消点的振幅为 $A = 0$。

在实际问题中,两个相干源常常是由同一个振源驱动的,这时两个波源的初相位相等即 $\varphi_{20} = \varphi_{10}$,则 $\Delta\varphi$ 只决定于波程差 $\delta = r_2 - r_1$,上述条件简化为

干涉相长:$\delta = r_2 - r_1 = \pm k\lambda$, $\qquad k = 0,1,2,3,\cdots$ (10-32)

干涉相消:$\delta = r_2 - r_1 = \pm(2k+1)\dfrac{\lambda}{2}$, $\qquad k = 0,1,2,3,\cdots$ (10-33)

上两式表明,两个初相相同的相干波源发出的波在空间叠加时,凡是波程差等于零或是波长整倍数的各点,干涉相长;凡是波程差等于半波长奇数倍的各点,干涉相消。

如图 10-10 所示,由 S_1 和 S_2 发出一系列的球形波阵面,其波峰和波谷分别以实线和虚线的圆弧表示,两相邻波峰或波谷间的距离为一个波长 λ。当两波在空间相遇时,若它们的波峰与波峰或波谷与波谷相重合,振动始终加强,合振幅最大;若两波的波峰与波谷相重合,振动始终减弱,合振幅最小。

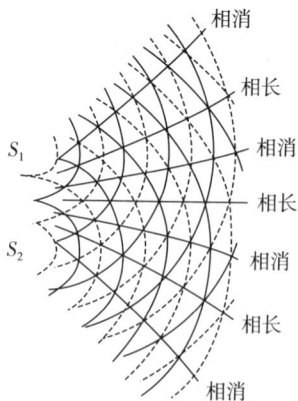

图 10-10 干涉中的相长和相消

例 10-2　如图所示，在同一媒质中相距为 20m 的两平面简谐波源 S_1 和 S_2 做同方向、同频率（$\nu=100\mathrm{Hz}$）的谐振动，振幅均为 A，且 $A=0.05\mathrm{m}$，点 S_1 为波峰时，点 S_2 恰为波谷，波速 $v=200\mathrm{m/s}$，求两波源连线上因干涉而静止的各点位置。

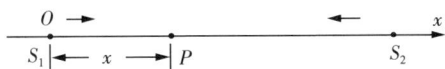

例 10-2 图

解：选 S_1 处为坐标原点 O，向右为 x 轴正方向，设点 S_1 的振动初相位为零，由已知条件可得波源 S_1 和 S_2 做简谐振动的运动方程分别为

$$y_1'=A\cos(2\pi\nu t)\,,\ y_2'=A\cos(2\pi\nu t+\pi)$$

S_1 发出的向右传播的波的波函数为

$$y_1=A\cos\left[2\pi\left(\nu t-\frac{x}{\lambda}\right)\right]$$

S_2 发出的向左传播的波的波函数为

$$y_2=A\cos\left[2\pi\left(\nu t+\frac{x-20}{\lambda}\right)+\pi\right]$$

因干涉而静止的点的条件为

$$\Delta\varphi=\left[2\pi\left(\nu t+\frac{x-20}{\lambda}\right)+\pi\right]-2\pi\left(\nu t-\frac{x}{\lambda}\right)=(2k+1)\pi\,,k=0,\pm1,\pm2,\cdots$$

化简上式，得

$$x=\frac{k}{2}\lambda+10$$

将 $\lambda=u/\nu=2\mathrm{m}$ 代入，可得

$$x=k+10\ \text{（m）}$$

所以在两波源的连线上因干涉而静止的点的位置分别为

$$x=1,2,3,\cdots,17,18,19\ \text{（m）}$$

三、驻波

驻波是一种特殊的干涉现象，它是由振幅相同、频率相同、振动方向相同在同一直线沿相反方向传播的两列波相干叠加形成的。

图 10-11 是观察驻波的实验装置示意图。在音叉一臂末端系一根水平弦线，

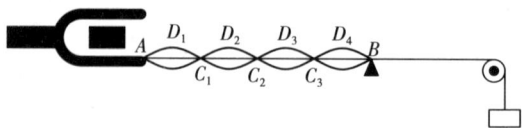

图 10-11 驻波实验的示意图

弦线的另一端通过一滑轮系一砝码拉紧弦线,使音叉振动,并调节劈尖 B 的位置,当 AB 为某些特定长度时,可看到 AB 之间的弦线上形成稳定的振动状态,一些点始终静止不动,有些点则振动最强,弦线 AB 将分段振动,这就是驻波。在弦线上形成驻波的原因是:当音叉振动时,带动弦线 A 端振动,由 A 端振动所引起的波沿弦线向右传播,当它到达 B 点遇到障碍时,波被反射回来,不计反射时的能量损失,则反射波与入射波同频率、同振动方向、同振幅,但沿弦线向左传播。在弦线上向右传播的入射波和向左传播的反射波干涉的结果,就在弦线上产生驻波。所以,驻波是两列同类相干波沿相反方向传播时叠加而成的。

在图 10-11 所示的弦线驻波实验中,可以发现形成驻波时,在弦线上有些位置始终不动,这些位置称为**波节**,如点 C_1、C_2、C_3、B 等。相邻波节中心的点振幅最大,这些位置称为**波腹**,如点 D_1、D_2、D_3、D_4 等。由图 10-11 可以看出,形成驻波后,波的图样不会向左或向右运动,振幅最大和最小的位置不变。

由此我们得到:驻波是由振幅、频率和传播速度都相同的两列相干波,在同一直线上沿相反方向传播时叠加而成的一种特殊形式的干涉现象。驻波在声学、无线电学和光学中都有重要应用。

驻波的形成可以用波的叠加原理定量研究。设有两列振幅相同、频率相同、振动方向相同、传播方向相反的平面简谐波,分别沿 x 轴的正、负方向传播,如果以 A 表示它们的振幅,以 ω 表示它们的频率,初相均为 0,则它们的波函数可以分别写为

$$y_1 = A\cos\left(\omega t - \frac{2\pi}{\lambda}x\right) \tag{10-34}$$

$$y_2 = A\cos\left(\omega t + \frac{2\pi}{\lambda}x\right) \tag{10-35}$$

按波的叠加原理,合成的驻波的波函数应为

$$y = y_1 + y_2 = A\cos\left(\omega t - \frac{2\pi}{\lambda}x\right) + A\cos\left(\omega t + \frac{2\pi}{\lambda}x\right) \tag{10-36}$$

利用三角函数关系,上式可化简为

$$y = 2A\cos\frac{2\pi}{\lambda}x\cos\omega t \tag{10-37}$$

式中 $\cos\omega t$ 是时间的余弦函数,说明形成驻波后,各质元都在做同频率的简谐振动;另一因子 $2A\cos\dfrac{2\pi}{\lambda}x$ 是坐标 x 的余弦函数,说明各质点的振幅按余弦函数规律分布。

由驻波表达式(10-37)可知,在 x 值满足下式的各点处,振幅始终为零

$$\frac{2\pi}{\lambda}x=(2k+1)\frac{\pi}{2}\quad k=0,\pm1,\pm2,\pm3,\cdots \qquad (10-38)$$

即

$$x=(2k+1)\frac{\lambda}{4}\quad k=0,\pm1,\pm2,\pm3,\cdots \qquad (10-39)$$

这些点就是驻波波节。相邻两波节的距离为

$$\Delta x=x_{k+1}-x_k=[2(k+1)+1]\frac{\lambda}{4}-(2k+1)\frac{\lambda}{4}=\frac{\lambda}{2} \qquad (10-40)$$

即相邻两波节间的距离是半波长。

在 x 满足下式各点处,振幅最大

$$\frac{2\pi}{\lambda}x=2k\frac{\pi}{2}\quad k=0,\pm1,\pm2,\pm3,\cdots \qquad (10-41)$$

即

$$x=k\frac{\lambda}{2}\quad k=0,\pm1,\pm2,\pm3,\cdots \qquad (10-42)$$

这些点就是驻波的波腹。相邻两波腹的距离为

$$\Delta x=x_{k+1}-x_k=(k+1)\frac{\lambda}{2}-k\frac{\lambda}{2}=\frac{\lambda}{2} \qquad (10-43)$$

即相邻两波腹的距离也是半波长。

通过上述讨论可知,波节处质元振动的振幅为零,始终处于静止;波腹处的质元振动的振幅最大,等于 $2A$;其他各处质元振动的振幅,则在零与最大值之间。两相邻波节或两相邻波腹之间相距为半波长,波腹和相邻波节间的距离为 $\lambda/4$,即波腹和波节交替做等距离排列。如图10-12所示,图中的粗实线表示合成波形。从上向下各图依次表示 $t=0,T/8,T/4,3T/8,T/2$ 时刻各质点的振动位移的变化,其中 C_1,C_2,C_3,C_4 等各点始终保持不动,这些点就是波节;而 D_1,D_2,D_3,D_4 等各点就是波腹。而且每一时刻,驻波都有一定的波形,此波形既不向右移,也不向左移,各点以各自确定的振幅在各自的平衡位置附近振动,没有振动状态或相位的传播,

因而称为**驻波**。

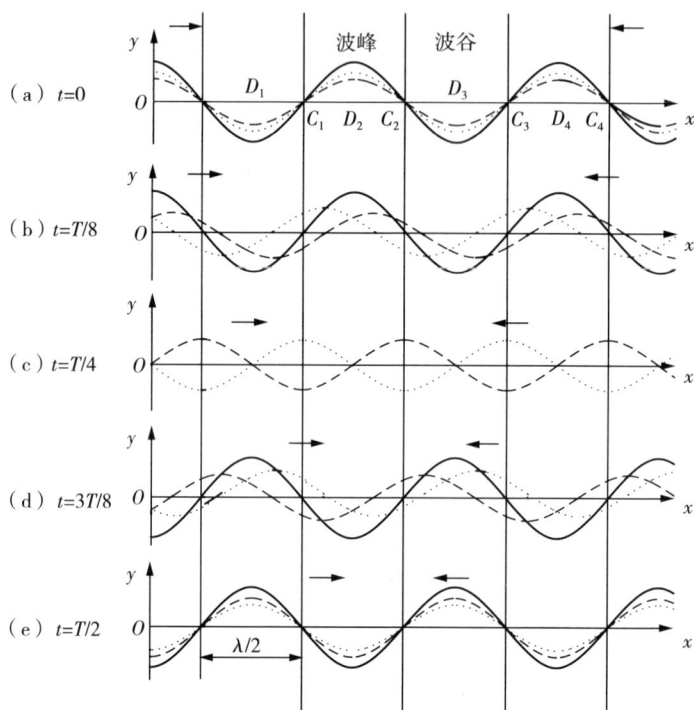

图 10 - 12　驻波的形成

振幅因子 $2A\cos\dfrac{2\pi}{\lambda}x$ 在 x 取不同值时有正有负，如果把相邻两波节之间的各

点叫作一段，则每一段内各点的 $2A\cos\dfrac{2\pi}{\lambda}x$ 具有相同的符号，而相邻的两段符号相

反。这表明驻波中同段质元振动相位相同，而相邻两段中的各质元振动相位相反，因此同一段上各质元沿相同方向同时到达各自振动位移的最大值，又沿相同方向同时通过平衡位置；而波节两侧各质元同时沿相反方向到达振动位移的正、负最大值，又沿相反方向同时通过平衡位置。

进一步考察驻波的能量，驻波是由特征相同的两列波沿相反方向传播叠加而形成的，因此能流密度为零。当各质元达到各自的最大位移时，速度为零，动能为零，此时各质元的形变最大，势能最大。当各质元返回平衡位置时，速度最大，动能最大，此时各质元形变消失，势能为零。其他各时刻，动能势能同时存在。显然对各质元而言，只是动能和势能相互转换，并没有定向的能量传播。

还有一点需要指出，在弦线上的驻波实验中，反射点 B 处弦线是固定不动的，因而 B 点只能是波节。这说明反射波与入射波的相位在反射点正好相反，也就是说,入射波在反射点反射时相位有 π 的突变。根据相位差 $\Delta\varphi$ 与波程差 δ 的关系 $\delta = \frac{\lambda}{2\pi}\Delta\varphi$,相位差为 π 就相当于半个波长 $\lambda/2$ 的波程差。这表明对固定端的反射点来说,反射波与入射波之间存在着半个波长的波程差,这种相位突变 π 通常称为**半波损失**。一般情况下,两种介质分界面处形成波节还是波腹,与波的种类、两种介质的性质及入射角有关。当波从一种弹性介质垂直入射到另一种弹性介质时,如果第二种介质的质量密度与波速之积比第一种大,即 $\rho_2 v_2 > \rho_1 v_1$,则分界面出现波节。第一种介质称波疏介质,第二种介质称波密介质。因此,波从波疏介质垂直入射到波密介质时,反射波在介质分界面处形成波节;反之,波从波疏介质反射回到波密介质时,反射波在反射面处形成波腹;如图 10-13 所示。

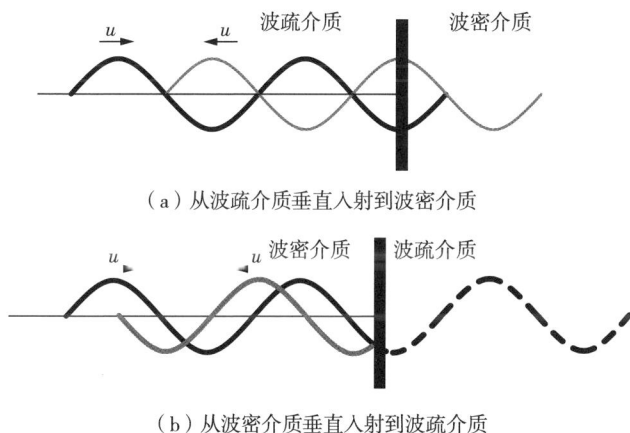

（a）从波疏介质垂直入射到波密介质

（b）从波密介质垂直入射到波疏介质

图 10-13　波在介质界面的反射

开篇的管乐器和弦乐器都是依靠驻波产生声音。比如在风琴内振动的空气,在小提琴或吉他的弦上,在喇叭或长笛的气柱中都会产生驻波。一般通过改变管乐器的长度,或者改变弦乐器弦的长度和张力,会产生不同频率的驻波,形成不同的音乐波节。

例 10-3　一列沿 x 轴方向传播的入射波的波函数为 $y_1 = A\cos 2\pi\left(\frac{t}{T} - \frac{x}{\lambda}\right)$,在 $x=0$ 处反射,反射点为一节点。求:

（1）反射波的波函数;

（2）合成波的波函数;

（3）波腹、波节的位置坐标。

解:（1）由于有相位突变,故反射波的波函数为

$$y_2 = A\cos\left[2\pi\left(\frac{t}{T} + \frac{x}{\lambda}\right) - \pi\right]$$

（2）根据波的叠加原理，合成波的波函数为

$$y = y_1 + y_2 = A\cos\left[2\pi\left(\frac{t}{T} - \frac{x}{\lambda}\right)\right] + A\cos\left[2\pi\left(\frac{t}{T} + \frac{x}{\lambda}\right) - \pi\right]$$

$$= 2A\sin\left(2\pi\frac{x}{\lambda}\right)\sin\left(2\pi\frac{t}{T}\right)$$

（3）形成波腹的各点，振幅最大，即 $\left|\sin 2\pi\frac{x}{\lambda}\right| = 1$

亦即 $\qquad\qquad 2\pi\frac{x}{\lambda} = \pm(2k+1)\frac{\pi}{2}$

故波腹点坐标为 $\qquad x = \pm(2k+1)\frac{\lambda}{4}, k = 0,1,2,\cdots$

形成波节各点，振幅最小，即 $\quad \sin 2\pi\frac{x}{\lambda} = 0$

即 $\qquad\qquad 2\pi\frac{x}{\lambda} = \pm k\pi, x = \pm k\frac{\lambda}{2}, k = 0,1,2,\cdots$

例 10-4 如图所示，两个相干波源 S_1 和 S_2，相距 $L=9\text{m}$，S_2 的相位比 S_1 超前 $\pi/2$，波源 S_1 和 S_2 发出的两简谐波的波长 $\lambda=4\text{m}$，问：在 S_1 和 S_2 连线上的各点（包括 S_1 左侧、S_2 右侧以及 S_1 和 S_2 之间各点），哪些点两简谐波的振动相互加强？哪些点两简谐波的振动相互减弱？

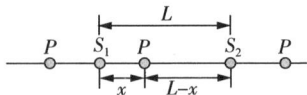

例 10-4 图

解：S_1 和 S_2 发出的两列波在任意相遇点 P 的相位差

$$\Delta\varphi = \varphi_2 - \varphi_1 - \frac{2\pi}{\lambda}(r_2 - r_1) = \frac{\pi}{2} - \frac{\pi}{2}(r_2 - r_1)$$

式中，r_1 和 r_2 分别为 S_1 和 S_2 到 P 点的距离。

（1）若 P 点在波源 S_1 的左侧，则 $r_2 - r_1 = 9\text{m}$，因此

$$\Delta\varphi = -4\pi$$

即 S_1 左侧各点，两简谐波的振动均相互加强。

（2）若 P 点在波源 S_2 的右侧，则 $r_2 - r_1 = -9\text{m}$，因此

$$\Delta\varphi = 5\pi$$

即 S_2 右侧各点，两简谐波的振动均相互减弱。

(3) 若 P 点在波源 S_1 和 S_2 之间,设 P 点距 S_1 为 x,则 $r_2-r_1=9-2x$,因此

$$\Delta\varphi=\frac{\pi}{2}-\frac{\pi}{2}(9-2x)=-4\pi+\pi x$$

当 $\Delta\varphi=\pm2k\pi$,即

$$x=\pm2k+4(\text{m})\quad k=0,1,2,\cdots$$

时在 P 点两简谐波的振动均相互加强;

当 $\Delta\varphi=\pm(2k+1)\pi$,即

$$x=\pm2k+5(\text{m})\quad k=0,1,2,\cdots$$

时在 P 点两简谐波的振动均相互减弱。

§10-6　惠更斯原理

　　波在均匀各向同性介质中传播时,其波面及波前的形状保持不变,当波在传播中遇到障碍物时,或者从一种介质进入另一种介质时,波的形状和传播方向将发生变化。如水面波传播时,如果没有遇到障碍物,波前的形状将保持不变,当通过障碍物的小孔时,不论原来的波面是什么形状,只要小孔的线度比波长小,通过小孔后的波面将变成以小孔为中心的圆形,这些圆形的波就好像是以小孔为新的波源一样。

　　对此荷兰物理学家惠更斯观察和研究了大量类似的现象,并于 1679 年提出了波的传播规律:在波的传播过程中,波阵面上的每一点都可以看成是发射子波的波源,其后的任一时刻,这些子波的包迹(包络面)就成为新的波阵面,这就是**惠更斯原理**。惠更斯原理很大程度上解决了波的传播方向问题,只要知道某一时刻的波前,依据惠更斯原理通过几何作图的方法即可确定下一时刻的波前。下面以常见的球面波和平面波为例加以说明。图 10-14 为球面波传播的示意图,假设球面波以速度 u 在各向同性均匀介质中传播,在 t 时刻波面是半径为 R_1 的球面 S_1。根据惠更斯原理,球面 S_1 上各点可以看作是发射子波的波源,以球 S_1 面上各点为中心,以 $u\Delta t$ 为半径作出许多球形子波,这些子波的包迹 S_2 即是 $t+\Delta t$ 时刻的波前,即半径为 $R_1+u\Delta t$ 的球面。图 10-15 为平面波传播的示意图,假设平面波的传播速度为 u 在各向同性均匀介质中传播,已知 t 时刻波面为 S_1。根据惠更斯原理,平面 S_1 上各点可以看作是发射子波的波源,以平面 S_1 上各点为中心,以 $u\Delta t$ 为半径作出许多球形子波,这些子波的包迹 S_2 即是 $t+\Delta t$ 时刻的波前,很显然 S_2 是与 S_1 平行的平面。

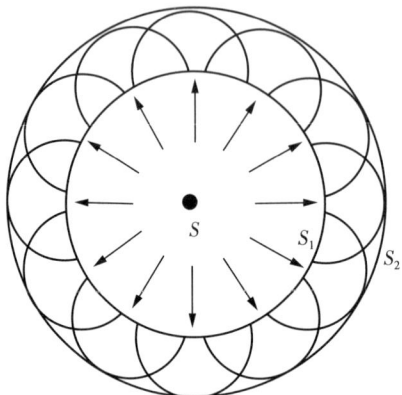

图 10 - 14   球面波传播示意图

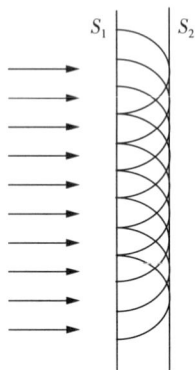

图 10 - 15   平面波传播示意图

惠更斯原理除了可以解决波的传播方向的问题,对波
的衍射现象也能进行定性的分析。当波在传播过程中遇
到障碍物,其传播方向发生改变,并能绕过障碍物的边缘继
续向前传播的现象,称为波的衍射。如图 10-16 所示,一平
面波达到障碍物上的一条狭缝时,根据惠更斯原理,狭缝上
的各点都可以看成是发射子波的波源,作出次波的包络面,
就得到新的波面。可以看出,通过狭缝后,波面将不再是平
面,而在靠近障碍物的边缘处,波面发生了弯曲,也就是波
的传播方向发生了变化,并绕过障碍物的边缘继续向前传
播。并且狭缝越小,衍射现象越明显。

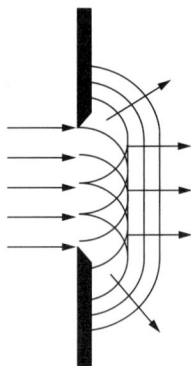

图 10 - 16   波的衍射

应该指出惠更斯原理中的次波假设并未说明次波在
传播过程中对空间一点的振幅、相位等的贡献,因此对衍射
现象只能做定性的解释,并不能给出沿不同方向传播的波的强度的分布情况,例如惠
更斯原理无法解释光波经过狭缝、小孔等衍射后出现的明暗相间的条纹现象。后来
菲涅尔对惠更斯原理做了重要的补充,建立了惠更斯-菲涅尔原理,这是解决波的衍
射问题的理论基础。

* §10-7   多普勒效应

在波源和观察者相对于观察者静止的介质中,观察者接收到的波的频率就是
波源的频率。当波源或观察者之一,或者两者都相对于介质运动时,观察者接收到

的波的频率与波源的频率不再相同。例如当火车进站鸣笛时,站在站台上的观察者会感觉汽笛音调变高,当火车驶出站鸣笛时,站在站台上的观察者会感觉汽笛音调变低。这种由于波源或观察者之一,或者两者同时相对于介质运动时,而使观察者接收到的波的频率发生变化的现象,称为**多普勒效应**。

下面对波源静止而观察者相对于介质运动、观察者静止而波源相对于介质运动以及波源和观察者都相对于介质运动三种情况进行分析。为了简单起见,假定波源和接收器在同一条直线上运动。设 v_S 为波源 S 相对于传播介质的运动速率,v_R 为接收器 R 相对于传播介质的运动速率,u 为波相对于介质的运动速率。波源的振动频率为 ν_S,其物理意义是单位时间内向外界发出的完整波长的个数。接收器接收到的频率为 ν_R,其物理意义是单位时间内接收到的完整波长的个数。波的传播频率为 ν,根据波长、波速和波的频率关系有 $\nu = u/\lambda$。

(1)波源静止、观察者相对于介质运动

若波源相对于介质静止不动,观察者也静止不动,则在 Δt 时间内,距观察者 $u\Delta t$ 内的所有波阵面将经过观察者,而此距离对应的波长数为 $u\Delta t/\lambda$,所以观察者单位时间内接收到的波长数(即频率)为 $\nu_R = u\Delta t/\lambda \Delta t = u/\lambda = \nu_S$。若观察者以速度 v_R 向静止的波源运动,如图 10-17 所示。

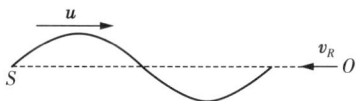

图 10-17 观察者运动时的多普勒效应

则在 Δt 时间内,距观察者 $u\Delta t + v_R\Delta t$ 内的所有波阵面将经过观察者,而此距离对应的波数为 $(u\Delta t + v_R\Delta t)/\lambda$,所以观察者单位时间内接收到的波数(即频率)为

$$\nu_R = \frac{u\Delta t + v_R\Delta t}{\lambda\Delta t} = \frac{u + v_R}{\lambda} = \frac{u + v_R}{u/\nu} = \frac{u + v_R}{u}\nu \qquad (10-44)$$

由于波源相对于传播介质静止,所以波的频率即为波源振动的频率 $\nu = \nu_S$,因此有

$$\nu_R = \frac{u + v_R}{u}\nu_S \qquad (10-45)$$

同理当观察者以速度 v_R 远离静止的波源,观察者接收到的频率为

$$\nu_R = \frac{u - v_R}{u}\nu_S \qquad (10-46)$$

(2)波源相对于介质运动、观察者静止

若观察者相对于介质静止,波源相对于介质以速度 v_S 向观察者运动,因波在

介质中传播速度与波源的运动无关,所以在一个周期 T 内,波源 S 发出的波向前传播的距离等于波长 λ。若波源向着观察者运动,这段时间内波源前进了 $v_S T$ 距离到达 S' 点,所以对观察者而言波长缩短为 λ',如图 10-18 所示,$\lambda' = \lambda - v_S T$,因此观察者单位时间内接收到的波数(即频率)为

$$\nu_R = \frac{u}{\lambda'} = \frac{u}{u - v_S}\nu_S \tag{10-47}$$

同理当波源以速度 v_S 远离观察者,观察者接收到的频率为

$$\nu_R = \frac{u}{u + v_S}\nu_S \tag{10-48}$$

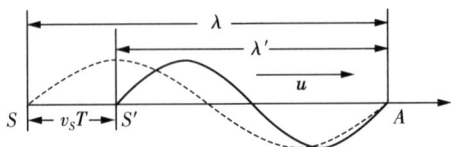

图 10-18 波源运动时的多普勒效应

(3)波源和观察者同时相对于介质运动

综合以上两种情况的分析,当波源和观察者同时相对于介质运动并相向而行时,观察者接收到的频率为

$$\nu_R = \frac{u + v_R}{u - v_S}\nu_S \tag{10-49}$$

当波源和观察者相互离开时,观察者接收到的频率为

$$\nu_R = \frac{u - v_R}{u + v_S}\nu_S \tag{10-50}$$

例 10-5 一声源,其振动频率为 1000Hz。(1)当它以 20m/s 的速率向静止的观察者运动时,此观察者接收到的声波频率是多大? (2)如果声源静止,而观察者以 20m/s 的速率向声源运动时,此观察者接收到的声波频率又是多大? 设空气中的声速为 340m/s。

解:(1)在声源向观察者运动的情况中,$v_S = 20\text{m/s}$,$v_R = 0\text{m/s}$,$u = 340\text{m/s}$,$\nu_S = 1000\text{Hz}$,由式(10-47),观察者接收到的声波频率为

$$\nu_R = \frac{u}{u - v_S}\nu_S = \frac{340}{340 - 20} \times 1000 = 1063(\text{Hz})$$

(2)在观察者向声源运动的情况中,$v_S = 0\text{m/s}$,$v_R = 20\text{m/s}$,$u = 340\text{m/s}$,$\nu_S = 1000\text{Hz}$,由式(10-45),观察者接收到的声波频率为

$$\nu_R = \frac{u + v_R}{u} \nu_S = \frac{340 + 20}{340} \times 1000 = 1059(\text{Hz})$$

本章小结

1. 机械波

机械振动在介质中的传播过程,称为机械波。如果在波动中,质点的振动方向和波的传播方向相互垂直,这种波称为横波。如果在波动中,质点的振动方向和波的传播方向相互平行,这种波称为纵波。

2. 描述波动的物理量

波长:沿波的传播方向上,相位差为 2π 的振动质点之间的距离叫波长。波长通常用 λ 表示。

周期:波向前传播一个波长所需要的时间叫波的周期,它也表示一个完整的波形通过波线上任一固定点所需的时间。周期通常用 T 表示。

频率:在单位时间内通过空间某点完整波形的个数称为波的频率,通常用 ν 表示。

波速:在波动过程中,某一振动状态(相位)在单位时间内所传播的距离叫波速。

周期、频率、波长三者之间的关系为

$$u = \frac{\lambda}{T} = \lambda\nu$$

3. 平面简谐波方程

$$y = A\cos\left[\omega\left(t - \frac{x}{u}\right) + \varphi_0\right]$$

4. 能量密度和平均能流密度

介质中单位体积中的波能量叫作波的能量密度,用 w 表示为

$$w = \frac{\mathrm{d}E}{\mathrm{d}V} = \rho A^2 \omega^2 \sin^2\left[\omega\left(t - \frac{x}{u}\right) + \varphi_0\right]$$

波的能量密度在一个周期内的平均值叫作平均能量密度,即

$$\bar{w} = \frac{1}{2}\rho A^2 \omega^2$$

单位时间内通过介质中垂直于波传播方向的单位面积的波的平均能量叫作波

的平均能流密度。

$$I = u\bar{w} = \frac{1}{2}\rho u A^2 \omega^2$$

5. 波的干涉和驻波

两列频率相同、振动方向相同、相位差恒定的波在空间相遇叠加,使某些点振动始终加强,使某些点振动始终减弱,在空间形成一个稳定的叠加图样,这就是波的干涉现象。

驻波是由振幅、频率和传播速度都相同的两列相干波,在同一直线上沿相反方向传播时叠加而成的一种特殊形式的干涉现象。

6. 多普勒效应

如果波源或观察者或两者都相对于介质运动,那么观察者接收到的频率与波源发出的频率不相同,这种现象叫作多普勒效应。

思 考 题

10-1 什么叫波动? 波动与振动有什么区别? 有什么联系? 具备哪些条件才能形成机械波?

10-2 什么叫波面? 波面和波前有何不同? 波面和波线之间有何联系?

10-3 试判断下列几种关于波长的说法是否正确:

(1) 在波的传播方向上相邻两个位移相同点的距离;

(2) 在波的传播方向上相邻两个运动速度相同点的距离;

(3) 在波的传播方向上相邻两个振动相位相同点的距离。

10-4 平面简谐波的波函数 $y = A\cos\left[\omega\left(t - \frac{x}{u}\right) + \varphi_0\right]$ 中,$\frac{x}{u}$ 表示什么? φ_0 表示什么? 如写成 $y = A\cos\left(\omega t - \frac{\omega}{u}x + \varphi_0\right)$ 中,$\frac{\omega}{u}x$ 又表示什么?

10-5 波从一种介质进入另一种介质,波长、频率、波速各物理量中,哪些要变化? 哪些不变化?

10-6 (1) 在波的传播过程中,每个质元的能量随时间而变,这是否违反能量守恒定律?

(2) 在波的传播过程中,动能密度与势能密度相等的结论,对非简谐波是否成立? 为什么?

10-7 一平面简谐波在弹性介质中传播,若介质中某质点正处于位移最大处,则此时其动能为零,势能最大,这种说法正确吗?

10-8 两波能产生干涉现象的条件是什么? 若两波源发出振动方向相同、频率相同的波,它们在空间相遇时,是否一定能产生干涉? 为什么?

10-9 驻波形成后,介质中各质点的振动相位有什么关系? 为什么说驻波中相位没有传播?

10-10 什么叫多普勒效应?

习　　题

一、选择题

10-1　已知一平面简谐波的表达式为 $y = A\cos(at - bx)$（a,b 为正值常量），则（　　）。

(A) 波的频率为 a　　　　　　　　　(B) 波的传播速度为 b/a

(C) 波长为 π/b　　　　　　　　　(D) 波的周期为 $2\pi/a$

10-2　一平面简谐波沿 x 轴负方向传播。已知 $x = b$ 处质点振动方程为 $y = A\cos(\omega t + \varphi_0)$，波速为 u，则波的表达式为（　　）。

(A) $y = A\cos\left(\omega t + \dfrac{b + x}{u} + \varphi_0\right)$　　　(B) $y = A\cos\left(\omega t - \dfrac{b + x}{u} + \varphi_0\right)$

(C) $y = A\cos\left[\omega\left(t + \dfrac{x - b}{u}\right) + \varphi_0\right]$　　　(D) $y = A\cos\left[\omega\left(t + \dfrac{b - x}{u}\right) + \varphi_0\right]$

10-3　一平面简谐波在弹性媒质中传播，在媒质质元从最大位移处回到平衡位置的过程中（　　）。

(A) 它的势能转换成动能

(B) 它的动能转换成势能

(C) 它从相邻的一段媒质质元获得能量，其能量逐渐增加

(D) 它把自己的能量传给相邻的一段媒质质元，其能量逐渐减小

10-4　当一平面简谐机械波在弹性媒质中传播时，下述各结论正确的是（　　）。

(A) 媒质质元的振动动能增大时，其弹性势能减小，总机械能守恒

(B) 媒质质元的振动动能和弹性势能都做周期性变化，但二者的相位不相同

(C) 媒质质元的振动动能和弹性势能的相位在任一时刻都相同，但二者的数值不相等

(D) 媒质质元在其平衡位置处弹性势能最大

10-5　在驻波中，两个相邻波节间各质点的振动（　　）。

(A) 振幅相同，相位相同　　　　　　(B) 振幅不同，相位相同

(C) 振幅相同，相位不同　　　　　　(D) 振幅不同，相位不同

10-6　沿着相反方向传播的两列相干波，其表达式为 $y_1 = A\cos 2\pi(\nu t - x/\lambda)$ 和 $y_2 = A\cos 2\pi(\nu t + x/\lambda)$。在叠加后形成的驻波中，各处简谐振动的振幅是（　　）。

(A) A　　　　　　　　　　　　　(B) $2A$

(C) $2A\cos(2\pi x/\lambda)$　　　　　　(D) $|2A\cos(2\pi x/\lambda)|$

二、填空题

10-7　一平面简谐波，波速为 $6.0\,\text{m/s}$，振动周期为 $0.1\,\text{s}$，则波长为_____。在波的传播方向上，有两质点（其间距离小于波长）的振动相位差为 $5\pi/6$，则此两质点相距_____。

10-8　已知波源的振动周期为 $4.00 \times 10^{-2}\,\text{s}$，波的传播速度为 $300\,\text{m/s}$，波沿 x 轴正方向传播，则位于 $x_1 = 10.0\,\text{m}$ 和 $x_2 = 16.0\,\text{m}$ 的两质点振动相位差为_____。

10-9　一平面简谐波沿 x 轴负方向传播。已知 $x = -1\,\text{m}$ 处质点的振动方程为 $x = A\cos(\omega t + \varphi)$，若波速为 u，则此波的表达式为_____。

10-10　一平面余弦波沿 ox 轴正方向传播，波动表达式为 $y = A\cos\left[2\pi\left(\dfrac{t}{T} - \dfrac{x}{\lambda}\right) + \varphi\right]$，

则 $x = -\lambda$ 处质点的振动方程是_____;若以 $x = \lambda$ 处为新的坐标轴原点,且此坐标轴指向与波的传播方向相反,则对此新的坐标轴,该波的波动表达式是_____。

10-11 在截面积为 S 的圆管中,有一列平面简谐波在传播,其波的表达式为 $x = A\cos[\omega t - 2\pi(x/\lambda)]$,管中波的平均能量密度是 $\overline{w}$,则通过截面积 S 的平均能流是_____。

10-12 两相干波源 S_1 和 S_2 的振动方程分别是 $y_1 = A\cos(\omega t + \varphi_1)$ 和 $y_2 = A\cos(\omega t + \varphi_2)$,$S_1$ 距 P 点 3 个波长,S_2 距 P 点 4.5 个波长。设波传播过程中振幅不变,则两波同时传到 P 点时的合振幅是_____。

10-13 一驻波表达式为 $y = 2A\cos(2\pi x/\lambda)\cos(\omega t)$,则 $x = -\lambda/2$ 处质点的振动方程是_____;该质点的振动速度表达式是_____。

10-14 在弦线上有一驻波,其表达式为 $y = 2A\cos(2\pi x/\lambda)\cos(2\pi\nu t)$,两个相邻波节之间的距离是_____。

三、计算题

10-15 人类能听到的声波的频率范围为 20Hz 到 20000Hz,若声速为 340m/s,求相应的波长范围。

10-16 用 120Hz 的振动器振动一根绳子,此时在绳上传播的横波波长为 31cm。(1) 求此横波的速度;(2) 若绳上拉力为 1.20N,求 50cm 长的这种绳子的质量。

10-17 直径为 2.4mm,长 3m 的铜丝一端悬挂一个质量为 2kg 的物体,一端固定在梁上,用铅笔轻轻敲打铜丝,产生的横向扰动沿铜丝传播,求此扰动传播的速度,已知铜的密度为 8920kg/m³。

10-18 一列沿绳子传播的波的表达式为 $y = 0.02\sin(30t - 4.0x)$,单位为 m,求它的振幅、频率、速度和波长。

10-19 对于 $y = 5\sin30\pi[t - (x/240)]$ 的波,其中 x 和 y 的单位都取 cm,t 的单位取 s,求 (1) $t = 0$,$x = 2$cm 时的位移;(2) 波长;(3) 波速;(4) 波的频率。

10-20 波源的振动方程为 $y = 6.0 \times 10^{-2}\cos\frac{\pi}{5}t$,单位为 m,它所激起的波以 2.0m/s 的速度在一直线上传播,求:(1) 距波源 6.0m 处一点的振动方程;(2) 该点与波源的相位差。

10-21 一横波沿绳子传播时的波函数为 $y = 0.05\cos(10\pi t - 4\pi x)$,式中 x,y 以 m 计,t 以 s 计。(1) 求此波的波长和波速;(2) 求 $x = 0.2$m 处的质点,在 $t = 1$s 时的相位,它是原点处质点在哪一时刻的相位?

10-22 已知一平面简谐波沿 x 轴正方向传播,周期 $T = 0.5$s,波长 $\lambda = 10$m,振幅 $A = 0.1$m,当 $t = 0$ 时,波源振动的位移恰好为正的最大值,若波源取作坐标原点,求:(1) 沿波传播方向距离波源为 $\frac{\lambda}{2}$ 处质点的振动方程;(2) 当 $t = \frac{T}{2}$ 时,$x = \frac{\lambda}{4}$ 处质点的振动速度。

10-23 一沿 x 负方向传播的平面余弦波,已知 $t = \frac{1}{3}$s 时的波形如图所示,其频率为 0.5Hz。(1) 写出原点 O 质元的振动表达式;(2) 写出该波的波动表达式;(3) 写出 A 点处质元的振动表达式;(4) 求 A 点离原点的距离。

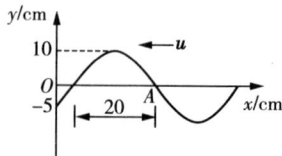

10-24 一平面简谐波在介质中以速率 $u = 20$m/s 自

习题 10-23 图

左向右传播,已知在传播路径上的某点 A 振动方程为 $y=3\times10^{-2}\cos(4\pi t-\pi)$,$D$ 点在 A 点的右方 9m 处。(1)若取 x 轴方向向左,并以 A 点为坐标原点,如图(a)所示,试写出此波的波函数,并求出 D 的振动方程。(2)若取 x 轴方向向右,以 A 点左方 5m 处为坐标原点,如图(b)所示,重新写出波函数及 D 点的振动方程。

10-25　一列沿 x 正向传播的简谐波,在 $t_1=0$ 和 $t_2=0.25s$ 时刻的波形如图所示,周期 $T>0.25s$。(1)求 P 点的振动表达式;(2)求波动表达式;(3)画出 O 点的振动曲线。

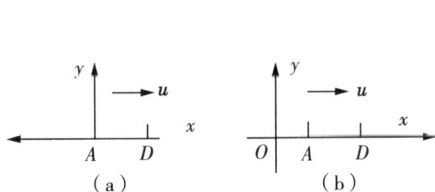 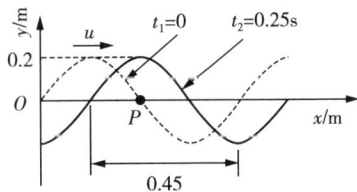

习题 10-24 图　　　　　　习题 10-25 图

10-26　在同一种介质中有两等幅的相干波源 A、B,如图所示,若其频率为 100Hz,A、B 相距 30m,波速 400m/s,B 较 A 的相位超前 π。求 AB 连线上因干涉而静止各点的位置。

10-27　如图所示,两列平面简谐相干横波,在两种不同的介质中传播,在分界面上的 P 点相遇,频率为 $\nu=100Hz$,振幅 $A_1=A_2=1.00\times10^{-3}m$,$S_1$ 的相位比 S_2 的相位超前 $\pi/2$,在介质 1 中波速 $u_1=400m/s$,在介质 2 中波速 $u_2=500m/s$,$S_1P=r_1=4.00m$,$S_2P=r_2=3.75m$,求 P 点的合振幅。

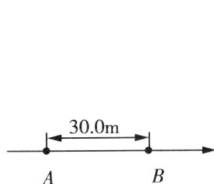 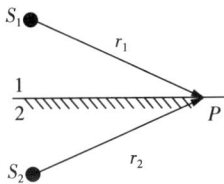

习题 10-26 图　　　　习题 10-27 图

10-28　一正弦式空气波,沿直径为 14cm 的圆柱形管传播,波的平均强度为 $9.0\times10^{-3}W/m^2$,频率为 300Hz,波速为 300m/s,问波中的平均能量密度和最大能量密度各是多少?每两个相邻同相面间有多少能量?

10-29　一波源以 35000W 的功率向空间均匀发射球面波。在某处测得波的平均能量密度为 $7.8\times10^{-15}J/m^3$。求该处离波源的距离(已知波的传播速度为 $3.0\times10^8m/s$)。

10-30　一弦线的振动方程为 $y=2.0\cos0.16x\cdot\cos750t$,式中长度以 cm 计,时间以 s 计。试问:(1)组成此振动的两列波的振幅及波速各为多大?(2)相邻两节点间的距离为多长?(3)$t=2.0\times10^{-3}s$ 时刻,位于 $x=5.0cm$ 处的质点的振动速度是多大?

10-31　在一根线密度 $\mu=10^{-3}kg/m$ 和张力 $T=10N$ 的弦线上,有一列沿 x 轴正方向传播的简谐横波,其频率为 $\nu=50Hz$,振幅 $A=0.04m$。已知弦线上离坐标原点 $x_1=0.5m$ 处的质元

在 $t = 0$ 时刻的位移为 $+\dfrac{A}{2}$，且沿 y 轴方向运动。当波传播到 $x_2 = 10\mathrm{m}$ 处固定端时，被全部反射。

（1）试写出入射波和反射波的波动表达式；

（2）求入射波和反射波叠加的合成波在 $0 \leqslant x \leqslant 10\mathrm{m}$ 区间内波腹和波节处各点的坐标。

10-32 设入射波的波函数为 $y_1 = A\cos 2\pi\left(\dfrac{t}{T} + \dfrac{x}{\lambda}\right)$，在 $x = 0$ 处发生反射，反射点为一自由端。（1）写出反射波的波函数；（2）写出驻波的波函数；（3）说明哪些点是波腹，哪些点是波节。

10-33 一汽笛发出频率为 $1\mathrm{kHz}$ 的声波，汽笛以 $10\mathrm{m/s}$ 的速率离开你而向着一悬崖运动，试问：（1）你听到的直接从汽笛传来的声波的频率为多大？（2）你听到的从悬崖反射回来的声波的频率为多大？设空气中的声速为 $330\mathrm{m/s}$。

10-34 一观察者站在铁路旁，听到迎面开来的火车汽笛声的频率为 $440\mathrm{Hz}$，当火车驰过他身旁之后，他听到汽笛声的频率为 $392\mathrm{Hz}$，问火车行驶的速度为多大？已知空气中声速为 $330\mathrm{m/s}$。

10-35 火车 A 行驶的速率为 $72.0\mathrm{km/h}$，汽笛发出声波频率为 $800\mathrm{Hz}$，相向而来的另一列火车 B，行驶速率为 $90.0\mathrm{km/h}$，问火车 B 的司机听到火车 A 汽笛声的频率是多少？设空气中的声速为 $340\mathrm{m/s}$。

第十章思考题习题详解

上册模拟试卷   上册模拟试卷答案

习 题 答 案

第一章

一、选择题

1-1（C）　1-2（D）　1-3（B）　1-4（D）　1-5（D）　1-6（C）　1-7（B）

1-8（D）　1-9（D）　1-10（D）　1-11（B）　1-12（B）　1-13（C）

1-14（B）　1-15（D）　1-16（D）　1-17（C）

二、填空题

1-18　$-10\boldsymbol{i}+15\boldsymbol{j}\,\mathrm{m/s},60\boldsymbol{i}-40\boldsymbol{j}\,\mathrm{m/s^2}$

1-19　$t=\dfrac{1}{\sqrt{2}}$

1-20　$a_t=\dfrac{1}{2}g$

1-21　$v(t)=2\sqrt{1+t^2}$，$a_t=\dfrac{2t}{\sqrt{1+t^2}}$，$a_n=\dfrac{2}{\sqrt{1+t^2}}$

1-22　第 3 秒、第 3 秒到第 6 秒

1-23　$a_n=80\ \mathrm{m/s^2}$，$a_t=2\ \mathrm{m/s^2}$

1-24　$v=50\,\mathrm{m/s}$，$a_t=0$，$x^2+y^2=100$

1-25　$v=A\omega\cos\omega t$，$v=\omega\sqrt{A^2-y^2}$

1-26　$v=v_0+\dfrac{c}{3}t^3$，$v=x_0+v_0t+\dfrac{c}{12}t^4$

1-27　$\dfrac{h_1}{h_1-h_2}v$

1-28　$\dfrac{4\pi}{3}\mathrm{m}$，$\dfrac{3\sqrt{3}}{4\pi}\mathrm{m/s}$，与 y 轴成30°角向右下方

1-29　b，$\dfrac{v_0^2}{R}+4\pi b$

三、判断题

1-30 × 1-31 × 1-32 √ 1-33 × 1-34 × 1-35 √

四、计算题

1-36 5m, −3m

1-37 (1)$x = 3$m, $v_0 = -5$m/s (2)$v = -5 + 12t$, $a = 12$ m/s^2

1-38 (1)$y = 19 - \dfrac{x^2}{2}$ (2)$2\sqrt{10}$ m/s (3)$2\sqrt{5}$ m/s

1-39 (1)质点的轨道为抛物线 (2)$\Delta \boldsymbol{r} = 4\boldsymbol{i} + 2\boldsymbol{j}$ (3) $\boldsymbol{v}(0) = 2\boldsymbol{j}$, $\boldsymbol{v}(1) = 8\boldsymbol{i} + 2\boldsymbol{j}$

1-40 $v = \dfrac{A}{B}(1 - \mathrm{e}^{-Bt})$, $y = \dfrac{A}{B}t + \dfrac{A}{B^2}(\mathrm{e}^{-Bt} - 1)$

1-41 (1)$a = \sqrt{b^2 + \dfrac{(v_0 - bt)^4}{R^2}}$,加速度与半径的夹角为 $\varphi = \arctan \dfrac{-Rb}{(v_0 - bt)^2}$

(2)$t = \dfrac{v_0}{b}$

(3) 当 $t = \dfrac{v_0}{b}$ 时, $n = \dfrac{v_0^2}{4\pi Rb}$

1-42 $v_{牛} = \dfrac{v_0 s}{\sqrt{s^2 + h^2}}$, $a = \dfrac{v_0^2 h^2}{(s^2 + h^2)^{\frac{3}{2}}}$

1-43 顶点 $\rho_1 = \dfrac{v_0^2 \cos^2\theta}{g}$,落地点 $\rho_2 = \dfrac{v_0^2}{g\cos\theta}$

1-44 $v = 4$m/s, $a_t = 8$m/s^2, $a_n = 16$m/s^2, $a \approx 17.9$m/s^2

1-45 $r = R\sqrt{1 + \dfrac{2h\omega^2}{g}}$

1-46 (1)$a_t = 4.8$ m/s^2, $a_n = 230.4$ m/s^2 (2)$\theta = 3.15$rad (3)$t = 0.55$s

1-47 A 相对于 B 速度大小为 264km/h,方向是:东偏北 49 度,或者北偏东 41 度;B 相对于 A 速度大小为 264km/h,方向是:西偏南 49 度,或者南偏西 41 度。

也可以直接写成速度矢量形式$\boldsymbol{v}_{AB} = 100\sqrt{3}\boldsymbol{i} + 200\boldsymbol{j}$(km/h)

第二章

一、选择题

2-1 (C) 2-2 (B) 2-3 (D) 2-4(A) 2-5 (C) 2-6 (B)

2 - 7 （A）　2 - 8 （C）　2 - 9 （B）　2 - 10（C）　2 - 11 （D）　2 - 12 （B）

2 - 13 （B）

二、填空题

2 - 14　$1 : \cos^2\theta$

2 - 15　$\dfrac{3}{4}(1+\mu) m g$

2 - 16　$\sqrt{\dfrac{g(\sin\theta + \mu_0 \cos\theta)}{r(\cos\theta - \mu_0 \sin\theta)}}, \sqrt{\dfrac{g(\sin\theta - \mu_0 \cos\theta)}{r(\cos\theta + \mu_0 \sin\theta)}}$

2 - 17　$0.2F$

2 - 18　$F_0(1-kt) = m\dfrac{\mathrm{d}^2 x}{\mathrm{d}t^2}, v_0 + \dfrac{F_0}{m}\left(t - \dfrac{kt^2}{2}\right), v_0 t + \dfrac{F_0}{2m}\left(t^2 - \dfrac{kt^3}{3}\right)$

三、判断题

2 - 19 ×　2 - 20 ×　2 - 21 √　2 - 22 ×　2 - 23 ×

四、计算题

2 - 24　$N' = m(a+g)$，方向向下

2 - 25　$v = \sqrt{v_0^2 + 2gl(\cos\theta - 1)}, T = m\left(\dfrac{v_0^2}{l} - 2g + 3g\cos\theta\right)$

2 - 26　$\theta = 60°13'$

2 - 27　$\alpha = \dfrac{\pi}{3}$

2 - 28　$v = 40\mathrm{m/s}, x = 142\mathrm{m}$

2 - 29　$t = \dfrac{mv_m}{2F}\ln 3, x = \dfrac{mv_m^2}{2F}\ln\dfrac{4}{3}$

2 - 30　$x = x_0 + v_0(t - t_0) + \dfrac{1}{m}\displaystyle\int_{t_0}^{t}\left[\varphi(t) - \varphi(t_0)\right]\mathrm{d}t$

第三章

一、选择题

3 - 1(D)　3 - 2 (D)　3 - 3 (B)　3 - 4 (D)　3 - 5 (A)　3 - 6 (C)

二、填空题

3 - 7　$40\mathrm{N} \cdot \mathrm{s}, 40\mathrm{N} \cdot \mathrm{s}, 0$

3－8　$m_1 : m_2 : m_3 = 2 : 1 : \sqrt{3}$

3－9　$-\dfrac{kA}{\omega}$

3－10　$-\dfrac{mM(M+2m)v_0^2}{2(m+M)^2(s+l)}$

三、判断题

3－11 ×　　3－12 ×　　3－13 ×　　3－14 ×　　3－15 √

四、计算题

3－16　$\bar{F} = 1.12 \times 10^3\,\mathrm{N}$

3－17　500m

3－18　$v_1 = \dfrac{mv}{(M+m)}$

3－19　船的位移量 $l = \dfrac{2ma}{M+m}$

3－20　$v_A = \dfrac{v_0 \sin\beta}{\sin(\alpha+\beta)}$，$v_B = \dfrac{v_0 \sin\alpha}{\sin(\alpha+\beta)}$

3－21　$\dfrac{m_1}{m_2} = \dfrac{1}{2}$

3－22　同学一跳上车后，滚车的速度就立即到达了 3.0m/s

第四章

一、选择题

4－1（A）　4－2（D）　4－3（C）　4－4（D）　4－5（C）

二、填空题

4－6　882 J

4－7　$-\dfrac{27}{7}k\,c^{\frac{2}{3}} l^{\frac{7}{3}}$

4－8　$-\dfrac{mM(M+2m)v_0^2}{2(m+M)^2(s+l)}$，$\dfrac{mMv_0^2}{2(M+m)}$

三、计算题

4-9 F_1 做的功为 28J，F_2 不做功，F_3 做功为 24J

4-10 $(1)E_k = \frac{1}{2}mv^2 = mas = 1000\mathrm{J}$

$(2)A_f = \Delta E_k - A_g = 1000\mathrm{J} - 2450\mathrm{J} = -1450\mathrm{J}$

$(3)F_f = -\frac{A_f}{s} = 145\mathrm{N}$

4-11 $v_1 = \sqrt{\frac{2A_1}{m}} = 5\mathrm{m/s}, v_2 = \sqrt{\frac{2A_2}{m}} = 5\sqrt{3}\,\mathrm{m/s}, v_3 = \sqrt{\frac{2A_3}{m}} = 10\mathrm{m/s}$

4-12 $(1)E_p(x) = \frac{Ax^2}{2} - \frac{Bx^3}{3}$

$(2)\Delta E_p = E_p(x=3) - E_p(x=0) = \frac{9A}{2} - 9B$

4-13 $(1)f : mg = 7 : 25$ $(2)h : H = 25 : 32$

4-14 $v_{相} = |v_2 - v_1| = 1.5\mathrm{m/s}$

4-15 势能零点位置 $x_0 = \left(\frac{a}{b}\right)^{\frac{1}{6}}$、平衡位置 $x_{平衡} = \left(\frac{2a}{b}\right)^{\frac{1}{6}}$、稳定性平衡

4-16 $(1)v = \frac{3}{4}v_{B0} = \frac{3}{4}x_0\sqrt{\frac{k}{3m}}$ (2) $x_{max} = \frac{1}{2}x_0$

4-17 $(1)\frac{m}{M} = \frac{1}{3}$ $(2)h = 6h_0 - 2R$

4-18 $(1)v_0 = \sqrt{2gR} = 5.6\mathrm{m/s}$ $(2)A_f = -23.04\mathrm{J}$

$(3)f = m(v_1)^2/s = 8\mathrm{N}$

4-19 (1) 摩擦力的功 $A_f = \int_{l-a}^0 \mu m \frac{x}{l}g\,\mathrm{d}x = -\frac{\mu mg}{2l}(l-a)^2$

$(2)v = \sqrt{\frac{g(l^2-a^2)}{l} - \frac{\mu g}{l}(l-a)^2}$

第五章

一、选择题

5-1（B） 5-2（B） 5-3（C） 5-4（C） 5-5（B） 5-6（D）

二、填空题

5 - 7　$\alpha = -0.05$ rad/s^2, $\theta = 250$ rad

5 - 8　$\alpha_0 = g/l$, $\alpha = g/2l$

5 - 9　$a = \dfrac{2m_B g}{2(m_A + m_B) + m_C}$

5 - 10　$\alpha = 16.3$ rad/s^2

三、判断题

5 - 11 ×　5 - 12 ×　5 - 13 ×　5 - 14 ×　5 - 15 ×

四、计算题

5 - 16　(1)$\alpha = 13.1$ rad/s^2, (2)$N = 390$ 圈

5 - 17　$D = 9.59 \times 10^{-11}$ m, $\theta = 52.3°$

5 - 18　$\omega' = 29.1$ s^{-1}

5 - 19　(1)$\omega = 4\omega_0$　(2)$A = \dfrac{3}{2} m r_0^2 \omega_0^2$

5 - 20　(1)$\omega = 8.9$ rad/s　(2)$\theta = 94.5°$

第六章

一、选择题

6 - 1（A）　6 - 2（B）　6 - 3（D）　6 - 4（C）　6 - 5（C）

二、填空题

6 - 6　8.89×10^{-7}

6 - 7　4.33×10^{-8}

6 - 8　$\dfrac{2}{3} m_0 c^2$

6 - 9　$m_0 c^2 (K - 1)$

6 - 10　$\dfrac{1}{\sqrt{1 - \left(\dfrac{u}{c}\right)^2}}$

三、计算题

6 - 11 $\Delta l = 1.25 \times 10^{-14}\,\mathrm{m}$

6 - 12 $(1) v = 0.816\ c$ $(2) L = 0.707\ \mathrm{m}$

6 - 13 $v = \dfrac{4}{5} c$

6 - 14 $t_1' = 1.147 \times 10^{-6}\,\mathrm{s}, t_2' = 2.11\,\mathrm{s}, x_1' = 357.14\,\mathrm{m}, x_2' = 2.14 \times 10^8\,\mathrm{m}$

$v_x' = 1.014 \times 10^8\,\mathrm{m/s}$

6 - 15 $2.57\mathrm{MeV}, 2.44\mathrm{MeV}$

6 - 16 $t = 2.92 \times 10^{-8}\,\mathrm{s}, l' = 2.37\,\mathrm{m}$

6 - 17   **证明**:设中子 A 为 S 系,实验室为 S' 系,中子 B 相对于中子 A 速度为

$$v_x = \frac{v_x' + u}{1 + \dfrac{u}{c^2} v_x'} = \frac{2\beta c}{1 + \beta^2}, 代入\ E = mc^2, 有$$

$$E = \frac{m_0 c^2}{\sqrt{1 - \dfrac{v_x^2}{c^2}}} = \frac{m_0 c^2}{\sqrt{1 - \left(\dfrac{2\beta}{1+\beta^2}\right)^2}} = \frac{1 + \beta^2}{1 - \beta^2} m_0 c^2$$

6 - 18 $(1) U = 2.05 \times 10^3\,\mathrm{V}$ $(2) v = 2.7 \times 10^7\,\mathrm{m/s}$

6 - 19 $(1) v = \dfrac{c\sqrt{n(n+2)}}{n+1}$ $(2) P = m_0 c \sqrt{n(n+2)}$

6 - 20 $\Delta E = 5.5\mathrm{MeV}$

第七章

一、选择题

7 - 1 (B)   7 - 2 (B)   7 - 3 (B)   7 - 4 (D)   7 - 5 (C)   7 - 6 (B)   7 - 7 (D)

7 - 8 (D)   7 - 9 (C)   7 - 10 (D)   7 - 11 (C)   7 - 12 (C)   7 - 13 (D)

7 - 14 (C)   7 - 15 (D)   7 - 16 (D)

二、填空题

7 - 17 $pV = \dfrac{m}{M} RT, p = nkT,$玻尔兹曼

7 - 18   相同,不同,相同,不同,相同

7 - 19 $5.06 \times 10^{25}, 5.32 \times 10^{-26}$

7-20　位置,独立坐标数目

7-21　机会均等

7-22　4.43×10^5 Pa

7-23　$\bar{\varepsilon}_k = \dfrac{3}{2}kT, \bar{\varepsilon}_{kr} = kT, \dfrac{5}{2}kT, E = \dfrac{5}{2}RT$

7-24　5.67×10^3J, 1.13×10^4J, $1 : 2$

7-25　$6.23 \times 10^3, 6.21 \times 10^{-21}, 1.035 \times 10^{-21}$

7-26　$\dfrac{3}{2}kT, \dfrac{5}{2}kT, 1250MRT$

7-27　4.0×10^{-3}kg

7-28　氩,氦

7-29　6.21×10^{-21}J, 300K, 3.95×10^2m/s

三、判断题

7-30 √　7-31 √　7-32 ×　7-33 ×　7-34 √　7-35 √　7-36 √
7-37 √　7-38 √

四、计算题

7-39　证明:依题意 $p_0 V = \dfrac{m_1}{M}RT_1 = \dfrac{m_2}{M}RT_2 \Rightarrow m_1 T_1 = m_2 T_2$

在 T_1 和 T_2 时,气体的内能分别为

$E_1 = \dfrac{m_1}{M}\dfrac{i}{2}RT_1, E_2 = \dfrac{m_2}{M}\dfrac{i}{2}RT_2$

所以,$E_1 = E_2$

7-40　(1)6.21×10^{-21}J　(2)2.0×10^{-6}J

7-41　(1)5.65×10^{-21}J　(2)7.72×10^{-21}J　(3)7.73×10^3K

7-42　(1)2.07×10^{-15}J　(2)1.58×10^6 m/s

7-43　(1)1.35×10^5Pa　(2)362K, 7.49×10^{-21}J

第八章

一、选择题

8-1 (A)　8-2 (B)　8-3 (D)　8-4 (B)　8-5 (C)　8-6 (A)

8－7（A）　8－8（B）　8－9（A）　8－10（A）　8－11（B）　8－12（C）
8－13（C）　8－14（A）　8－15（D）　8－16（A）　8－17（D）　8－18（C）
8－19（A）　8－20（B）　8－21（B）

二、填空题

8－22　内能增加

8－23　$\dfrac{5}{3}$,$\dfrac{7}{5}$,$\dfrac{4}{3}$

8－24　初末状态

8－25　自由度

8－26　气体分子的大小与气体分子之间的距离比较,可以忽略不计;
除了分子碰撞的一瞬间外,分子之间的相互作用力可以忽略;
分子之间以及分子与器壁之间的碰撞是完全弹性碰撞。

8－27　（1）等压　（2）绝热

8－28　等压,等压,等压

8－29　$\dfrac{7}{2}A$

8－30　7.48×10³J

8－31　90J

8－32　33.3%,50%,66.7%

8－33　小于

8－34　200J

8－35　500,100

8－36　全部转化为有用功

8－37　卡诺热机

8－38　不变,增加

三、判断题

8－39 √　8－40 ×　8－41 ×　8－42 √　8－43 √　8－44 √　8－45 √　8－
46 √　8－47 ×　8－48 ×　8－49 ×　8－50 √　8－51 √

四、计算题

8－52　(1)266J,系统吸收热量　(2)－308J,系统放热

8－53　(1)$Q=\Delta E=623.25J$　$A=0$
(2)$Q=1038.75J$,$\Delta E=623.25J$,$A=415.5J$

8 - 54　(1)$\Delta E = \dfrac{5}{2}(p_2 V_2 - p_1 V_1)$

(2)$A = \dfrac{1}{2}(p_2 V_2 - p_1 V_1)$

(3)$Q = 3(p_2 V_2 - p_1 V_1)$

(4)$C = 3R$

8 - 55　$A = 80\text{J}$

8 - 56　(1)$1 \times 10^{-3}\,\text{m}^3, 300\text{K}, -4.61 \times 10^3\,\text{J}$;

(2)$1.93 \times 10^{-3}\,\text{m}^3, 579\text{K}, -2.36 \times 10^3\,\text{J}$

8 - 57　(1)$A = 2.72 \times 10^3\,\text{J}$　(2)$A = 2.20 \times 10^3\,\text{J}$

8 - 58　(1)　p - V 图如右图

(2)$T_4 = T_1, E = 0$

(3)$Q = 5.6 \times 10^2\,\text{J}$

(4)$A = Q = 5.6 \times 10^2\,\text{J}$

8 - 59　**证明:** 由绝热方程

$$pV^\gamma = p_1 V_1^\gamma = p_2 V_2^\gamma = C$$

得

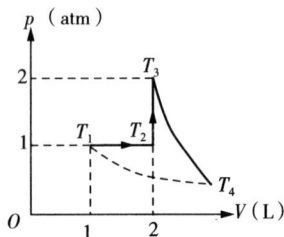

习题 8 - 58 图

$$p = p_1 V_1^\gamma \frac{1}{V^\gamma}$$

$$A = \int_{V_1}^{V_2} p\,\mathrm{d}V$$

$$A = \int_{V_1}^{V_2} p_1 V_1^\gamma \frac{\mathrm{d}v}{v^r} = -\frac{p_1 V_1^\gamma}{\gamma - 1}\left(\frac{1}{V_2^{\gamma-1}} - \frac{1}{V_1^{\gamma-1}}\right)$$

$$= -\frac{p_1 V_1}{\gamma - 1}\left[\left(\frac{V_1}{V_2}\right)^{r-1} - 1\right]$$

又　　$$A = -\frac{p_1 V_1^\gamma}{\gamma - 1}(V_2^{-\gamma+1} - V_1^{-\gamma+1}) = \frac{p_1 V_1^\gamma V_1^{-\gamma+1} - p_2 V_2^\gamma V_2^{-\gamma+1}}{\gamma - 1}$$

所以　　　　　　　　$$A = \frac{p_1 V_1 - p_2 V_2}{\gamma - 1}$$

8 - 60　$A = \dfrac{RT_0}{2}$

8 - 61　$A = a^2\left(\dfrac{1}{V_1} - \dfrac{1}{V_2}\right)$

8 - 62　**证明:** 等体过程

吸热 $Q_1' = \dfrac{m}{M} C_V (T_2 - T_1)$

$Q_1 = Q_1' = C_V \left(\dfrac{p_1 V_2}{R} - \dfrac{p_2 V_1}{R} \right)$

绝热过程 $Q_3' = 0$

等压压缩过程

放热 $Q_2' = \dfrac{m}{M} C_p (T_2 - T_1)$

$Q_2 = |Q_2'| = -v C_p (T_3 - T_1)$

$= C_P \left(\dfrac{p_2 V_1}{R} - \dfrac{p_2 V_2}{R} \right)$

循环效率 $\eta = 1 - \dfrac{Q_2}{Q_1} = 1 - \dfrac{C_p (p_2 V_1 - p_2 V_2)}{C_V (p_1 V_2 - p_2 V_2)} = 1 - \gamma \dfrac{(V_1 / V_2 - 1)}{(p_1 / p_2 - 1)}$

8 - 63　(1) $\eta = 70\%$

(2) $\eta = 80\%$

要求 $T_1 = 1500\mathrm{K}$,高温热源温度需提高 500K

(3) $\eta = 1 - \dfrac{T_2}{1000} = 80\%$

要求 $T_2 = 200\mathrm{K}$,低温热源温度需降低 100K

8 - 64　$Q = 6.26 \times 10^7 \mathrm{J}$

8 - 65

过程	Q	A	ΔE
a—b 等压	250 焦耳	100 焦耳	150 焦耳
b—c 绝热	0	75 焦耳	− 75 焦耳
c—d 等容	− 75 焦耳	0	− 75 焦耳
d—a 等温	− 125 焦耳	− 125 焦耳	0
循环效率 $\eta = 20\%$			

第九章

一、选择题

9 - 1(B)　9 - 2 (D)　9 - 3 (B)　9 - 4 (D)　9 - 5 (D)　9 - 6 (D)

二、填空题

9 - 7 $\pi, -\pi/2, \pi/3$

9 - 8 $0.37\ \text{cm}, x = 0.37 \times 10^{-2} \cos\left(\frac{1}{2}\pi t \pm \pi\right)$

9 - 9 $0.05\ \text{m}, -0.205\pi$

9 - 10 π

9 - 11 $1.55\ \text{Hz}\ ,\ 0.103\ \text{m}$

9 - 12 $3/4, 2\pi\sqrt{\Delta l/g}$

9 - 13 $2 \times 10^2\,\text{N/m}, 1.6\,\text{Hz}$

9 - 14 1.47

9 - 15 $10, -\pi/2$

三、计算题

9 - 16 $(1) k = 2.8\,\text{N/m}$ $(2) T = 0.84\,\text{s}$

9 - 17 $T = 0.78\,\text{s}$

9 - 18 $x = 0.08 \sin\left(\pi t + \frac{5}{6}\pi\right)\ \text{m}, x = -0.04\,\text{m}$

9 - 19 $(1) T = 2.09\,\text{s}$ $(2) x = \pm 9.16\,\text{cm}$

9 - 20 $A_{\max} = \mu_s g / 4\pi^2 \nu^2$

9 - 21 $(1) A = 20\,\text{cm}, \omega = \sqrt{\dfrac{k}{m}} = 20\,\text{rad/s}, T = \dfrac{2\pi}{\omega} = \dfrac{\pi}{10}\,\text{s}$ (2) 位于平衡位置下 y $= 12\,\text{cm}$ 时, $a = -4800\ \text{cm/s}^2$, 方向向下; 位于平面位置上 $y = -12\,\text{cm}$ 时, $a = 4800$ cm/s^2, 两个速度 $v = \pm 320\,\text{cm/s}$, 方向一个向上, 一个向下

9 - 22 $(1) v = \pm 6.28\,\text{cm/s}$ $(2) F = -6.4 \times 10^{-4}\,\text{N}$

9 - 23 $(1) \omega = 3.13\,\text{s}^{-1}, T = 2.01\,\text{s}$ $(2) \theta = \dfrac{\pi}{36}\cos(3.13t)\,\text{rad}$

$(3) \Omega = -0.128\,\text{rad/s}, v = -0.218\,\text{m/s}$

9 - 24 $(1) y = -1.09\,\text{cm}$ $(2) v = 1.52\,\text{cm/s}$ $(3) a = 1.84\ \text{cm/s}^2$ $(4) y = 0.048\,\text{cm}, v = 2.08\,\text{cm/s}, a = -0.081\ \text{cm/s}^2$

9 - 25 $(1) x(t) = (2.00\,\text{cm})\cos\left(6.00\pi t + \dfrac{3\pi}{2}\right)$

$v(t) = (-12.0\pi\,\text{cm/s})\sin\left(6.00\pi t + \dfrac{3\pi}{2}\right)$

$a(t) = (-72.0\pi^2\ \text{cm/s}^2)\cos\left(6.00\pi t + \dfrac{3\pi}{2}\right)$

$(2)x = (2.00\text{cm})\cos(1.80\pi) = 1.62\text{cm}$

$v = (-12.0\pi\text{cm/s})\sin(1.80\pi) = 22.2\text{cm/s}$

$a = (-72.0\pi^2\ \text{cm/s}^2)\cos(1.80\pi) = -575\ \text{cm/s}^2$

9 - 26　　$(1)k = 0.88\text{N/m}$

$(2)y = 0.0866\text{m}, v = -0.105\text{m/s}, a = -0.38\ \text{m/s}^2$

9 - 27　　$T = 1.72\text{s}$

9 - 28　　$A = 7.8 \times 10^{-2}\text{cm}, \varphi_0 = 1.48\text{rad}$

9 - 29　　总能量 $E = \dfrac{1}{2}m\omega^2 A^2 = \dfrac{1}{2}kA^2$ 势能 $E_p = \dfrac{1}{2}kx^2 - \dfrac{1}{2}k\left(\dfrac{A}{2}\right)^2 = \dfrac{E}{4}$,动能

$E_k = E \quad E_p \dfrac{E}{3}$ 势能占总能量的 25%,动能占总能量的 75%。$x = \pm\dfrac{A}{\sqrt{2}}$

9 - 30　　$50400\text{N/s}, 30240\text{kg/s}$

第十章

一、选择题

10 - 1 (D)　　10 - 2 (C)　　10 - 3 (C)　　10 - 4 (D)　　10 - 5 (B)　　10 - 6 (D)

二、填空题

10 - 7　　$0.6\text{m}, 0.25\text{m}$

10 - 8　　π

10 - 9　　$y = A\cos\{\omega[t + (1 + x)/u] + \varphi\}$

10 - 10　　$y_1 = A\cos\left[2\pi\left(\dfrac{t}{T}\right) + \varphi\right], y_2 = A\cos\left[2\pi\left(\dfrac{t}{T} + \dfrac{x}{\lambda}\right) + \varphi\right]$

10 - 11　　$\dfrac{\omega\lambda}{2\pi}S\overline{w}$

10 - 12　　0

10 - 13　　$y_2 = -2A\cos\omega t, v = 2A\omega\sin\omega t$

10 - 14　　$\lambda/2$

三、计算题

10 - 15　　$\lambda_1 = 17\text{m}, \lambda_2 = 1.7\text{cm}$

10 - 16　　$(1)v = 37\text{m/s}$　　$(2)M = 4.38 \times 10^{-4}\text{kg}$

10-17　$v=22\text{m/s}$

10-18　$A=0.02\text{m}, \nu=4.78\text{Hz}, u=7.5\text{m/s}, \lambda=1.57\text{cm}$

10-19　$(1)y=-3.535\text{cm}$　$(2)\lambda=\dfrac{u}{\nu}=16\text{cm}$　$(3)u=240\text{cm/s}$

$(4)\nu=15\text{Hz}$

10-20　$(1)y=6.0\times10^{-2}\cos\dfrac{\pi}{5}(t-3)\text{m}$　(2)两点间的相位差为

$\Delta\varphi=\dfrac{\pi}{5}(t-3.0)-\dfrac{\pi}{5}t=-\dfrac{3\pi}{5}$(即该点比波源的相位滞后$\dfrac{3\pi}{5}$)。

10-21　$(1)\lambda=0.5\text{m}, u=2.5\text{m/s}$　$(2)t=0.92\text{s}$

10-22　$(1)y=0.1\cos(4\pi t-\pi)$　$(2)v=-1.26\text{m/s}$

10-23　$(1)y=0.1\cos(\pi t-\pi)$　m

$(2)y=A\cos\left[\omega\left(t+\dfrac{x}{u}\right)+\varphi_0\right]=0.1\cos[\pi(t+5x)-\pi]$　m

$(3)y=0.1\cos\left(\pi t+\dfrac{\pi}{6}\right)$　m　$(4)x_A=0.233$　m

10-24　$(1)y=0.3\cos(4\pi t-\pi+\pi x/5), y=0.3\cos(4\pi t-14\pi/5)$

$(2)y=0.3\cos(4\pi t-\pi-\pi(x-l)/5), y=0.3\cos(4\pi t-14\pi/5)$

10-25　$(1)y_P=0.2\cos\left(2\pi t-\dfrac{\pi}{2}\right)$　m

$(2)y=0.2\cos\left[2\pi\left(t-\dfrac{x}{0.6}\right)+\dfrac{\pi}{2}\right]$　m

(3)O点的振动曲线如图

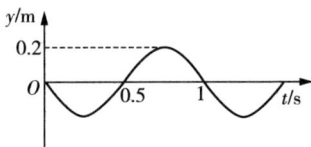

10-26　P点的位置到A点的距离为：$1、3、5\cdots(2n-1)$ 其中 $n\leqslant15$

10-27　$A=2.00\times10^{-3}$　m

10-28　$(1)\bar{\omega}=3\times10^{-5}\text{J/m}^3$　$(2)\omega_{\max}=6\times10^{-5}\text{J/m}^3$　$(3)\omega=4.62\times10^{-7}$ J

10-29　$r=34.5$　km

10-30　$(1)A=0.01\text{m}, u=47\text{m/s}$

$(2)\Delta x=\dfrac{\pi}{16}=0.2\text{m}$　$(3)v=-10.4\text{m/s}$

10-31　$(1)y=A\cos\left[2\pi\nu\left(t-\dfrac{x}{u}\right)+\varphi_0\right]=0.04\cos\left[100\pi\left(t-\dfrac{x}{100}\right)+\dfrac{5\pi}{6}\right]$　m

$$y = 0.04\cos\left[100\pi\left(t + \frac{x - x_2}{100}\right) + \frac{11\pi}{6}\right] = 0.04\cos\left(100\pi\left(t + \frac{x}{100}\right) + \frac{11\pi}{6}\right] \text{m}$$

(2) 波节点的坐标为 $x = 0,1,2,\cdots,10\text{m}$，波腹节点的坐标为 $x = 0.5$，

$1.5,\cdots9.5\text{m}$

10-32 (1)$y_2 = A\cos2\pi\left(\frac{t}{T} - \frac{x}{\lambda}\right)$ (2)$y = y_1 + y_2 = 2A\cos\frac{2\pi}{\lambda}x\cos\frac{2\pi}{T}t$

(3) 波腹的位置为 $x = k\frac{\lambda}{2}$, $k = 0,1,2\cdots$,波节的位置为 $x = (2k+1)\frac{\lambda}{4}$, $k = 0$,

$1,2\cdots$

10-33 (1)$\nu_R = 971.4\text{Hz}$ (2)$\nu_R = 1030.3\text{Hz}$

10 34 $v_0 = 19.0\text{m/s}, \nu_0 = 415\text{Hz}$

10-35 $\nu_R = 912.5\text{Hz}$

姓名：＿＿＿＿＿＿　　　班级：＿＿＿＿＿＿　　　学号：＿＿＿＿＿＿

1. 一质点的运动方程为 $\begin{cases} x = 4t^2 \\ y = 2t + 3 \end{cases}$（SI 制）

求：(1)运动轨迹；(2)第一秒内的位移；(3)$t = 0$ 和 $t = 1$ 秒两时刻质点的速度和加速度。

2. 一质点沿半径为 0.10m 的圆周运动,其角位置(以弧度表示)可用公式表示: $\theta=2+4t^3$,求:(1)$t=2$s 时,它的法向加速度和切向加速度;(2)当切向加速度恰为总加速度大小的一半时,θ 为何值? (3)在哪一时刻,切向加速度和法向加速度恰有相等的值?

练习二(第一章)

姓名:_____   班级:_____   学号:_____

1. 如图所示,一汽车在雨中沿直线行驶,其速率为 v_1,下落雨滴的速度方向与竖直方向夹角为 $\theta = 60°$,速率为 $v_2 = 8\text{m/s}$,若车后如图放置两个相同的长方形物体 A 和 B,长 2m,宽 1m。问车速 v_1 多大时,物体 A 正好不会被雨水淋湿。

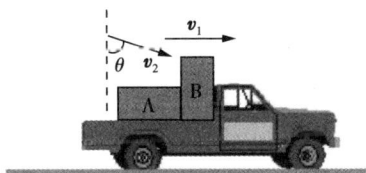

2. 设有一架飞机从 A 处向东飞到 B 处,然后又向西飞回 A 处,飞机相对于空气的速率为 v',而空气相对于地面的速率为 v_r,A、B 之间的距离为 l,飞机相对空气的速率 v' 保持不变。试计算来回飞行时间:(1)假定空气是静止的(即 $v_r = 0$);(2)假定空气的速度向东;(3)假定空气的速度向北。

姓名:_____   班级:_____   学号:_____

1. 固定在地面上的斜面上,有 A、B 两个物体组成研究系统,质量分别为 $m_A=100kg$,$m_B=60kg$,装置如图所示。两斜面的倾角分别为 $\alpha=30°$ 和 $\beta=60°$。如果物体与斜面间无摩擦,滑轮和绳的质量忽略不计,

求:(1)A、B 系统的加速度大小;

(2)A、B 系统将如何运动?

(3)绳中的张力大小。

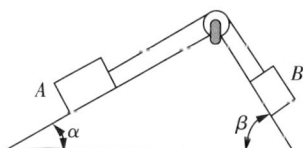

2. 如图,将质量为 10kg 的小球挂在倾角 $\alpha = 30°$ 的光滑斜面上。

(1)当斜面以加速度 $a = g/3$ 沿如图所示的方向运动时,求绳中的张力及小球对斜面的正压力;

(2)当斜面的加速度至少为多大时,小球对斜面的正压力为零?

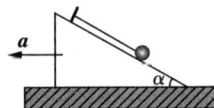

练习四(第三章)

姓名：_____　　　班级：_____　　　学号：_____

1. 如图所示，一个质量 m＝0.1kg 的球沿水平方向以 v_1＝50m/s 的速率投来，棒打击后沿仰角 θ＝60°的方向以速率 v_2＝100m/s 飞回。试求：

(1)棒作用于球的冲量大小；

(2)如果球与棒接触的时间为 Δt＝0.02s，求棒对球的平均冲力。它是球本身重量的几倍？(取 g＝10m/s²)

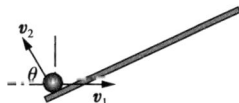

2. 设作用在质量为 2kg 的物体上的力 $F=4t^2+3t+2$(SI 制)。如果物体在这力的作用下,由静止开始沿直线运动,求(1)在 0 到 2.0s 时间间隔内,这个力作用在物体上的冲量大小;(2)2.0s 末物体的速度大小。

练习五(第四章)

姓名:_____   班级:_____   学号:_____

1. 如图,均匀长直木板长 $L=80$cm,放在水平桌面上,它的一端与桌面相齐。已知木板质量为 10kg。与桌面的摩擦系数为 0.3,现用水平推力 F 将其推出桌子,则水平推力应至少做多少功?($g=10$m/s^2)

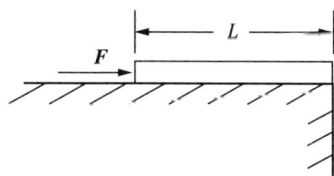

2. 以铁锤将一铁钉击入木板,设木板对铁钉的阻力与铁钉进入木板内的深度成正比,在铁锤击第一次时,能将小钉击入木板内 1cm,问击第二次时能击入多深,假定铁锤两次打击铁钉时的速度相同。(钉子质量可以忽略)

姓名:_____   班级:_____   学号:_____

1. 如图所示,一质量为 $m=0.02$kg 的子弹,水平射入质量 $M=8.98$kg 的木块内,弹簧的倔强系数 $k=100$N/m,子弹射入木块后留在木块中,弹簧被压缩 10cm,求子弹的入射速度。(设木块与平面间的摩擦系数为 0.2,开始静止时弹簧处于原长处。)

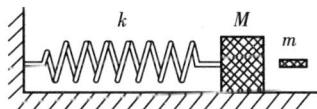

2. 如图所示,一个小孩坐在一个冰质的半球顶上,受到一个很小的力推动而开始在冰面上向下滑动,请证明如果冰面无摩擦,他在高度是 $2R/3$ 的点离开冰面(提示:他离开冰面时正压力为零)。

練習七(第五章)

姓名:＿＿＿＿＿＿　　班级:＿＿＿＿＿＿　　学号:＿＿＿＿＿＿

1. 一轴承光滑的定滑轮,质量为 $m_0 = 2.00\text{kg}$,半径为 $R = 0.10\text{m}$,一根不能伸长的轻绳,一端固定在定滑轮上,另一端系有一质量为 $m = 5.00\text{kg}$ 的物体,如图所示。已知定滑轮的转动惯量为 $J = m_0R^2/2$,其初角速度为 $\omega_0 = 10.0\text{rad/s}$,方向垂直纸面向里。

求(1)定滑轮的角加速度;

(2)定滑轮的角速度变化到 $\omega = 0$ 时,物体上升的高度;

(3)当物体回到原来位置时,定滑轮的角速度。

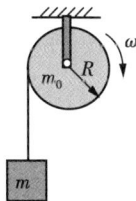

2. 如图所示,长 $l=2$m、质量 $M=2$kg 的匀质木棒,可绕水平轴 O 在竖直平面内转动,开始时棒是自然竖直悬垂的。现有质量 $m=15$g 的子弹以水平速度 v 从 A 点射入棒中,A 点与 O 点的距离为 $\dfrac{2}{3}l$,若棒的最大偏转角 $\theta=60°$,求子弹入射速度的大小。($g=10$m/s²)(忽略转轴处的摩擦力)

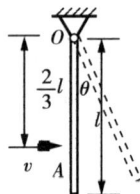

姓名：_____   班级：_____   学号：_____

1. 甲和乙两个观察者分别静止于两个惯性参考系 K 和 K' 中,甲测得在同一地点发生的两个事件的时间间隔为 4s,而乙测得这两个事件的时间间隔为 5s,求：

(1)K' 相对于 K 的运动速度；

(2)乙测得这两个事件发生的地点的距离。

2. 有一电子以 0.99c(c 为真空中光速)的速率运动。试求:

(1)电子的总能量是多少?

(2)电子的经典力学动能与相对论动能之比是多少? (电子静止质量 $m_e = 9.1 \times 10^{-31}$ kg)

姓名:_____   班级:_____   学号:_____

1. 如图,Ⅰ、Ⅱ两条曲线分别是两种不同气体(氢气和氧气)在同一温度下的麦克斯韦分子速率分布曲线。试由图中数据求:(1)氢气分子和氧气分子的最概然速率;(2)两种气体的温度;(3)若图中Ⅰ、Ⅱ分别表示氢气在不同温度下的麦克斯韦分子速率分布曲线,那么哪条曲线的气体温度较高?

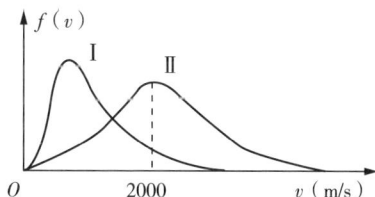

2. 质量为 100g 的理想气体氧气,温度从 10℃升到 60℃,如果变化过程是:(1)体积不变;(2)压强不变;(3)绝热压缩。求:这三个过程中系统的内能变化、所吸收的热量和对外界所做的功分别是多少?

姓名：_____   班级：_____   学号：_____

1. 如图所示，平面简谐波在 $t=0$ 时刻与 $t=2s(<T)$ 时刻的波形曲线。求：(1)坐标原点处介质质点的振动方程；(2)该波的波动方程。

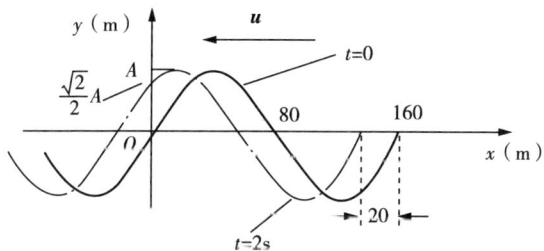

2. 一平面简谐波,原点 O 点为波源,以速度 u 沿轴 x 正方向传播,已知到原点距离为 a 的 M 点振动方程为:$y=A\cos(\omega t+\varphi_M)$,其中:振幅 $A=4\mathrm{m}$,周期 $T=1\mathrm{s}$,求当 $t=0$ 时,如果 M 点的位移为 $2\mathrm{m}$,且向 y 轴正向运动,M 点的初相位和振动方程以及此波的波函数。

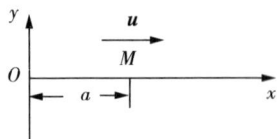